R语言
数据分析
基础、算法与实战

孙玉林 编著

化学工业出版社
·北京·

内容简介

本书基于主流统计分析编程语言 R，介绍了常用的数据分析方法及其实战应用，内容涵盖了 R 语言的使用、基于 ggplot2 包及其拓展包的数据可视化、数据的清洗与探索、数据分析、数据挖掘以及统计分析方法等。本书在讲解数据分析时，主要基于 tidyverse 系列包进行数据整理、操作与可视化，基于 tidymodels 系列包进行数据分析、统计分析、机器学习等算法的应用，其它的 R 包用于数据分析的辅助。使用 R 语言时，遵循更新更简洁的编程方式。

本书内容循序渐进，讲解通俗易懂，同时配套源程序和数据文件，读者可以边学边实践。

本书可供从事数据分析、数据可视化、机器学习的科研及技术人员阅读使用，也可作为高等院校中统计学、计算机科学等相关专业的教材。

图书在版编目（CIP）数据

R 语言数据分析：基础、算法与实战 / 孙玉林编著．—北京：化学工业出版社，2023.9

ISBN 978-7-122-43600-9

Ⅰ.①R… Ⅱ.①孙… Ⅲ.①程序语言-程序设计 Ⅳ.①TP312

中国国家版本馆 CIP 数据核字（2023）第 102260 号

责任编辑：耍利娜 张 赛　　　　文字编辑：侯俊杰 李亚楠 陈小滔
责任校对：李露洁　　　　　　　　装帧设计：王晓宇

出版发行：化学工业出版社
　　　　　（北京市东城区青年湖南街13号　邮政编码100011）
印　　装：天津图文方嘉印刷有限公司
710mm×1000mm　1/16　印张18　字数310千字
2023 年 9 月北京第 1 版第 1 次印刷

购书咨询：010-64518888
售后服务：010-64518899
网　　址：http://www.cip.com.cn
凡购买本书，如有缺损质量问题，本社销售中心负责调换。

定　　价：99.00元

R 语言是一套完整的数据准备、处理、分析与可视化的科学系统，对数据科学、机器学习及深度学习，均有一套完备的解决方案。其最先在国外流行，传入我国后，迅速受到高校以及各行业的喜爱，大多数高校都将 R 语言作为统计学的编程入门课，其受欢迎程度远远领先于大多数商业统计软件。

本书是 R 语言在数据分析方面从入门到提升的教程，将 R 语言编程与数据分析实战案例紧密结合，可帮助读者快速掌握 R 语言进行数据分析。

本书一共有 8 章。各章的内容设置如下。

第 1 章　R 语言与数据分析。该章主要介绍 R 与 RStudio 的安装与使用，数据分析的简要内容，以及 R 语言在数据分析上的优势等。帮助读者快速建立起对 R 语言数据分析的全面认知，为后面的学习做准备。

第 2 章　R 语言快速入门。该章主要是对 R 语言的使用进行快速入门，详细介绍向量、矩阵、数组、数据框、列表、判断与循环语句，以及如何编写 R 函数等内容。

第 3 章　R 语言数据管理与操作。该章主要介绍 R 语言中如何对数据进行导入与保存、缺失值处理，数据并行计算，数据选择、分组计算，数据融合以及数据长宽变换，时间数据与文本数据的操作等内容。

第 4 章　R 语言数据可视化。该章主要介绍 R 语言中流行的数据可视化方式的使用，主要包括基础数据可视化包 graphics 的使用，ggplot2 绘图系统的使用，以及 R 语言中其它常用的第三方数据可视化包的使用。

第 5 章　R 语言数据分析。该章主要介绍常用数据分析方法，如相关性分析、方差分析、数据降维算法、数据回归分析、数据分类算法、数据聚类算法以及时间序列预测相关的算法等，并使用 R 语言结合实际的数据集进行数据分析实战。

第 6 章　综合案例 1：中药材鉴别。该章从数据分析实战应用出发，结合真实的中药材红外特征数据集，介绍了如何利用 R 语言将数据可视化、数据分析，以及机器学习算法相结合，对中药材鉴别中的相关问题进行分析和处理。在应用无监督学习时，主要使用聚类算法对数据进行聚类分析，使用数据降维算法对数据进行降维分析；在使用有监督学习时，主要以特征选择、数据降维与分类算法相结合的方式，对数据进行分类。

第 7 章　综合案例 2：抗乳腺癌候选药物分析。该章使用 R 语言分析了一个抗乳腺癌候选药物数据分析案例，主要介绍数据可视化探索分析、数据重要特征选择、数据回归分析算法、数据降维算法，以及数据分类等算法的应用。

第 8 章　综合案例 3：文本内容数据分析。该章以 R 语言对新闻文本数据、《三国演义》文本数据进行分析为例，主要介绍在文本分析中常用的数据准备与清洗、特征提取、文本数据可视化、文本聚类、文本分类等相关方法的应用。

本书内容丰富，由易到难、逐步深入，所选用的案例很有代表性，且每章均配有大量的示例代码和详细注释（关于程序和数据文件，可前往化学工业出版社官网 www.cip.com.cn/Service/Download 搜索本书并获取配套资源的下载地址），便于读者自己动手练习。

由于编著者水平有限，编写时间仓促，书中难免存在疏漏，敬请读者不吝指正。

编著者

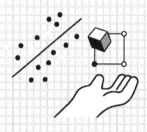

目录 ^{CONTENTS}

第8章　综合案例3：文本内容数据分析

第 **1** 章

R 语言与数据分析

1995年，由新西兰奥克兰大学（The University of Auckland）统计系的罗伯特·杰特曼（Robert Gentleman）和罗斯·伊哈卡（Ross Ihaka）基于S语言的源代码，编写了一套能执行S语言的软件，并将该软件的源代码全部公开，其命令统称为R语言。现在R语言由R语言小组负责开发。R语言是基于S语言的一个GNU计划项目，通常用S语言编写的代码都可不作修改地在R语言环境下运行。R语言可在多种平台下运行，包括Linux、Windows和MacOS。

R语言（简称R）是一款集数据预处理、数据分析、数据可视化、数据建模、机器学习及深度学习为一体的编程语言，在各个领域都有广泛的应用。在TIOBE于2022年1月对编程语言人气的排名中，R排名第12。

1.1　R与RStudio安装

R语言作为一种解释型的高级语言，使用者有时候会认为它的计算速度较慢。但是随着计算机硬件的不断提升、R并行计算包的出现以及apply函数族强大的并行计算能力，R语言的程序运算速度完全可以满足针对大数据的分析与挖掘。而且R语言用户众多，社区活跃，网上的各种参考资料也非常丰富。获取R语言软件和相关资料的一些常用网站如：R语言官方网站；RStudio（Posit）官方网站；R语言官方资源站点CRAN。

1.1.1　R语言安装

R语言的安装非常简单，直接到R语言官方网站下载合适的R语言版本，然后根据安装步骤安装即可。下载界面如图1-1所示，建议下载至少已经发布半年的版本，以保证R包的可兼容性。R语言支持Linux、MacOS以及Windows三种

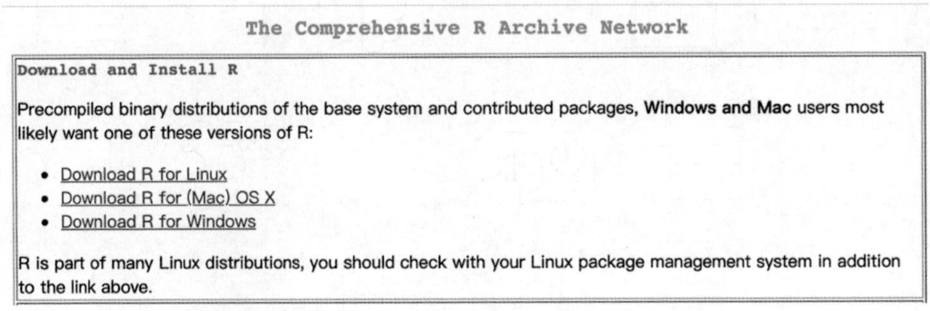

The Comprehensive R Archive Network

Download and Install R

Precompiled binary distributions of the base system and contributed packages, **Windows and Mac** users most likely want one of these versions of R:

- Download R for Linux
- Download R for (Mac) OS X
- Download R for Windows

R is part of many Linux distributions, you should check with your Linux package management system in addition to the link above.

图1-1　R软件下载界面

平台，下面的关于 R 语言与 RStudio 的安装以 MacOS 版本为例。

安装 R 语言时，要安装在无中文的文件目录中，防止出现无法正常使用 R 的情况。在安装 R 语言后，打开 R 软件即可见到如图 1-2 所示的 R 语言软件界面。

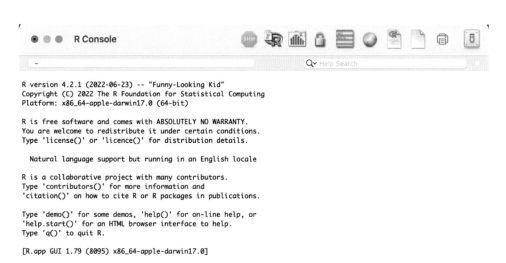

图1-2　MacOS中安装好的R软件开始界面

虽然使用图 1-2 所示的 R 自带的 IDE 界面也可以进行数据的分析及应用，但是针对 R 语言，更常用的应用开发界面则是 RStudio，下面将会介绍如何安装及使用 RStudio。

1.1.2　RStudio 安装

RStudio 是一款非常好用的 R 语言的 IDE 界面，通过 RStudio 可以非常方便地编写、检查、调试、发布自己的 R 程序和分析结果。RStudio 可以直接到 RStudio（Posit）官方网站进行下载，安装简单方便。（注意：RStudio 官方现已经更名为 Posit，但这并不影响 R 相关产品的使用。）其下载界面如图 1-3 所示。

根据使用计算机的系统，选择合适的 RStudio 安装包下载，跟着安装向导一步步地安装即可，安装完成后打开 RStudio 界面，其会自动识别出所安装的 R 语言。RStudio 界面如图 1-4 所示。

图 1-4 中将 RStudio 界面切分为 5 个部分，除了 A 以外，其它 4 个部分的内容都可以根据自己的喜好，通过 Tools → Global Options → Pane layout 选项进行自定义设置，这 5 个部分的主要功能分别介绍如下。

图1-3　RStudio下载界面

图1-4　RStudio界面

A：可以看作为软件菜单区，该区域主要有文件、编辑、工具、帮助等菜单，该区域在保存文件、发布程序及结果、安装 R 包时使用，在该界面内还会显示有当前的工作路径。

B：可以称为程序编写区，可以编写 R 脚本、Rmd 文档等不同的文件类型，且可以进行程序的运行和调试等操作。B 区域的上方还有文件保存、查找、运行等快捷方式。

C：可以看作是历史区域，这里包含所有运行过的命令，方便历史记录的查找。

D：该区域是命令行控制台，可以运行脚本程序并且输出相应的结果，方便程序的调试和结果检查。

E：该区域包含的内容非常丰富，主要有环境（Environment）、文件（Files）、绘图（Plots）、包（Packages）、帮助（Help）、查看（Viewer）等窗口，其中环境窗口下面包含所有程序运行后得到的变量，方便检查程序是否正确输出；文件窗口下是当前工作路径下的文件夹；绘图窗口将会显示程序得到的所有静态图像；包包含所有已安装的 R 包，方便包的管理和导入；帮助窗口用来显示相应函数的帮助文档；查看窗口用来显示动态图像、可交互图像和 Knitr 发布的文档等。

R 可通过 getwd() 函数获取程序的工作路径，通过 setwd() 函数设置程序的工作路径，但是针对需要分析多个文件的数据分析项目，这样操作并不方便，所以可以通过在 R 中为一个待分析目标单独创建项目（Project）的方式，统一设置相关程序的分析路径。在 R 项目所在的文件夹中可以更加方便管理自己的数据和程序，通过打开项目后，可以自动定位到项目设置好的路径，不需要再次通过 getwd() 函数和 setwd() 函数确定程序运行环境所在的位置。图 1-5 展示了在 R 中创建新项目的方法。最终填入项目的名称，并指定项目所在的位置后，点击 Creat Project 按钮，即可完成对新项目的创建。

1.1.3　R 包安装

R 语言包是指 R 函数、数据或者预编译的代码，以一种定义完善的格式组成的集合，主要是方便使用者对包中函数的管理和调用。只有需要使用相关的功能时，才会将包含这些功能的 R 包导入到当前的 R 语言数据分析环境中，同时也降低了 R 所占的空间。在 R 中只有几个默认的 R 包是在打开 R 后自动导入的，其中包括 base、datasets、utils、grDevices、Graphics、stats 与 methods。

如果安装 R 包时数据下载较慢，可以通过设置镜像，加快包的下载速度。

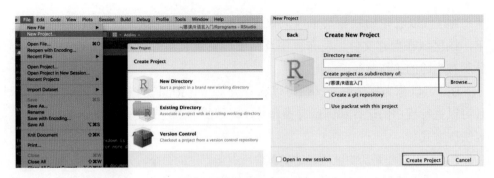

图1-5　创建新项目的方法

CRAN 提供了很多可以使用的镜像，可通过在 Rtools 中的 Global Options 下面的 Packages 页面，在众多的镜像中选择合适的镜像，比如使用 Hefei 或者 Beijing 的镜像路径。图 1-6 为设置 R 包下载镜像的示意图。

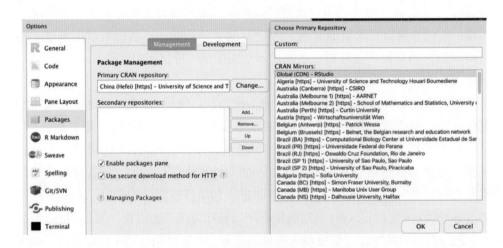

图1-6　设置合适R包下载镜像示意图

R 包的安装非常方便，而且有多种方式，通过利用 RStudio 的 Tools 菜单栏下的操作，即可进行 R 包的安装，过程为：

① 点击 Tools → Install Packages 按钮，得到如图 1-7 所示界面。

② 在 Packages 下面输入想要安装的包，然后点击 Install 按钮，将会自动安装指定的包和相关依赖包。

此外，在 Github 上也有很多知名度很高的 R 包，如果一个 R 包通过 CRAN 安装不成功时，可以尝试使用 Github 安装。例如安装 gganimate 包可使用下面的程序：

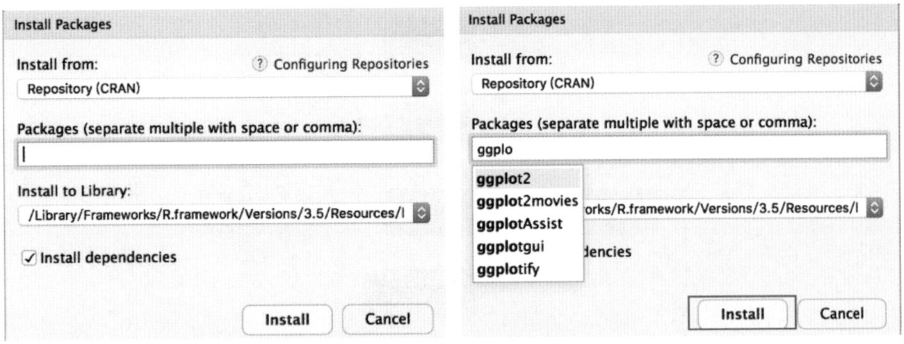

图1-7　使用RStudio安装包

```
# install.packages('devtools')
devtools::install_github('thomasp85/gganimate')
```

但是并不是所有的第三方 R 包都是值得信赖的，应该优先使用 CRAN 上的 R 包，这些包都是经过审核的。

使用 R 包可以通过 library() 函数导入到当前的 R 环境中，例如使用 library (ggplot2) 可以将 ggplot2 包导入到当前的 R 环境中，这样就可以直接调用 ggplot2 包中的函数和自带的数据。

1.2　数据分析简介

数据分析可以简单地理解为：通过适当的统计分析、机器学习方法，将收集到的大量数据进行分析后，将其转化为有指导意义的知识和见解。该过程包括一系列工具和技术的应用，需要从数据中发现趋势和规律并解决待分析的问题。数据分析的数学基础在 20 世纪早期就已确立，但直到计算机的出现才使得实际操作成为可能，随着互联网的发展以及计算机性能的提升，数据更是爆炸性地增加，同时数据分析也获得了广泛的关注。

1.2.1　数据分析的内容

数据分析的内容是在不断发展的，在机器学习算法火爆之前，其主流内容主要为统计分析相关的方法，现在则可以认为机器学习算法也是数据分析的重要组成部分。数据分析中的一些分析方法可以总结为图 1-8。

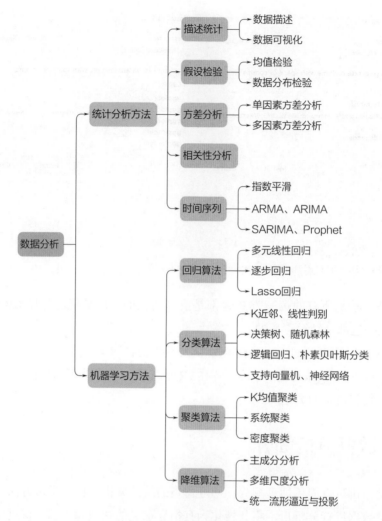

图1-8 数据分析方法

（1）统计分析方法

通常指统计学相关的数据分析方法。统计学是指通过搜索、整理、分析、描述数据等手段，以达到推断数据的本质，甚至进行数据预测的一门综合性科学。统计学自17世纪中叶产生并逐步发展起来，应用了大量的数学及其它学科的专业知识，其应用范围几乎覆盖了社会科学和自然科学的各个领域。随着大数据时代来临，统计学的内容也在逐渐变化，与信息科学、计算机等领域紧密结合，是数据科学中的重要内容之一。

描述统计是通过图表或数学方法，对数据进行整理、分析，并对数据的分布状态、数字特征和随机变量之间关系进行估计和描述的方法。

假设检验是统计推断中的一个重要内容，它是利用样本数据对某个事先作出的统计假设按照某种设计好的方法进行检验，判断此假设是否正确。其基本思想为概率性质的反证法。为了推断总体，首先对总体的未知参数或分布作出某种假设 H0（原假设），然后在 H0 成立的条件下，若通过抽样分析发现"小概率事件"（矛盾）竟然在一次试验中发生了，则表明 H0 很可能不成立，从而拒绝 H0；相反，若没有导致上述"不合理"现象的发生，则没有理由拒绝 H0，从而接受 H0。常用的假设检验方法有 Z 检验、t 检验、卡方检验、F 检验等。

方差分析的目的在于从试验数据中分析出各个因素的影响，以及各个因素间的交互影响，以确定各个因素作用的大小，从而把由于观测条件不同引起试验结果的不同与由于随机因素引起试验结果的差异用数量形式区别开来，以确定在试验中有没有系统的因素在起作用。方差分析根据所感兴趣的因素数量，可分为单因素方差分析、多因素方差分析等。

相关性分析是指对两个或多个具备相关性的变量元素进行分析，从而衡量两个变量因素的相关密切程度。相关性的元素之间需要存在一定的联系或者概率才可以进行相关性分析，但是相关性不等于因果性。相关性分析通常用相关系数大小进行表示。

时间序列是指一组按照时间先后顺序进行排列的数据点序列。通常一组时间序列的时间间隔为一恒定值，因此时间序列可以作为离散时间数据进行分析处理。与时间序列相关的预测算法模型有很多，如指数平滑算法、ARMA、ARIMA、SARIMA、Prophet 等。

（2）机器学习方法

通常指机器学习中的相关数据分析的算法。机器学习是一门多领域交叉学科，涉及数学、统计学、计算机科学等多门学科。它是人工智能的核心，是使计算机具有智能的途径之一，其应用遍及人工智能的各个领域。机器学习是一个从大量的已知数据中，学习如何对未知的新数据进行预测，并且可以随着学习内容的增加，提高对未来数据预测的准确性的一个过程。机器学习算法中，根据它们学习方式的差异，可以简单地归为三类：无监督学习、半监督学习和有监督学习。根据应用场景分类，通常可以分为回归算法、分类算法、聚类算法与降维算法。

回归算法主要是针对连续性标签值的预测，是一种经典数据分析与预测方法，目的在于了解两个或多个变量间是否相关、相关方向与强度，并建立数学模型以便观察特定变量来预测或控制研究者感兴趣的变量，它是一种典型的有监督学习方法。在回归分析中，通常会有多个自变量和一个因变量，回归分析就是通过建立自变量和因变量之间的某种关系，来达到对因变量进行预测的目的。经典的回归分析方法有：多元线性回归、逐步回归、Lasso 回归、随机森林回归、支持向量机回归等。

分类算法是一种经典的有监督学习的应用，其重点是待预测的目标是不连续的。根据待区分类别的数量，通常可以分为二分类与多分类。例如：0～9 手写数字的识别、判断是否为垃圾邮件等。经典的数据分类算法有：逻辑回归、线性判别、决策树、随机森林、支持向量机与神经网络等。

聚类算法是一类将数据所研究对象进行分类的方法，是无监督的学习方式，它是将若干个个体（每个个体使用一个数据样本表示），按照某种标准分成若干个簇，并且希望簇内的样本尽可能地相似，而簇与簇之间的样本要尽可能地不相似。经典的聚类算法有：K 均值聚类、系统聚类、密度聚类等。

降维算法是指在某些限定条件下，降低数据集特征的个数，得到一组新特征的过程，同时会尽可能地保留重要信息，是无监督学习。进行数据分析时，高维的数据非常常见，高维数据虽然代表具有更多的可用信息，但是同时也带来了一些问题。例如：高维数据往往会带有冗余信息；如果数据维度过高，会大大拖慢算法的运行速度；等等。因此数据降维的一个重要作用就是去除冗余信息，保留必要的信息，同时提升算法的计算效率。经典的数据降维算法有主成分分析、多维尺度分析、统一流形逼近与投影（UMAP）等。

1.2.2 数据分析工作流程

数据分析的工作流程主要包含数据获取、数据处理、数据可视化、数据分析与建模，以及结果展示与汇报等内容，它们可以简单地总结为图 1-9。

（1）数据获取

在进行数据分析之前，首先做到的就是获取符合待解决问题的数据。数据获取的方式有很多种，如通过网络爬虫、市场调查问卷等直接获取第一手数据，也可以通过公开数据、数据库提取等方式获取经过加工整理后的第二手数据，等等。获取数据是数据分析的基本前提。

（2）数据处理

很多时候获得的数据是杂乱的、冗余的、缺失的，因此在分析之前需要对数据进行预处理操作，通过对收集到的数据加工整理，获取对解决问题有价值、有意义的数据。数据处理主要包括数据清洗、数据变换、数据提取、数据融合、特

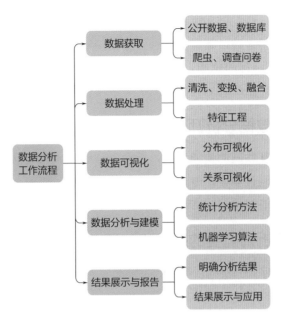

图1-9　数据分析工作流程

征工程等处理方法。

（3）数据可视化

俗话说"一图胜千言"，对于复杂难懂且体量庞大的数据而言，图表所传达的信息量要大得多，并且更有效。数据可视化旨在借助图形化手段，清晰有效地传达与沟通信息。而且数据可视化通常也会融入到数据分析的其它过程中，贯穿数据分析的整个过程。数据可视化的内容非常丰富，比如直方图、密度曲线等可视化数据的分布情况，散点图、热力图等可视化数据的关系等，折线图、日历图等可视化数据的变化趋势等。一般情况下，能用图说明问题的就不用表格，能用表格说明问题的就不要用文字，数据可视化帮助我们更方便地理解数据。

（4）数据分析与建模

数据分析与建模是指结合前面对数据的理解情况，利用合适的分析方法，对预处理的数据进行分析、建模，从而提取更有价值的信息，获得数据中对决策有帮助的结论。数据分析与建模通常会采用统计分析与机器学习中的常用方法，根据我们的目的去挖掘信息，然后得到相应的分析与建模结果。

（5）结果展示与报告

针对前面的整个分析过程，以及获得的结论结合待解决的问题进行结果展示，并将结果进行报告，帮助部门进行更好的目标决策。

在进行数据分析之前，还需要结合行业知识明确待分析的目标等内容。本书主要侧重于结合 R 语言的使用，对数据处理、数据可视化、数据分析与建模三个方面的内容进行介绍，会弱化问题提出、数据获取与结果汇报等方面的内容。

1.2.3　什么是数据分析师

随着计算机与互联网的快速发展，对数据分析师的需求也迅速增加。数据分析师可以认为是不同行业中，专门从事行业数据搜集、整理、分析，并依据数据做出行业研究、评估和预测的专业人员。

1.2.4　数据分析师需要的技术和知识

由于数据分析行业的不同，数据分析师在研究领域与应用上会有很大的差别，但是他们都需要具备的核心知识是技能软件的应用与数据分析方法的应用。

其中数据分析软件有很多种，如 SQL、Excel、SPSS、SAS、R、Matlab 以及 Python 等。其中 R 是一款集数据预处理、数据分析、数据可视化、数据建模、机器学习及深度学习为一体的编程语言，并且在各个领域都有广泛的应用，因此本书是基于 R 语言的数据分析。

数据分析方法则是主要包含统计学与机器学习相关分析方法。其中统计学的内容更是数据分析中的基础知识，非常重要。

另一个核心技能和知识则是与所处行业相关的领域知识，由于领域数据分析行业覆盖面很广，因此无法对这些行业领域知识进行一一介绍，该部分也不是本书的重点。

1.3　R 语言与数据分析

R 语言是专门为统计分析、数据科学开发的语言，数据分析功能强大。基于免费开源的特点，R 语言已经形成了强大的社区，各行各业的优秀研究者们在时时刻刻地贡献自己编写的功能强大的包，这些包涵盖了各行各业的前沿的分析方法，使用时就像站在巨人的肩膀上。

1.3.1　R 语言为何适合数据分析

R 语言拥有一套完整的数据准备、处理、分析、建模、预测及可视化的系统，可以完成一整套数据科学、数据分析、机器学习等工作中几乎所有任务，并且具有如下几个优点。

①R 语言开源免费。R 语言是开源的软件，相比于其它商业数据分析软件如 SPSS、SAS、Stata、Minitab 等，在使用时可以省去一笔不小的费用。

②R 语言可跨平台。R 的源代码可自由下载使用，可在 Linux、Windows 和 MacOS 等系统上运行。

③R 语言编程简单。R 语言是一种解释型的高级语言，无论是否具有语言编程基础，在了解一些基础函数和语法后，都可以快速上手使用 R 语言。而且 R 语言作为命令行操作的可交互的语言，在输入命令后即可输出结果，方便使用者进行程序的调试。

④R 语言数据分析功能强大。R 是专门为统计分析、数据科学开发的语言，同时与时俱进、无所不包。

⑤R 语言拥有强大的数据可视化能力。R 语言的绘图能力非常强大，尤其是 ggplot2 及其扩展包，包含了各种各样方便实用的绘图方法，便于研究者更清楚地理解自己所面对的数据。

⑥R 语言实现了可重复性分析。R 语言在使用时，利用 knit 包可以直接生成可重复性分析报告，更加方便分享使用者的研究成果。

综上所述，R 语言非常适合数据分析。

1.3.2　R 语言常用数据分析包

R 语言作为开源的软件，吸引了众多用户来丰富 R 的功能和应用。使用者可以编写自己的分析包发布到 CRAN 平台，供其它用户下载和使用。R 包是 R 语言功能的扩展，它是由一系列函数、帮助文档和数据文件组成的文件束，类似于 Python 中的库或 Java 中的类。

R 之所以功能强大，是因为它具有功能丰富的扩展包。下面根据不同的应用领域，将 R 中一些高质量和常用的包进行简单介绍，这些包在后面的章节中都会经常使用。

（1）tidyverse 整理、操作与绘制数据

tidyverse 是专为数据科学设计的 R 包的优化集合。所有包都共享一个基本的设计理念、语法和数据结构。tidyverse 的核心包为 ggplot2、dplyr、tidyr、readr、purrr、tibble、stringr、forcats。

readr：提供快速友好的函数来读取数据（如 csv，tsv 和 fwf）。

dplyr：提供处理数据的快速、一致的解决方法，主要用来数据清洗和整理。

tidyr：该包专门为数据整理而设计，常和 dplyr 包一起使用。

stringr：该包包含多种字符串处理的函数，非常方便。

ggplot2：用于数据可视化。

tibble：提供更优秀的数据框操作，是 data.frame 的升级款。

forcats：用于处理因子相关的问题。

purrr：提供好用的编程函数。

（2）tidymodels 建模、机器学习框架

tidymodels 是整合了一系列 R 包用于数据的建模与预测，其核心包为 rsample、parsnip、recipes、workflow、tune、yardstick。

rsample：用于为高效的数据拆分和重采样。

parsnip：提供一个整洁、统一的模型接口，可用于尝试一系列模型，而不会陷入底层包的语法细节。

recipes：提供用于特征工程的数据预处理工具的整洁接口。

workflow：用于将数据预处理、建模和后处理捆绑在一起。

tune：用于优化模型的超参数和预处理步骤。

yardstick：提供用于评估模型的多种指标的计算。

（3）其它经常使用的 R 包

readxl：该包能够方便地读取 Excel 格式的数据。

foreign：该包能够读取和写入其它统计分析软件的数据格式，如 Minitab、S、SAS、SPSS、Stata、Weka 等统计分析软件。

haven：该包能够导入和导出 SPSS、Stata 和 SAS 等统计分析软件的文件。

VIM：该包提供多种可视化数据缺失值的方式，以及多种填补数据缺失值的方法。

gridExtra：该包提供许多用户级函数来处理"网格"图形，特别是在一幅图像页面上排列多个基于网格的子图，方便网格数据可视化。

GGally：该包是基于 ggplot2 图层语法的拓展绘图系统，有矩阵散点图、平行坐标图、生存图以及绘制网络图像的若干函数。

treemap：该包主要用于树形图的可视化，树形图是层次结构的空间填充，该包为绘制树图提供了极大的灵活性。

d3heatmap：该包可用于可交互的热力图可视化。

igraph：该包用于图形可视化和网络分析，可以很好地处理大型图形，并提供生成随机和常规网络可视化图像的方法。

plotly：该包可以轻松地将 ggplot2 图形转换为基于 Web 的交互式图像。

wordcloud2：一种快速的可交互可视化图像绘制工具，该包常用于词云的可视化。

ggfortify：用于统计分析结果的可视化包。

psych：该包是心理测量理论和实验心理学的通用工具箱，主要用于因子分析、主成分分析、聚类分析和可靠性分析等模型的构建，同时还提供了基本的描述性统计功能。

glmnet：该包提供 Lasso、弹性网等广义线性回归模型的函数。

cluster：R 中常用的聚类分析包。

fpc：灵活的聚类分析包，提供多种聚类分析方法的函数和可视化方法，如 DBSCAN 聚类等。

arules：常用于频繁项集和关联规则分析的包。

arulesViz：该包常用于可视化 arules 包得到的关联规则等。

caret：主要用于训练和可视化回归模型和分类模型的包。

rpart：包含决策树分类、回归和生存分析等方法。

rpart.plot：该包主要用于将 rpart 包得到的决策树等结果进行可视化。

randomForest：使用随机森林进行分类和回归分析的包。

tm：该包提供了文本挖掘中的综合处理功能，如数据载入、语料库处理、数据预处理、元数据管理以及建立"文档 - 词项"矩阵等。

parallel：在 R 中提供并行计算的包。

LDAvis：该包主要是将 lda 包得到的主题模型可视化为可交互式图像。

text2vec：该包是快速且内存友好的文本分析工具，用于文本向量化、主题建模（LDA、LSA）、单词嵌入等模型的应用。

e1071：该包是包含众多算法的机器学习包，如支持向量机、聚类分析、朴素贝叶斯等。

本书在进行数据分析时，会主要依赖 tidyverse 进行数据整理、操作与可视化，基于 tidymodels 进行数据建模、机器学习等算法的应用，其它的 R 包用于数据分析的辅助。

1.4　本章小结

　　本章主要是针对 R 语言与数据分析的内容与联系进行了简单的介绍。通过介绍 R 语言的安装与使用、RStudio 的安装与使用，以及 R 中的常用的数据分析包，为后面更详细地学习与使用 R 语言奠定基础，同时还介绍了数据分析的基本内容，以及 R 与数据分析的联系。经过本章的学习，相信读者已经对 R 语言和数据分析有了更加直观的认识。在后面的章节中，将会和读者一起从多角度、全方面去学习和研究如何使用 R 语言进行数据分析。

第 2 章

R 语言快速入门

R 语言中包含多种可用来存储数据的数据类型，主要有向量、矩阵、数组、数据框（数据表）和列表。不同的数据结构有不同的特点和用途，其中向量是最基本的数据结构，矩阵、数组和数据框都可以由向量构成，数据框在数据分析、可视化、数据挖掘等方面最常用，列表则可以包含其它所有的数据类型。

此外，R 语言支持两种经典程序编写风格，一种是面向过程的编程方式，另一种是面向对象的编程方式。而在数据分析、数据可视化、数据挖掘等方面的应用，使用面向过程的方式理解较为直观，所以针对 R 语言编程的应用会主要关注面向过程的编程方式。

本章将会详细地介绍 R 语言中的 5 种数据类型及其使用、条件判断语句、循环语句以及如何编写自己的 R 函数等内容。

2.1　向量的数据类型

向量是 R 中的最基本的数据对象，可以存储多种类型的数据，如向量中的元素可以是字符串、逻辑值、数值等，也可以是一个因子向量。

2.1.1　数值型

如果一个向量中所有元素都是数值，则可认为其是一个数值型向量。R 语言中向量的生成非常简单，而且灵活多变，可以是一个单一的值，也可以使用"："或者 c() 函数生成。在下面的示例中，介绍了向量的生成。

```
## 通过 ":" 生成一个数值向量
x <- 1:8
x
## [1] 1 2 3 4 5 6 7 8
## 通过 c() 函数生成数值向量
x <- c(1,3,5,7,9)
x
## [1] 1 3 5 7 9
```

生成向量时，为了不一一列出所有元素，R 语言准备了 seq() 函数和 rep() 函数，用于更方便地生成有规律可循的向量。其中 seq() 函数可以通过参数 from 指定初始值，使用参数 to 指定结束值，然后可以通过参数 by 指定步长，生成等步长的向量，或者通过参数 length.out 指定输出向量的长度，输出固定数量的等间距向量。rep() 函数则用于生成可重复元素的向量，函数中的参数 times 可指定每个元素重复不同的次数，each 则可控制每个元素重复固定的次数。这两个函数的使用示例如下。

```
## 通过 seq() 函数生成数值向量
x <- seq(from = 0,to = 20,by = 5)
x
## [1]  0  5 10 15 20
## 1~20 之间等间距输出 5 个数值
x <- seq(from = 1,to = 20,length.out = 5)
x
## [1]  1.00  5.75 10.50 15.25 20.00
## 通过 rep() 函数生成有重复元素的数值向量
x <- rep(c(1,3,5,7),times = 2)
x
## [1] 1 3 5 7 1 3 5 7
## 为某个元素单独指定重复次数
x <- rep(c(1,2,3),times = 1:3)
x
## [1] 1 2 2 3 3 3
## 每个元素重复 3 次并输出长度为 8 的向量
x <- rep(1:4, each = 3, len = 8)
x
## [1] 1 1 1 2 2 2 3 3
```

获取向量中的指定元素，最常用的是切片索引获取指定位置的元素，其中位置索引使用中括号（[]）包裹。例如，在下面的示例中，x[1:5] 是获取向量 x 中从第一个位置开始到第 5 个位置结束，所包含的所有元素。获取一个向量的逆序可以使用 rev() 函数。相关应用示例如下所示。

```
## 获取向量中的某些元素
x[1:5]
## [1] 1 1 1 2 2
x[c(1,5,10,15)]
## [1]  1  2 NA NA
## 删除向量的前 5 个元素
x[c(-1:-5)]     # x[-1:-5]
## [1] 2 3 3
## 使用 rev() 函数对向量逆向排序
rev(x)
## [1] 3 3 2 2 2 1 1 1
```

注意：R 语言下标索引是从 1 开始，而且下标索引为负数表示删除某个元素，如果指定的索引位置超过了向量的长度，则会输出缺失值。

2.1.2　逻辑值型

只有逻辑值真 TRUE（T）或者逻辑值假 FALSE（F）组成的向量，可以称为逻辑值型向量（逻辑值也可称为布尔值）。通过函数 c() 可以获得逻辑值型向量，通过 rep() 函数则可以将指定的逻辑值型重复指定的次数。

```
## 通过 c()、rep() 等函数生成布尔值向量
x <- c(T,T,F,F)
x
## [1]  TRUE  TRUE FALSE FALSE
x <- rep(c(TRUE,FALSE),c(2,3))
x
## [1]  TRUE  TRUE FALSE FALSE FALSE
```

获取逻辑值型的向量，除了依次输入 TRUE 或 FALSE 之外，通过逻辑判断也可获取逻辑值。比如，通过判断两个数值向量中对应元素的大小，可获取与较长向量等长的逻辑值输出向量。在下面的例子中判断向量 x 和向量 y 中对应元素的大小，实际比较内容为 (5,15,10,5,15,10) 与 (6,8,9,10,20,4) 的结果。

```
## 对比两个向量获取布尔值
x <- c(5,15,10)
y <- c(6,8,9,10,20,4)
y >= x
## [1]  TRUE FALSE FALSE  TRUE  TRUE FALSE
```

2.1.3　字符型

R 语言字符串可以使用一对单引号（''）或一对双引号（""）来包裹，进行表示。其中单引号字符串中可以包含双引号，但是单引号字符串中不可以包含单引号；同理双引号字符串中可以包含单引号，但是双引号字符串中不可以包含双引号。

多个字符串可以组成一个字符串向量。针对字符串或者字符串向量，可以使用 length() 函数计算每个字符串向量中元素的个数，nchar() 函数则可以计算每个字符串向量中每个元素的字符长度。相关应用示例如下所示。

```
## 使用 c() 函数生成一个字符串向量
x <- c("A","B","C","12","012"," 字符串 ")
x
## [1] "A"        "B"       "C"       "12"       "012"      " 字符串 "
length(x)
## [1] 6
nchar(x)
## [1] 1 1 1 2 3 3
```

针对一个数值向量，可以使用 as.character() 函数将每个元素转化为字符串，使用示例如下所示。

```
## 通过 as.character() 函数将数值转化为字符串
x <- as.character(c(1:6))
x
## [1] "1" "2" "3" "4" "5" "6"
```

可以通过等于（==，两个等于号）判断字符串是否一样；A%in%B 则是表示判断 A 中的每个元素是否在 B 中出现，如果出现则返回 TRUE，否则返回 FALSE；通过 which() 函数可以找出某个字符串在一个字符串向量中出现的位置。相关应用示例如下所示。

```
## 判断两个字符串是否相等
" 字符串 A" == " 字符串 B"
## [1] FALSE
## 判断字符串元素是否在另一个向量中
c("A","B") %in% c("A","B","C","12","012")
## [1] TRUE TRUE
## 判断字符串在向量中的位置
which(c("A","B","C","12","012") == "C")
## [1] 3
```

paste() 函数可以拼接字符串，参数 sep 指定拼接时的连接方式，函数使用示例如下。

```
## 字符串拼接
paste(c("A","B","C"),c(1:3),sep = "-")
## [1] "A-1" "B-2" "C-3"
```

strsplit() 函数可以根据提供的 split 参数，将字符串进行切分；substr() 函数则是通过提供 start 和 stop 参数，获取 start 和 stop 之间的字符内容。函数使用示例如下所示。

```
## 提取字符串中的元素
x <- " 这是一个字符串 "
## 字符串拆分
strsplit(x,split = " 是 ")
## [[1]]
## [1] " 这 "            " 一个字符串 "
## 提取字符串中的指定内容
substr(x,start = 2,stop = 5)
## [1] " 是一个字 "
```

2.1.4 因子型

因子（Factor）是 R 语言中比较特殊的，用来表示类别的一种数据类型，因此是离散变量。创建因子型向量可以使用 factor() 函数，可以通过参数 levels 指定各水平值，使用参数 labels 指定各水平的标签，使用参数 ordered 指定各水平之间是否有顺序，等等。

下面的示例中，使用 factor() 函数生成了因子向量 x，指定每个因子的水平值，并且对因子水平指定了相应的标签。

```
## 生成因子向量
x <- factor(x = c("A","B","C","A","A","C","B"),        # 因子变量使用的向量
            levels = c("A","B","C"),                    # 指定各水平值
            labels = c("apple","banan","cherry"),       # 每个 level 使用的标签
            ordered = FALSE)                            # 确定 levels 是否排序
x
## [1] apple  banan  cherry apple  apple  cherry banan
## Levels: apple banan cherry
## 获取因子变量的 levels 属性
levels(x)
## "apple"  "banan"  "cherry"
## 计算因子变量的 levels 数量
nlevels(x)
## [1] 3
## 将一个向量转化为因子向量
x <- as.factor(rep(c(1,2,3),c(3,2,1)))
x
```

```
## [1] 1 1 1 2 2 3
## Levels: 1 2 3
```

针对一个向量想要快速地转化为因子向量，可以使用 as.factor() 函数；levels()
函数可以获取因子变量的水平（levels）属性；nlevels() 函数则是可以计算因子向
量的水平数量。

2.2　矩阵与高维数组

矩阵通常是指二维数组，高维数组的维度通常会大于二维，矩阵和高维数组
的类型包括数值型、字符串型、逻辑型等，但是一个矩阵或高维数组的数据类型
只能是一种。

2.2.1　矩阵

R 可以使用 matrix() 函数生成矩阵，在 matrix() 函数中参数 data 用于指定
生成矩阵使用的数据，参数 nrow 和 ncol 用于指定矩阵的行数和列数，如果只
给出 nrow 或者 ncol 中的一个参数，会自动计算另一个参数的取值，参数 byrow
则是通过逻辑值表示是否行优先生成矩阵。使用 matrix() 函数生成矩阵的示例如
下所示。

```
## 使用 matrix() 函数生成矩阵
vec <- 1:15
mat <- matrix(data = vec,                  ## 生成矩阵使用的数据
              nrow = 3,ncol = 5,           ## 指定矩阵的行数和列数
              byrow = FALSE,               ## 生成矩阵是否按行排列
              dimnames = list(             ## 通过一个列表指定行名和列名
                c("row1","row2","row3"),       ## 行名
                c("col1","col2","col3","col4","col5")## 列名
              ))
mat
##      col1 col2 col3 col4 col5
## row1    1    4    7   10   13
## row2    2    5    8   11   14
## row3    3    6    9   12   15
## 也可以按行排列 data 中的元素
mat <- matrix(data = vec,nrow = 3,byrow = TRUE)
mat
```

```
##      [,1] [,2] [,3] [,4] [,5]
## [1,]    1    2    3    4    5
## [2,]    6    7    8    9   10
## [3,]   11   12   13   14   15
```

使用 cbind() 函数和 rbind() 函数可以将多个等长的向量组成矩阵，其中 cbind() 表示按照列排列组合成矩阵，rbind() 表示按照行排列组合成矩阵。函数的应用示例如下。

```
## 使用 cbind() 函数生成矩阵
mat <- cbind(c(1,2,3),c(2,4,6),c(8,9,10),c(4,8,11))
mat
##      [,1] [,2] [,3] [,4]
## [1,]    1    2    8    4
## [2,]    2    4    9    8
## [3,]    3    6   10   11
## 使用 rbind() 函数生成矩阵
mat <- rbind(c(1,2,3,4),c(2,4,6,8),c(8,9,10,11))
mat
##      [,1] [,2] [,3] [,4]
## [1,]    1    2    3    4
## [2,]    2    4    6    8
## [3,]    8    9   10   11
```

使用 matrix() 函数生成矩阵时，可以通过 dimnames 参数借助一个列表指定行名和列名。或者在生成矩阵后，通过 colnames() 和 rownames() 分别指定列名和行名。应用示例如下。

```
## 通过 colnames() 和 rownames() 为矩阵添加行名和列名
mat <- matrix(1:15,nrow = 3)
colnames(mat) <- c("c1","c2","c3","c4","c5")    ## 列名
rownames(mat) <- c("row1","row2","row3")         ## 行名
mat
##      c1 c2 c3 c4 c5
## row1  1  4  7 10 13
## row2  2  5  8 11 14
## row3  3  6  9 12 15
```

使用 dim() 函数则是可计算矩阵的维度；nrow() 函数可计算矩阵的行数；ncol() 函数可计算矩阵的列数；length() 函数则可计算矩阵中所有的元素个数。

```
## 计算矩阵的维度
dim(mat)
## [1] 3 5
## 计算矩阵的行数
nrow(mat)
## [1] 3
## 计算矩阵的列数
ncol(mat)
## [1] 5
## 计算矩阵的元素个数
length(mat)
## [1] 15
```

生成矩阵后，可以通过中括号和行列索引的方式（mat[行索引，列索引]）获取需要的内容。下面的示例中，mat[2,] 表示获取 mat 中的第二行元素；mat[,2] 表示获取 mat 的第二列元素；mat[2:3,1:3] 则表示获取 mat 的第 2 行到第 3 行，第 1 列到第 3 列所包含的元素。

```
## 获取某行
mat[2,]
## c1 c2 c3 c4 c5
## 2 5 8 11 14
## 获取某列
mat[,2]
## row1 row2 row3
## 4 5 6
## 获取指定的行和列
mat[2:3,1:3]
##      c1 c2 c3
## row2 2 5 8
## row3 3 6 9
```

如果一个矩阵包含行名或列名，则也可以通过行名或列名的索引获取需要的元素。

2.2.2　高维数组

高维数组通常使用函数 array() 生成（该函数还可以生成维度小于等于 2 的数组）。在使用 array() 生成数组时，可通过参数 dim 指定数组每个维度的数据。例如 dim = c(2,5,2) 表示生成一个 2×5×2 的数组，可以理解为由 2 个 2×5 的矩阵组成，参数 dimnames 则可以用于指定每个维度的名称。针对数组可以使用 dim() 函数获取数组在行、列、层（页）等维度上的数值，length() 函数则可以计算数组中元素的数量。

```
## 生成数组时指定每个维度的名字
arr <- array(data = 1:20,dim = c(2,5,2),
              dimnames = list(c("row1","row2"),          # 行名
                              c("c1","c2","c3","c4","c5"), # 列名
                              c("T1","T2") ))             # 页名
arr
## , , T1
##      c1 c2 c3 c4 c5
## row1  1  3  5  7  9
## row2  2  4  6  8 10
## , , T2
##      c1 c2 c3 c4 c5
## row1 11 13 15 17 19
## row2 12 14 16 18 20
## 查看数组的维度
dim(arr)
## [1] 2 5 2
## 计算数组所包含的元素数量
length(arr)
## [1] 20
```

使用中括号 ([]) 和切片索引的方式可以获取数组中的元素。例如，获取 arr 第一行的元素可以使用 arr[1,,]，获取数组中第一列的元素可以使用 arr[,1,]，获取数组中第一页的元素可以使用 arr[,,1]。如果数组的每个维度有名称，还可以通过相应的名称获取对应的元素。相关程序示例如下所示。

```
## 获取数组中的元素
arr[1,,]   ## 获取数组中的第 1 行
##    T1 T2
## c1  1 11
## c2  3 13
## c3  5 15
## c4  7 17
## c5  9 19
arr[,1,]   ## 获取数组中的第 1 列
##      T1 T2
## row1  1 11
## row2  2 12
```

```
arr[,,1]    ## 获取数组中的第1页
##        c1 c2 c3 c4 c5
## row1  1  3  5  7  9
## row2  2  4  6  8 10
## 通过名称获取数组中的元素
arr["row1",,] ## 获取数组中的第1行
##    T1 T2
## c1  1 11
## c2  3 13
## c3  5 15
## c4  7 17
## c5  9 19
arr[,"c1",]    ## 获取数组中的第1列
##        T1 T2
## row1  1 11
## row2  2 12
arr[,,"T1"]    ## 获取数组中的第1页
##        c1 c2 c3 c4 c5
## row1  1  3  5  7  9
## row2  2  4  6  8 10
```

使用 array() 函数可以生成任意维度的数组，而不是只能生成三维数组。

2.3　数据框与列表

数据框（数据表）是 R 中数据分析时最常用的数据格式。数据框和矩阵很相似，都是为了更好地管理更多的变量，不同的是整个矩阵中所有元素只有一种数据类型，而数据框的每一列都可以是一种数据类型，如字符串向量、数值向量、因子向量等。数据框非常便于数据分析，一般情况下每列作为一个特征（变量），每行作为一个样本，数据框是二维的数据格式。

列表是 R 语言中最灵活的数据类型，可以用来保存多种类型的数据，如向量、字符串、矩阵、高维数据、数据框，而且列表和函数也可以包含在列表中。

2.3.1　数据框

生成数据框可以使用 data.frame() 函数、as.data.frame() 函数等函数，它们均可以将一个矩阵转化为数据框。例如，下面的程序使用 data.frame() 函数经矩阵转化为数据框，并设置每列的名称。

```
## 使用矩阵生成数据表
mat <- matrix(1:15,ncol = 5)
df <- data.frame(mat)
colnames(df) <- c("c1","c2","c3","c4")
df
##   c1 c2 c3 c4 NA
## 1  1  4  7 10 13
## 2  2  5  8 11 14
## 3  3  6  9 12 15
```

使用 data.frame() 函数生成数据框时，可以分别指定每个变量的名称和其对应的数据，下面的程序中则是生成了包含 name、age、sex、score 四个变量 4 个样本的数据框，参数 stringsAsFactors = FALSE 表示不将其中的字符串变量转化为因子变量。

```
## 分别指定变量名生成数据表
df <- data.frame(name = c("张三","李四","王二","麻子"),
                 age = c(15,17,21,16),
                 sex = c("男","男","女","女"),
                 score = c(89,91,78,95),
                 stringsAsFactors = FALSE)
df
##   name age sex score
## 1 张三  15  男    89
## 2 李四  17  男    91
## 3 王二  21  女    78
## 4 麻子  16  女    95
```

获取一个数据框每个变量的相关信息，可以使用 str() 函数，其会输出每个变量的数值类型和其中的几个样本示例，也可以使用 head() 函数获取数据框的前几行输出，使用 tail() 函数获取数据框最后几行的输出，summary() 函数则可获取数据框的汇总信息。这些函数的使用示例如下所示。

```
## 查看数据表中的数据情况
str(df)
## 'data.frame':   4 obs. of  4 variables:
##  $ name : chr  "张三" "李四" "王二" "麻子"
##  $ age  : num  15 17 21 16
##  $ sex  : chr  "男" "男" "女" "女"
##  $ score: num  89 91 78 95
```

```
## 查看数据表的前两行
head(df,2)
##    name age sex score
## 1 张三  15   男    89
## 2 李四  17   男    91
## 查看数据表的后两行
tail(df,2)
##    name age sex score
## 3 王二  21   女    78
## 4 麻子  16   女    95
## 使用 summary() 函数查看数据的情况
summary(df)
##     name                age            sex                score
## Length:4          Min.   :15.00   Length:4          Min.   :78.00
## Class :character  1st Qu.:15.75   Class :character  1st Qu.:86.25
## Mode  :character  Median :16.50   Mode  :character  Median :90.00
##                   Mean   :17.25                     Mean   :88.25
##                   3rd Qu.:18.00                     3rd Qu.:92.00
##                   Max.   :21.00                     Max.   :95.00
```

summary() 函数会针对字符串变量输出变量的长度和类型，对数值变量会输出变量的最小值、均值、最大值等内容。

获取数据框中的某个变量或者某些数据的方式有很多种。例如，df$name 可以获取数据框 df 中的 name 变量；df[c("name", "age")] 可获取数据框 df 中的 name 和 age 两个变量；df[2:3,c("name","age","sex")] 可获取 df 中指定行和指定列的样本。同样也可以对数据框中的内容进行修改。例如，df$sex <- as.factor(df$sex) 则是将 df 中 sex 变量转化为因子变量后，再重新赋值给 sex 变量，改变数据变量数据类型；通过给 df$major 变量赋值的方式，可以为 df 数据框添加一列新的变量。上述关于数据框的相关操作方式的程序示例如下。

```
## 通过 $ 获取数据框中的变量
df$name
## [1] " 张三 " " 李四 " " 王二 " " 麻子 "
## 通过 [] 索引获取数据框中的变量
df[,1]
## [1] " 张三 " " 李四 " " 王二 " " 麻子 "
## 通过 [] 和变量名获取数据框中的变量
df[c("name","age")]
##   name age
## 1 张三  15
## 2 李四  17
```

```
## 3  王二   21
## 4  麻子   16
## 获取数据框中的指定行和列
df[2:3,c("name","age","sex")]
##    name age sex
## 2  李四  17  男
## 3  王二  21  女
## 更改数据表中某列的数据类型
df$sex <- as.factor(df$sex)  # 将字符串转化为因子变量
df$sex
## [1] 男 男 女 女
## Levels: 女 男
## 数据表中添加新的变量
df$major <- c(" 统计学 "," 计算机 "," 统计学 "," 计算机 ")
df
##   name age sex score  major
## 1 张三   15   男    89    统计学
## 2 李四   17   男    91    计算机
## 3 王二   21   女    78    统计学
## 4 麻子   16   女    95    计算机
```

2.3.2　列表

使用 list() 函数可以生成列表，只需要将各种内容包含在小括号内即可，str() 函数则可以输出列表中每个元素的概括性信息。

```
## 使用 list() 函数生成列表，并指定每个元素的名字
mylist <- list(A = factor(c("A","B","C","D")), # 因子变量
               B = matrix(1:12,nrow = 2),        # 矩阵
               C = " 列表中的字符串 ")            # 字符串
mylist
## $A
## [1] A B C D
## Levels: A B C D
## $B
##      [,1] [,2] [,3] [,4] [,5] [,6]
## [1,]    1    3    5    7    9   11
## [2,]    2    4    6    8   10   12
## $C
## [1] " 列表中的字符串 "
## 通过 str() 函数，查看列表的汇总信息
str(mylist)
```

```
## List of 3
##  $ A: Factor w/ 4 levels "A","B","C","D": 1 2 3 4
##  $ B: int [1:2, 1:6] 1 2 3 4 5 6 7 8 9 10 ...
##  $ C: chr "列表中的字符串"
```

从上面程序的输出可以知道，列表中可以包含多种类型的数据，内容非常丰富。

给列表中添加新的内容可以使用类似 mylist$D <- D 的方式，即可将 D 作为新的内容添加到列表 mylist 中，并且 D 的名称为 D。

```
## 给列表中添加新的内容
D = data.frame(name = c("张三","李四","王二"),
               age = c(18,20,15))
mylist$D <- D
mylist
## $A
## [1] A B C D
...

## $D
##   name age
## 1 张三  18
## 2 李四  20
## 3 王二  15
```

通过一个中括号 ([]) 或者两重中括号 ([[]]) 与位置索引相结合的方式，可以获取列表中的内容。例如，通过 mylist[1] 和 mylist[[1]] 获取的结果是一样的。也可以通过 $ 与列表中元素名称相结合的方式获取列表中的元素。针对列表中元素的内部元素的获取也可以根据其所属的数据类型，灵活应用中括号 ([]) 和 $ 相结合的方式进行获取。例如，mylist[[4]]$name 则是获取列表 mylist 中第四个元素的 name 变量的取值。相关应用示例如下所示。

```
## 获取列表中的内容
mylist[1]
## $A
## [1] A B C D
## Levels: A B C D
mylist[[1]]
## [1] A B C D
## Levels: A B C D
mylist$A
## [1] A B C D
```

```
## Levels: A B C D
## 获取列表中内容的内容
mylist$D$name
## [1] "张三" "李四" "王二"
mylist[[4]]$name
## [1] "张三" "李四" "王二"
mylist$D[,1]
## [1] "张三" "李四" "王二"
```

2.4 条件判断与循环语句

条件判断程序语句，可以根据一个或多个要评估或测试的条件，根据判断的真假情况而执行不同的内容。R 语言提供了多种用于定义条件判断的语句，其中常用的有 if 语句、if...else 语句与 ifelse 语句。

循环语句通常用在需要多次执行同一块代码的情况，R 语言中的循环结构允许我们多次执行一个语句或语句组，常用的循环有 for 循环与 while 循环。

2.4.1 条件判断语句

if...else 语句的使用方式通常为 if(条件) 表达式 1 else 表达式 2。通过条件判断的真假，决定执行表达式 1 或者表达式 2。如果条件为真，则执行表达式 1，否则执行表达式 2。例如，下面的程序中，第一个 if...else 语句中，条件为真，则会输出 A×B 的结果；第二个 if...else 语句中，条件为假，则会输出 A+B 的结果。

```
A <- c(1,3,5,7,9)
B <- c(2,4,6,8,10)
## if 和 else 搭配使用
cond <- TRUE        # 定义一个条件
if(cond){            # 条件为真时执行的语句
    print(A*B)
}else{              # 条件为假时执行的语句
    print(A+B)
}
## [1]  2 12 30 56 90
## 条件为假
cond <- FALSE        # 定义一个条件
if(cond){            # 条件为真时执行的语句
    print(A*B)
```

```
}else{              # 条件为假时执行的语句
    print(A+B)
}
## [1]  3  7 11 15 19
```

ifelse 语句的使用方式通常为 ifelse(test, yes, no)。其可看作是上面 if(条件) 表达式 1 else 表达式 2 语句的一个简化版本。在执行时如果 test 结果是真，则输出 yes 代表的内容，否则输出 no 所代表的内容。例如，下面的示例中，如何 A 中的元素大于 B 中的元素，则会输出对应元素的和，否则会输出对应元素的积。

```
## 使用 ifelse() 语句
A <- c(1,3,5,7,9)
B <- c(10,8,6,4,2)
ifelse(A>B,A+B,A*B)
## [1] 10 24 30 11 11
```

针对上面程序的输出的结果，输出内容的计算方式为（1×10，3×8，5×6，7+4，9+2）。

2.4.2　循环语句

这里我们主要介绍 for 循环与 while 循环的使用。在 for 循环中，终止的条件通常是执行次数，常用的结构为 for(var in seq) expr，即如果 var 在 seq 中，则执行 expr。

下面的程序示例，利用 for 循环遍历向量 vec 中的所有元素，然后判断其是否符合条件（大于 13），然后进行相应的输出（输出取值与数值在向量中的位置）。

```
## 通过 for 循环获取向量中大于指定数值数据与其位置
set.seed(123)
vec <- sample(5:15,20,replace = T) # 随机生成一些整数
for (ii in 1:length(vec)){
    ## 条件语句进行判断，输出大于 13 的数值
    if (vec[ii] > 13){
      print(paste("第 ",ii," 个数据为 :",vec[ii]))
    }
}
## [1] "第 3 个数据为 : 14"
## [1] "第 6 个数据为 : 15"
```

```
## [1] " 第 11 个数据为 : 14"
## [1] " 第 12 个数据为 : 15"
## [1] " 第 15 个数据为 : 15"
```

针对循环还可以利用 break 语句，提前跳出循环体。例如，下面的 for 循环，则是在获取多于 4 个满足条件的结果后，利用 break 跳出循环。

```
## 如果提前满足要求，则可通过 break 跳出循环
set.seed(123)
vec <- sample(1:20,30,replace = T)
reslen <- vector()      # 保存满足条件的结果
for (ii in 1:length(vec)){
    ## 条件语句进行判断，输出大于 10 的数值
    if (vec[ii] > 10){
      reslen <- append(reslen,vec[ii])  # 向量中添加一个元素
      print(paste(" 第 ",ii," 个数据为 :",vec[ii]))
    }
    ## 如果已经获取了多于 4 个满足条件的元素，跳出 for 循环
    if(length(reslen)>4) break
}
## [1] " 第 1 个数据为 : 15"
## [1] " 第 2 个数据为 : 19"
## [1] " 第 3 个数据为 : 14"
## [1] " 第 6 个数据为 : 18"
## [1] " 第 7 个数据为 : 11"
```

while 循环将会重复地执行一个程序片段，直到条件不为真或者在程序片段中跳出循环，常用的格式为 while(cond) expr。例如，下面的程序在使用 while 循环时，只有在遍历了 vec 中的所有元素后，循环计算才会结束。而第二段使用 while 循环的程序中，则是利用 break 语句跳出循环体。相应的程序及输出如下所示。

```
## 通过 while 循环获取向量中大于指定数值数据与其位置
set.seed(123)
vec <- sample(5:15,20,replace = T)
ii <- 1  # 初始化一个索引
while(ii <= length(vec)){
    ## 条件语句进行判断，输出大于 13 的数值
    if(vec[ii] > 13){
      print(paste(" 第 ",ii," 个数据为 :",vec[ii]))
    }
```

```
    ii <- ii + 1    ## 索引增加 1
}
## [1] "第 3 个数据为：14"
## [1] "第 6 个数据为：15"
## [1] "第 11 个数据为：14"
## [1] "第 12 个数据为：15"
## [1] "第 15 个数据为：15"
## 如果提前满足要求，通过 break 跳出循环 while 循环
set.seed(123)
vec <- sample(1:30,40,replace = T)
reslen <- vector()       # 保存满足条件的结果
ii <- 1  # 初始化一个索引
while(ii <= length(vec)){
    ## 条件语句进行判断，输出大于 13 的数值
    if(vec[ii] > 13){
      reslen <- append(reslen,vec[ii])   # 向量中添加一个元素
      print(paste("第 ",ii," 个数据为：",vec[ii]))
    }
    ## 如果已经获取了 4 个满足条件的元素，跳出 for 循环
    if(length(reslen)>4) break
    ii <- ii + 1    ## 索引增加 1
}
## [1] "第 1 个数据为：15"
## [1] "第 2 个数据为：19"
## [1] "第 3 个数据为：14"
## [1] "第 6 个数据为：18"
## [1] "第 7 个数据为：22"
```

2.5　编写自己的函数

用户可以很方便地使用 R 语言编写自己的函数，编写函数时常用的格式为：

```
functionname <- function(arg1,arg2,arg3,…){
    statements
    return(result)
    }
```

上面的结构中，functionname 是函数的名称，使用 function() 来定义函数，arg1、arg2、arg3 等表示在函数中使用的参数，statements 表示函数的语句，使用 return() 输出函数需要输出的内容，如果没有使用 return() 指定输出内容，则会默

认输出最后一个计算得到的结果，函数的主体使用大括号 ({}) 包裹，如果程序较简单只有一行也可以省略大括号。

下面的程序示例中，定义一个计算向量中所有元素和的函数 vecsum()。

```
## 编写一个计算向量和的函数
vecsum <- function(vec){
    ## 通过循环计算和
    res <- 0    # 初始化一个输出
    for(ii in 1:length(vec)){
      res <- res + vec[ii]
    }
    return(res)
}
## 调用定义好的函数
vec <- 1:200
vecsum(vec)
## [1] 20100
```

在上面定义的函数 vecsum() 中，只需要输入一个向量参数 vec 即可进行运算。

R 语言定义函数时，还可以使用特殊参数"…"，"…"参数表明一些可以传递给另一个函数的参数。常在想拓展一个函数的功能，而又不想复制原函数的整个参数列表时使用。例如，下面的程序是自定义一个函数 myfun，计算相关系数的同时，使用 plot() 函数进行数据可视化。在可视化时可以使用 plot() 函数，但是这两个函数中还有其它参数，在不想复制它们的参数列表，而又想使用相应的参数功能时，定义函数 myfun 时，可以使用"…"参数，函数的定义方式如下。

```
## 输出两个向量的相关系数，并可视化散点图
myfun <- function(x,y,...){
    # 在 myfun 中可以使用 plot() 函数的参数
    plot(x,y,...)
    return(cor(x,y))
}
## 调用上面的函数
set.seed(123)
x <- runif(50)
y <- rbeta(50,10,2)
## 在 myfun() 函数中使用 plot() 函数的参数
myfun(x,y,col = "blue",pch = 19,main = "Sactter plot")
## [1] -0.1499573
```

定义好函数 fun1 之后，在使用时只输出一个参数 vec，运行程序后在获得数据相关系数的同时，还可获得如图 2-1 所示的散点图。

因为定义 myfun() 函数时，使用了 "..." 参数，所以在调用 myfun() 时可以额外地输入 plot() 函数中的参数，调整函数的输出结果。

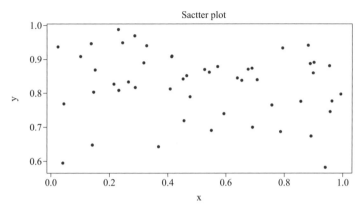

图 2-1　数据分布散点图

2.6　本章小结

本章主要介绍了如何使用 R 中的向量、矩阵、高维数组、数据框、列表、条件判断、循环以及自定义函数。针对 R 中不同类型的数据，介绍了如何生成以及相关的使用方式。针对 R 中条件判断主要介绍了与 if、else 有关的内容，针对 R 中的循环语句，介绍了 for 循环与 while 循环的使用方式，以及如何使用 break 提前终止循环；针对 R 中的函数的使用，详细介绍了如何自定义函数以及如何对定义的函数进行调用等内容。

第3章

R 语言数据管理与操作

R语言对待分析的数据进行数据管理和操作的功能非常丰富。数据管理主要是各类数据的读取与保存等，R语言除了基础包自带的数据导入和保存函数，还有很多第三方包供其使用。此外针对缺失值的处理，R语言也有很多包可以使用，而数据操作主要是数据的选择、过滤、分组、融合等内容。在第1章中我们已经介绍了tidyverse系列包的功能，因此本章将会以tidyverse系列包的使用为主，其它R包的数据操作为辅。

3.1 数据导入与保存

数据分析离不开对数据的导入与保存，因此本节将会主要介绍R语言是如何导入和保存数据的。

3.1.1 数据导入

R语言中除了基础包中自带的数据导入函数，还有优秀的第三方包用于数据的导入和保存，针对数据导入与保存的相关函数和包，可以总结为表3-1。

表3-1 R语言中数据导入与保存的包和函数

包	函数	功能
utils	read.table()	读取 txt 文件
utils	read.csv(),write.csv()	读取、保存 csv 文件
utils	read.delim()	导入使用 \t 符分割的 txt 文件
readr	read_csv(),write_csv()	读取、保存 csv 文件
readxl	read_excel()	读取 Excel 文件
openxlsx	read.xlsx(),write.xlsx()	读取、保存 Excel 文件
haven	read_sav(),write_sav()	读取、保存 SPSS 文件
foreign	read.spss()	读取 SPSS 文件
base	load(),save()	读取、保存 Rdata 或者 rda 文件
haven	read_dta(),write_dta()	读取、保存 Stata 文件
haven	read_stata()	读取 Stata 文件
haven	read_sas(),write_sas()	读取、保存 SAS 文件

R 语言可以通过多种方式读取带有分割符的数据，如使用自带包中的 read.delim()、read.table() 等函数，读取使用 tab 键作为分割符的数据文件；使用 read.csv()、read.table() 函数和 readr 包中的 read_csv() 等函数，读取使用逗号分隔的数据文件。针对表 3-1 的部分相关函数的使用示例如下所示。

```
## 导入使用 \t 符分割的 txt 文件
df <- read.delim("data/chap03/Iris.txt")
head(df,3)
##   Id SepalLengthCm SepalWidthCm PetalLengthCm PetalWidthCm      Species
## 1  1           5.1          3.5           1.4          0.2 Iris-setosa
## 2  2           4.9          3.0           1.4          0.2 Iris-setosa
## 3  3           4.7          3.2           1.3          0.2 Iris-setosa
## 使用 read.table() 函数指定分割符
df <- read.table("data/chap03/Iris.txt",header = TRUE,sep = "\t")
head(df,3)
##   Id SepalLengthCm SepalWidthCm PetalLengthCm PetalWidthCm      Species
## 1  1           5.1          3.5           1.4          0.2 Iris-setosa
## 2  2           4.9          3.0           1.4          0.2 Iris-setosa
## 3  3           4.7          3.2           1.3          0.2 Iris-setosa
## 使用其它 R 包的函数读取数据，readr 包导入较大的数据时更稳定快速
library(readr)
## 读取 txt 文件
df <- read_delim("data/chap03/Iris.txt",delim = "\t")
head(df,3)
## # A tibble: 3 × 6
##      Id SepalLengthCm SepalWidthCm PetalLengthCm PetalWidthCm Species
##   <dbl>         <dbl>        <dbl>         <dbl>        <dbl> <chr>
## 1     1           5.1          3.5           1.4          0.2 Iris-setosa
## 2     2           4.9          3             1.4          0.2 Iris-setosa
## 3     3           4.7          3.2           1.3          0.2 Iris-setosa
## 使用 read.csv() 函数导入 csv 文本数据
df <- read.csv("data/chap03/Iris.csv")
head(df,3)
##   Id SepalLengthCm SepalWidthCm PetalLengthCm PetalWidthCm      Species
## 1  1           5.1          3.5           1.4          0.2 Iris-setosa
## 2  2           4.9          3.0           1.4          0.2 Iris-setosa
## 3  3           4.7          3.2           1.3          0.2 Iris-setosa
```

针对数据导入的更多示例程序，这里就不再展示了，读者可以到提供的程序文件中查看相关函数的使用程序。

3.1.2　数据保存

针对 R 语言处理好的数据，通常会保存为使用分割符的文本数据（如逗号分隔符 csv 文件），可以使用 R 基础包自带的 write.csv() 函数，也可使用 readr 包中的 write_csv() 函数保存较大的数据集等。这两个函数的使用示例如下所示。

```
## 将数据保存为 csv 格式可使用下面的方式
write.csv(df,file = "data/chap4/IrisWrite_1.csv",
          quote = TRUE,              ## 保存的数据使用双引号包裹
          row.names = FALSE)         ## 不保存数据的行索引
write_csv(df,path = "data/chap4/IrisWrite_2.csv")
```

此外，R 的相关包在提供了读取数据函数的同时，还会提供相应的数据保存函数，相关的函数已经在表 3-1 中给出，这里就不再一一介绍了，可以通过查看帮助文档进行学习。

3.2　处理缺失值

前一节讨论了 R 语言对数据的读取和保存，本节将会介绍如何使用 R 中的相关包，处理数据中的缺失值。我们首先导入 R 中自带的数据集，程序如下所示。

```
## 导入带有缺失值的数据
data("airquality")
head(airquality)
##   Ozone Solar.R Wind Temp Month Day
## 1    41     190  7.4   67     5   1
## 2    36     118  8.0   72     5   2
## 3    12     149 12.6   74     5   3
## 4    18     313 11.5   62     5   4
## 5    NA      NA 14.3   56     5   5
## 6    28      NA 14.9   66     5   6
## 计算每个特征包含缺失值的数量
apply(is.na(airquality), 2, sum)
##   Ozone Solar.R    Wind    Temp   Month     Day
##      37       7       0       0       0       0
```

在导入数据后，通过 is.na() 函数可以判断数据中是否有缺失值，同时利用 apply() 函数并行计算出了每个特征带有缺失值的数量（R 中的并行计算方式，会在后面的内容中进行详细的介绍）。该数据中有两个特征带有一定数量的缺失值。

3.2.1　缺失值发现

除了使用 is.na() 函数发现数据中的缺失值外，还可以使用 R 中的 VIM 包对缺失值的情况，利用可视化的方式进行分析，下面的程序利用 aggr() 函数可视化查看数据缺失值情况，结果如图 3-1 所示。

```
## 导入相关包
library(VIM)
## 可视化数据的缺失值总体分布情况
par(cex = 1)
aggr(airquality,col = c("skyblue", "red"),# 分别为非缺失值与缺失值的颜色
     prop = FALSE,numbers = TRUE, # 是否可视化所占的概率
     gap = 2)      # 控制两个子图之间的空间大小
```

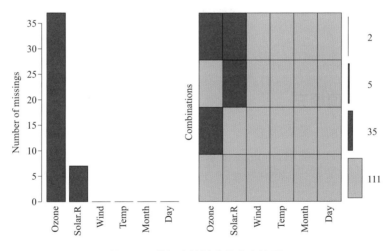

图3-1　数据中的缺失值分布情况

图 3-1 可以分为两个子图进行分析，左边子图为每个变量缺失值情况的柱状图，可发现有 2 个变量带有缺失值，右边子图为所有缺失值不同组合下的分布情况，红色表示有缺失值，蓝色表示没有缺失值，从图中可知完全没有缺失值的样本有 111 个（最后一行蓝色），Ozone 和 Solar.R 同时有缺失值的样本有 2 个。

此外还可以使用边缘图可视化函数 marginplot()，可视化数据集缺失值的情况。在图边距中还提供了可用值和估算值的箱形图以及估算值的单变量散点图。下面的程序则是使用 marginplot() 函数可视化 Ozone 和 Solar.R 两个变量之间的缺失值情况，运行程序可获得可视化图像，如图 3-2 所示。

```
## 分析数据集中 Ozone 和 Solar.R 两个变量之间的关系和缺失值情况
vars <- c("Ozone","Solar.R")
par(cex  =1) # 使用边缘图进行可视化
marginplot(airquality[vars])
```

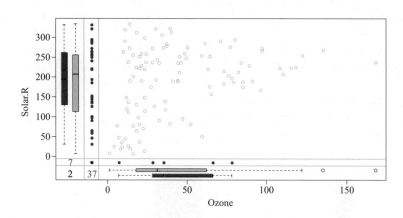

图 3-2　数据中缺失值的分布情况

3.2.2　缺失值填充

处理缺失值的方式有很多种，其中最简单的方式是直接剔除带有缺失值的样本或变量。例如，使用 complete.cases() 函数只保留数据中没有缺失值的样本，程序如下所示。

```
## (1) 删除数据中带有缺失值的样本
myair <- airquality[complete.cases(airquality),]
apply(is.na(myair), 2, sum)
##   Ozone Solar.R    Wind    Temp   Month     Day
##       0       0       0       0       0       0
```

直接剔除的方式通常适合于带有缺失值的样本较少的情况。还可以针对不同的情况和变量属性，使用不同的缺失值处理方法，如使用均值、中位数、众数等单独为每个变量填补缺失值。下面的程序则是分别使用均值和中位数，填补数据中的缺失值。

```
## is.na() 查看 Ozone 数据缺失值的位置
myair2 <- airquality
## 使用均值填补缺失值
```

```
myair2$Ozone[is.na(myair2$Ozone)] <- mean(myair2$Ozone,na.rm = TRUE)
## 使用中位数填补缺失值
myair2$Solar.R[which(is.na(myair2$Solar.R))] <- median(myair2$Solar.R,na.rm =
TRUE)
```

通常情况下前面介绍的缺失值填充方式，由于没有充分考虑数据的整体分布情况，所以缺失值填充效果不是很好。而基于 K 近邻算法的 KNN 缺失值填充，在数据填充时，会考虑数据多个特征的整体分布情况。KNN 缺失值填充会使用带缺失值数据的 K 个近邻，然后通过加权平均的方式，生成缺失值位置的数据。下面的程序是使用 DMwR2 包中的 knnImputation() 函数，利用缺失值附近的 10 个近邻数据进行加权平均填充，针对填充后的结果，通过边缘图进行可视化，运行程序后可获得如图 3-3 所示的图像。

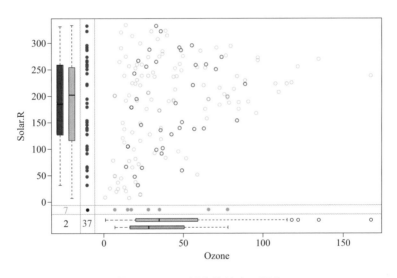

图3-3　KNN缺失值填充可视化

```
## 使用 KNN 方法来填补缺失值
library(DMwR2)
## 使用缺失值的 10 个近邻进行缺失值填充
myair2 <- airquality
myair2_knn <- knnImputation(myair2,k=10,scale = TRUE,meth = "weighAvg")
## 添加两列判断相应变量是否为异常值的变量
myair2_knn$Ozone_imp <- is.na(myair2$Ozone)
myair2_knn$Solar.R_imp <- is.na(myair2$Solar.R)
```

```
## 分析数据集中 Ozone 和 Solar.R 两个变量之间的关系和缺失值情况
vars <- c("Ozone","Solar.R","Ozone_imp","Solar.R_imp")
# 使用边缘图进行可视化
par(mai = c(0.85,1.5,0.4,1),family = "STZhongsong")
marginplot(myair2_knn[vars],delimiter = "_imp",
           col = c("skyblue", "red", "orange","green"),
           main = "KNN 填补缺失值 ")
```

从图 3-3 中可以发现，KNN 缺失值填充的结果中，带缺失值样本在填充后数据的分布情况和非缺失的样本分布很接近，缺失值填充的效果更好。

3.3 数据操作

使用 R 语言进行数据的相关操作与计算非常方便，下面将会主要介绍如何使用 R 语言，对数据进行并行计算，选择、过滤、分组，数据融合以及长宽数据转换等。

3.3.1 数据并行计算

R 中最常用的并行计算函数是 apply 系列函数，这些函数在计算时采用了向量化计算的思想，可以提升计算速度，下面会使用具体的实例详细介绍 apply()、lapply() 以及 sapply() 函数的使用。

① apply() 函数：最常用的向量化计算函数，可以对矩阵、数据框、数组等，按行或列根据指定的函数进行并行计算，其输出通常是一个向量、数组或者列表等。其使用格式如下所示。

```
apply(X, MARGIN, FUN, ...)
```

其中 X 是一个矩阵或数组；MARGIN 是 1 或 2，其中 1 表示对行使用函数进行计算，2 表示对列使用函数进行计算；FUN 表示要应用的函数，可以是 R 中的函数，也可是自己编写的函数；"..." 表示更多参数。

下面使用具体的实例介绍 apply() 函数的使用，在程序中首先生成一个用于演示的矩阵，然后，分别调用 apply() 函数，计算矩阵中每行与每列的和，以及使用自定义函数进行随机样本抽取，程序与结果如下所示。

```
## 生成一个用于计算的矩阵
mat1 <- matrix(1:32,nrow = 4)
mat1
##      [,1] [,2] [,3] [,4] [,5] [,6] [,7] [,8]
## [1,]    1    5    9   13   17   21   25   29
## [2,]    2    6   10   14   18   22   26   30
## [3,]    3    7   11   15   19   23   27   31
## [4,]    4    8   12   16   20   24   28   32
## 使用 apply() 对每行进行相应的计算
apply(mat1, 1, FUN = sum) # 计算每行的和
## [1] 120 128 136 144
## 使用 apply() 对每列进行相应的计算
apply(mat1, 2, FUN = sum) # 计算每列的和
## [1]  10  26  42  58  74  90 106 122
## 使用 apply() 通过自定义的函数进行计算
## apply(mat1,1, function(x) sample(x,3))  # 随机选择 3 个
##      [,1] [,2] [,3] [,4]
## [1,]    9   10   27   16
## [2,]   29   22   19   32
## [3,]    5   30   15   24
```

针对高维数组同样可以以相似的计算方式进行并行计算，下面的程序则是生成一个 4×4×2 的高维数组，然后通过 apply() 函数，计算第 3 个维度（即每层数据）的均值。

```
## 对高维数组进行计算
arr1 <- array(1:32,dim = c(4,4,2))
arr1
##, , 1
##      [,1] [,2] [,3] [,4]
## [1,]    1    5    9   13
## [2,]    2    6   10   14
## [3,]    3    7   11   15
## [4,]    4    8   12   16
##, , 2
##      [,1] [,2] [,3] [,4]
## [1,]   17   21   25   29
## [2,]   18   22   26   30
## [3,]   19   23   27   31
## [4,]   20   24   28   32
## 对数据的第 3 个维度进行均值计算
apply(arr1, 3, FUN = mean)
## [1]  8.5 24.5
```

下面的程序则是演示了在调用函数时，通过指定被调用函数中的参数（计算均值时是否剔除缺失值），进行并行计算的示例，程序和结果如下所示。

```
## 对调用的函数指定参数
mat2 <- matrix(1:32,nrow = 4)
mat2[c(1,10,22,16,30,27)] <- NA
mat2
##      [,1] [,2] [,3] [,4] [,5] [,6] [,7] [,8]
## [1,]   NA    5    9   13   17   21   25   29
## [2,]    2    6   NA   14   18   NA   26   NA
## [3,]    3    7   11   15   19   23   NA   31
## [4,]    4    8   12   NA   20   24   28   32
## 计算均值时剔除缺失值
apply(mat2, 2, FUN = sum, na.rm = TRUE)
## [1]  9 26 32 42 74 68 79 92
## 计算均值时不剔除缺失值
apply(mat2, 2, FUN = sum, na.rm = FALSE)
## [1] NA 26 NA NA 74 NA NA NA
```

② lapply() 函数：主要用于对列表、数据框、数据集进行向量化运算，并返回和输入长度相同的列表作为结果集。lapply() 函数的使用格式如下。

```
lapply(X, FUN, ...)
```

其中，X 通常表示待计算的列表（list）或数据框（data.frame）等类型的数据；FUN 表示计算时要调用的函数；"…"表示更多参数。通过下面的程序介绍 lapply() 函数的使用，首先生成一个列表 list1，其中有矩阵和数据表，然后使用指定的函数计算列表中每个元素的和，程序和结果如下所示。

```
## 对列表进行指定函数计算
list1 <- list(A = matrix(1:18,nrow = 3),
              B = data.frame(heigh = c(175,180,187,170),
                             wigth = c(75,60,80,70)))
list1
## $A
##      [,1] [,2] [,3] [,4] [,5] [,6]
## [1,]    1    4    7   10   13   16
## [2,]    2    5    8   11   14   17
## [3,]    3    6    9   12   15   18
## $B
##   heigh wigth
```

```
## 1    175      75
## 2    180      60
## 3    187      80
## 4    170      70
## 对列表中的元素求和
lapply(list1,FUN = sum)
## $A
## [1] 171
## $B
## [1] 997
```

lapply() 函数如果是对一个向量进行运算，则会对每个元素进行指定函数的运算，并输出与向量等长的列表。例如，在下面的程序中对向量使用 rep() 函数进行计算，输出的列表有 3 个元素。

```
## 对一个向量使用指定的函数
lapply(c(3,5,7), rep,time = 5)  # 输出为和向量等长的列表
## [[1]]
## [1] 3 3 3 3 3
## [[2]]
## [1] 5 5 5 5 5
## [[3]]
## [1] 7 7 7 7 7
```

③ sapply() 函数：可被认为是一个简化版的 lapply()，其通过增加了 2 个参数（simplify 和 USE.NAMES），可以让返回值是向量，而不是列表。下面的程序是使用 sapply() 函数对 list1 计算元素的和，其输出结果为与列表等长的向量，而对向量使用元素重复函数后，会将对应的向量组合为一个矩阵。

```
## 可以将结果以非列表的形式返回
sapply(list1, FUN = sum)
##   A   B
## 171 997
sapply(c(3,5,7), rep,time = 5)
##      [,1] [,2] [,3]
## [1,]    3    5    7
## [2,]    3    5    7
## [3,]    3    5    7
## [4,]    3    5    7
## [5,]    3    5    7
```

在 R 中还有其它的并行计算函数，例如 vapply()、tapply()、mapply() 等，由于这些相对没有前面介绍的常用，因此就不再一一介绍它们的使用方式了，读者可以通过查看帮助文档进行自主学习。

3.3.2　数据选择、过滤、分组

dplyr 包提供了一些功能强大、易于使用的函数，并且专注于操作数据框对象，对于数据探索分析和数据操作而言非常实用。dplyr 主要用于数据清理与操作，例如数据重命名、选择、排序、过滤、融合等，同时还有数据的管道操作。这些常用操作所对应的函数可以总结为表 3-2。

表3-2　dplyr包中的数据操作函数

函数	功能
%>%	将前一步的结果直接传参给下一步的函数
select()	通过列名选择子数据集
filter()	对数据框中的样本，根据指定的条件进行过滤
mutate()	通过计算为数据增加新的列变量
arrange()	对数据框进行排序
group_by()	对数据框按照给定变量分组，返回分组后的数据框
across()	选择数据框中指定的变量使用指定的函数进行计算
summarise()	对数据框或者分组变量进行统计性描述
left_join()	数据框左连接函数
right_join()	数据框右连接函数
inner_join()	数据框内连接函数
full_join()	数据框全连接函数
sample_n()	从数据框中随机不放回抽样

（1）管道函数（%>%）

%>% 是来自 dplyr 包的管道函数，其作用是将前一步的结果直接传参给下一步的函数，从而省略了中间的赋值步骤，可以大量减少内存中的对象，提升了 R 语言的工作效率和程序的可读性。其使用方式为 lhs %>% rhs，并且 lhs 通常为一个数值输出，rhs 通常为一个数值函数，其功能和 rhs(lhs) 几乎一致。

下面的程序是利用 iris %>%str() 操作，查看数据集 iris 的数据信息，该程序语句的功能和 str(iris) 一致，运行程序后输出结果如下。

```
## 导入库
library(dplyr)
## 使用管道操作获取数据的汇总信息
data("iris")
iris %>% str()
## 'data.frame':    150 obs. of  5 variables:
##  $ Sepal.Length: num  5.1 4.9 4.7 4.6 5 5.4 4.6 5 4.4 4.9 ...
##  $ Sepal.Width : num  3.5 3 3.2 3.1 3.6 3.9 3.4 3.4 2.9 3.1 ...
##  $ Petal.Length: num  1.4 1.4 1.3 1.5 1.4 1.7 1.4 1.5 1.4 1.5 ...
##  $ Petal.Width : num  0.2 0.2 0.2 0.2 0.2 0.4 0.3 0.2 0.2 0.1 ...
##  $ Species     : Factor w/ 3 levels "setosa","versicolor",..: 1 1 1 1 1 ...
```

在 lhs %>% rhs 语句中，针对 rhs 代表的函数，还可以继续使用该函数中的其它参数，例如在 apply() 函数中继续指定了另外两个参数的取值，对数据进行计算，其等价于 apply(iris[,1:4],2,sum)，运行程序后输出结果如下。

```
## 在 rhs 对应的函数中，还可指定其它的参数
iris[,1:4] %>% apply(2,sum)
## Sepal.Length  Sepal.Width Petal.Length  Petal.Width
##        876.5        458.6        563.7        179.9
```

管道操作的功能是减少中间变量的生成，所以管道操作可以连续使用，并且管道操作的结果还可以连接到可视化函数上，进行计算结果的可视化分析，例如下面的程序示例。运行程序后可获得如图 3-4 所示的图像。

```
## 连续使用多个管道操作
result <- iris[,1:4] %>% apply(2,mean) %>% sort(decreasing = TRUE)
result
## Sepal.Length Petal.Length  Sepal.Width  Petal.Width
##     5.843333     3.758000     3.057333     1.199333
## 直接针对管道操作获得的结果进行可视化
par(family = "STZhongsong")    # 设置图像窗口的字体
iris[,1:4] %>% apply(2,mean) %>%
    sort(decreasing = TRUE) %>%  # 数据计算并排序
    barplot(col = "lightblue",main = " 条形图 ", # 图像可视化
        ylab = " 均值 ")
```

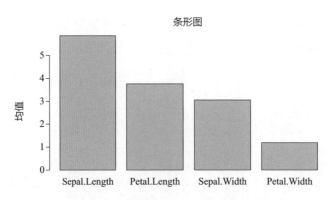

图3-4　条形图可视化特征均值大小

关于 R 中数据可视化功能的详细介绍，会在第 4 章进行。

前面将管道操作的结果，通过使用"<-"赋值给指定的变量名 result，此外，还可以使用"->"将变量名称后置，程序示例如下所示。

```
iris[,1:4] %>% apply(2,mean) %>% sort(decreasing = TRUE) -> result
result
## Sepal.Length Petal.Length  Sepal.Width  Petal.Width
##     5.843333     3.758000     3.057333     1.199333
```

管道操作时，由于省去了中间变量，所以有时会遇到 lhs %>% function (lhs, f(lhs)) 等使用情况，为了更方便地在 rhs 部分多次调用左边的数据输出 lhs，可以使用点（.）表示 lhs。例如，在下面的程序中，先生成包含几个变量的数据表格，然后生成包含多个变量名称的向量 z，为了使选择的数据表格的变量名出现在 z 中的数据列，这里使用语句 df %>% .[colnames(.) %in% z] 中的点（.），表示左边的输入 df，该程序命令等价于 df[colnames(df) %in% z]，程序和结果输出如下所示。可以发现通过管道操作简化了程序的编写方式，使代码更整洁。

```
## 管道操作中 dot(.) 的应用
## 生成 tibble 数据表格
df <- tibble(a = c(1,2,3), b = c(4,5,6), c = c(7,8,9),
             d = c(10,11,12), e = c(13,14,15))
df
## A tibble: 3 × 5
##       a     b     c     d     e
##   <dbl> <dbl> <dbl> <dbl> <dbl>
## 1     1     4     7    10    13
## 2     2     5     8    11    14
```

```
## 3      3      6      9      12     15
## 包含变量名的 z
z <- c("a","b","c","f","g","h")
## 选择变量名在 z 中的所有变量
df%>%.[colnames(.) %in% z]
##  A tibble: 3 × 3
##      a      b      c
##   <dbl> <dbl> <dbl>
## 1     1      4      7
## 2     2      5      8
## 3     3      6      9
## 等价于
df[colnames(df) %in% z]
## A tibble: 3 × 3
##      a      b      c
##   <dbl> <dbl> <dbl>
## 1     1      4      7
## 2     2      5      8
## 3     3      6      9
```

此外，随着管道操作的流行，R 语言的 base 包中也引入了管道操作函数 |>，其使用方式和 %>% 相似，都可以通过 lhs |> rhs 语法来使用，下面展示一些通过 |> 进行数据传递的示例，程序和结果如下所示。

```
## 使用管道操作 |>
iris[,1:4] |> summary()
## Sepal.Length    Sepal.Width      Petal.Length     Petal.Width
## Min.   :4.300   Min.   :2.000   Min.   :1.000   Min.   :0.100
## 1st Qu.:5.100   1st Qu.:2.800   1st Qu.:1.600   1st Qu.:0.300
## Median :5.800   Median :3.000   Median :4.350   Median :1.300
## Mean   :5.843   Mean   :3.057   Mean   :3.758   Mean   :1.199
## 3rd Qu.:6.400   3rd Qu.:3.300   3rd Qu.:5.100   3rd Qu.:1.800
## Max.   :7.900   Max.   :4.400   Max.   :6.900   Max.   :2.500
## 可以通过 (_) 利用 lhs |> rhs 中的 lhs 指定参数
iris |> lm(Sepal.Length~Sepal.Width,data = _) |> summary()
## Call:
## lm(formula = Sepal.Length ~ Sepal.Width, data = iris)
## Coefficients:
##              Estimate Std. Error t value Pr(>|t|)
## (Intercept)   6.5262     0.4789   13.63   <2e-16 ***
## Sepal.Width  -0.2234     0.1551   -1.44    0.152
## Signif. codes:  0 '***' 0.001 '**' 0.01 '*' 0.05 '.' 0.1 ' ' 1
```

```
## Residual standard error: 0.8251 on 148 degrees of freedom
## Multiple R-squared:  0.01382,      Adjusted R-squared:  0.007159
## F-statistic: 2.074 on 1 and 148 DF,  p-value: 0.1519
```

需要注意，在实际应用过程中，dplyr 包的管道函数（%>%），功能更加丰富，更常用。

（2）数据选择（select）

dplyr 包中 select() 函数主要通过列名选择子数据集，并且除了直接指定列名进行选择之外，还可以通过变量名的命名规律选择符合要求的变量。例如，使用 starts_with() 选择指定字符开头的变量；使用 ends_with() 选择指定字符结尾的变量；使用 contains() 选择包含指定字符的变量。相关的使用示例如下所示。

```
## 通过管道操作选择多列数据
iris %>% select(c("Sepal.Length","Sepal.Width")) %>% head(3)
##   Sepal.Length Sepal.Width
## 1          5.1         3.5
## 2          4.9         3.0
## 3          4.7         3.2
## 选择变量名以 "Petal" 开始的变量
iris %>% select(starts_with("Petal")) %>% head(3)
##   Petal.Length Petal.Width
## 1          1.4         0.2
## 2          1.4         0.2
## 3          1.3         0.2
## 选择变量名以 "Length" 结尾的变量
iris %>% select(ends_with("Length")) %>% head(3)
##   Sepal.Length Petal.Length
## 1          5.1          1.4
## 2          4.9          1.4
## 3          4.7          1.3
## 选择变量名中包含 "p" 的变量
iris %>% select(contains("p")) %>% head(3)
##   Sepal.Length Sepal.Width Petal.Length Petal.Width Species
## 1          5.1         3.5          1.4         0.2  setosa
## 2          4.9         3.0          1.4         0.2  setosa
## 3          4.7         3.2          1.3         0.2  setosa
## 使用冒号 (:) 选择变量
iris %>% select(Sepal.Length:Petal.Length) %>% head(3)
##   Sepal.Length Sepal.Width Petal.Length
## 1          5.1         3.5          1.4
## 2          4.9         3.0          1.4
```

```
## 3          4.7          3.2          1.3
## 使用非 (!) 选择变量
iris %>% select(!(Sepal.Length:Petal.Length)) %>% head(3)
##   Petal.Width Species
## 1         0.2 setosa
## 2         0.2 setosa
## 3         0.2 setosa
## 使用或 (|) 选择变量
iris %>% select(starts_with("Petal") | ends_with("Length")) %>% head(3)
##   Petal.Length Petal.Width Sepal.Length
## 1          1.4         0.2          5.1
## 2          1.4         0.2          4.9
## 3          1.3         0.2          4.7
## 使用与 (&) 选择变量
iris %>% select(starts_with("Petal") & ends_with("Length")) %>% head(3)
##   Petal.Length
## 1          1.4
## 2          1.4
## 3          1.3
```

（3）数据过滤（filter）

dplyr 包中的 filter() 函数可以对数据表中的样本，根据指定的条件进行过滤，只保留满足要求的行数据。该函数的相关使用案例如下所示，由于某些结果选择的数据样本较多，所以只展示部分结果行。

```
## 选择种类为 virginica 的行
iris %>% filter(Species == "virginica")
##    Sepal.Length Sepal.Width Petal.Length Petal.Width   Species
## 1           6.3         3.3          6.0         2.5 virginica
## 2           5.8         2.7          5.1         1.9 virginica
## 3           7.1         3.0          5.9         2.1 virginica
## 4           6.3         2.9          5.6         1.8 virginica
## 49          6.2         3.4          5.4         2.3 virginica
## 50          5.9         3.0          5.1         1.8 virginica
## 选择 Sepal.Length<5 的行
iris %>% filter(Sepal.Length < 5)
##    Sepal.Length Sepal.Width Petal.Length Petal.Width    Species
## 1           4.9         3.0          1.4         0.2     setosa
## 2           4.7         3.2          1.3         0.2     setosa
## 21          4.9         2.4          3.3         1.0 versicolor
## 22          4.9         2.5          4.5         1.7  virginica
## 选择 Sepal.Width 比 Petal.Length 大的行
```

```
iris %>% filter(Sepal.Width > Petal.Length)
##    Sepal.Length Sepal.Width Petal.Length Petal.Width Species
## 1          5.1         3.5          1.4         0.2  setosa
## 2          4.9         3.0          1.4         0.2  setosa
## 3          4.7         3.2          1.3         0.2  setosa
## 49         5.3         3.7          1.5         0.2  setosa
## 50         5.0         3.3          1.4         0.2  setosa
## 选择 Sepal.Length 的取值在 4 和 5.5 之间的行
iris %>% filter(between(Sepal.Length,4,5.5))
##    Sepal.Length Sepal.Width Petal.Length Petal.Width    Species
## 1          5.1         3.5          1.4         0.2     setosa
## 2          4.9         3.0          1.4         0.2     setosa
## 58         5.1         2.5          3.0         1.1 versicolor
## 59         4.9         2.5          4.5         1.7  virginica
## 通过或 (|) 选择数据的行
iris %>% filter(Sepal.Length < 5 | Sepal.Width > Petal.Length)
##    Sepal.Length Sepal.Width Petal.Length Petal.Width    Species
## 1          5.1         3.5          1.4         0.2     setosa
## 2          4.9         3.0          1.4         0.2     setosa
## 51         4.9         2.4          3.3         1.0 versicolor
## 52         4.9         2.5          4.5         1.7  virginica
## 通过与 (&) 选择数据的行
iris %>% filter(Sepal.Length < 5 & Sepal.Width > Petal.Length)
##    Sepal.Length Sepal.Width Petal.Length Petal.Width Species
## 1          4.9         3.0          1.4         0.2  setosa
## 2          4.7         3.2          1.3         0.2  setosa
## 19         4.8         3.0          1.4         0.3  setosa
## 20         4.6         3.2          1.4         0.2  setosa
```

（4）数据分组 (group_by)

dplyr 包中的 group_by() 函数可以对数据框按照给定变量分组，返回分组后的数据框。同时针对每组数据通常会结合 summarise() 函数一起使用，summarise() 函数可以把每组聚合为一个小数量的汇总统计。summarise() 函数中通常使用的汇总统计函数有均值 mean()、中位数 median()、标准差 sd()、四分位数差 IQR()、中位数绝对偏差 mad()、最小值 min()、最大值 max()、四分位数 quantile()、第一个取值 first()、最后一个取值 last()、第 n 个取值 nth()、样本数量 n()、取值不同的样本数量 n_distinct() 等。

下面是一组天气数据，利用 group_by() 对数据进行分组汇总。首先导入待使用的数据框。第一个示例为对数据根据变量 town 分组，并计算不同分组下变量

rainfall 取值的和。第二个示例为对数据根据两个变量 town、hour 进行分组，然后通过 summarise() 计算数据的汇总统计，通过 mutate() 函数为数据添加新的变量，通过 arrange() 函数将数据框根据指定的变量排序。

```
## 导入天气数据
usedata <- read.csv("data/chap03/ 上海天气数据 .csv")
head(usedata)
##    province city town temperature relative_humidity rainfall wind_direction
## 1      上海 上海 嘉定          11                96        0             92
...
## 6      上海 上海 嘉定           8                95        0             92
##   wind_strong       day hour year month days
## 1           2 2015-12-01    0 2015    12    1
...
## 6           0 2015-12-01    5 2015    12    1
## 根据地区变量进行数据分组
datagroup <- usedata %>% group_by(town) %>%
    summarise(sumrainfall = sum(rainfall)) # 计算降雨量
head(datagroup)
## # A tibble: 6 × 2
##    town  sumrainfall
##    <chr>       <int>
## 1 上海          45
## 2 嘉定          45
## 3 奉贤          59
## 4 宝山          52
## 5 崇明          69
## 6 徐汇          45
## 根据地区和小时分组进行计算
datagroup <- usedata %>% group_by(town,hour) %>%
    summarise(meantemp = mean(temperature),# 计算平均温度
              maxtemp = max(temperature)) %>% # 计算最高温度
    mutate(tempdiff = maxtemp - meantemp)%>% # 添加一个新的变量
    arrange(desc(tempdiff))    ## 根据变量取值进行排序
datagroup
## # A tibble: 264 × 5
## # Groups:    town [11]
##    town     hour meantemp maxtemp tempdiff
##    <chr>   <int>    <dbl>   <int>    <dbl>
## 1 宝山        3     5.43      16     10.6
## 2 嘉定        3     5.5       16     10.5
## 3 宝山        5     5.5       16     10.5
## 4 崇明        5     4.6       15     10.4
...
```

```
## 10 金山          6    6          16    10
## # … with 254 more rows
```

（5）across() 函数的使用

across() 函数的主要功能是，将选择的数据列，应用指定的函数进行计算。它有三个主要的参数：across(.cols = , .fns = , .names =)，第一个参数 .cols = ，用于选取我们需要的若干列，而且选取多列的语法与 select() 的使用方式一致；第二个参数 .fns =，指定要执行的函数（或者多个函数）；第三个参数 .names =，用于设置输出列的命名情况。该函数的相关使用示例如下所示。

```
## 通过 across() 函数将函数应用于选择的多列数据
usedata %>% group_by(town,hour)%>%
    ## 计算多列的均值
    summarise(across(temperature:wind_direction,mean))
## A tibble: 264 × 6
## Groups:    town [11]
##    town    hour temperature relative_humidity rainfall wind_direction
##    <chr> <int>       <dbl>             <dbl>    <dbl>          <dbl>
## 1 上海       0        7.83              74.7   0.133            180.
## 2 上海       1        7.53              75.9   0.0667           187.
…
## 9 上海       8        6.87              75.6   0                199.
## 10 上海      9        7.7               71.1   0.0333           202.
## … with 254 more rows
usedata %>% group_by(town,hour)%>%
    ## 计算多列的均值和标准差
    summarise(across(temperature:relative_humidity,
                list(mean = mean, sd = sd)))
## A tibble: 264 × 6
## Groups:    town [11]
##    town    hour temperature_mean temperature_sd relative_humidity_mean
##    <chr> <int>            <dbl>          <dbl>                  <dbl>
## 1 上海       0             7.83           3.37                   74.7
## 2 上海       1             7.53           3.22                   75.9
…
## 9 上海       8             6.87           3.21                   75.6
## 10 上海      9             7.7            3.31                   71.1
## … with 254 more rows, and 1 more variable: relative_humidity_sd <dbl>
```

（6）sample_n() 函数的使用

使用 sample_n(tbl, size) 函数，可以从数据框 tbl 中随机不放回抽取 size 行的样本。该函数使用示例如下所示。

```
usedata %>% group_by(town,hour,)%>%
    ## 计算多列的均值和标准差
    summarise(across(c(wind_direction,wind_strong),
                    list(mean = mean, sd = sd)))%>%
    ungroup()%>%  # 消除数据中的分组变量
    sample_n(size = 8,replace = FALSE) # 不放回抽样
## A tibble: 8 × 6
##    town   hour wind_direction_mean wind_direction_sd wind_strong_mean
##    <chr> <int>               <dbl>             <dbl>            <dbl>
## 1 徐汇      4                196.              107.            0.233
## 2 上海     22                172.              105.            0.3
## 3 闵行      1                217.              118.            0.867
## 4 松江      2                215.              120.            1.37
## 5 嘉定     10                176.              129.            2.53
## 6 奉贤     12                218.              120.            3.37
## 7 闵行     13                203.              107.            2.77
## 8 上海     10                194.              103.            0.433
## … with 1 more variable: wind_strong_sd <dbl>
```

3.3.3　数据融合

前面介绍了使用 dplyr 包中的函数对一个数据框进行操作，下面介绍 dplyr 包中对多个数据框进行融合的函数。它们分别是数据框左连接函数 left_join()、数据框右连接函数 right_join()、数据框全连接函数 full_join()、数据内连接函数 inner_join()。使用这些函数时，可通过参数 by 指定拼接数据时用于匹配的变量。

下面程序中生成两个数据框 df1 和 df2，用于展示数据融合函数的使用，程序如下所示。

```
library(dplyr)
## 生成数据表
df1 <- data.frame(name = c("张三","李四","王二","麻子"),
                  major = c("数据科学","文学","计算机","统计学"),
                  score = c(90,79,82,94))
df2 <- data.frame(name = c("张三","李四","麻子","赵六"),
                  sex = c("男","男","女","女"),
                  age = c(18,17,19,16))
```

left_join(x,y,…) 表示将数据框 x 和 y 根据左边数据表 x 的内容进行融合，使用示例如下。

```
## left_join，数据表左连接
left_join(df1,df2,by = "name")
##   name   major score  sex age
## 1 张三 数据科学    90    男  18
## 2 李四    文学      79    男  17
## 3 王二    计算机    82 <NA>  NA
## 4 麻子    统计学    94    女  19
```

right_join(x,y,...) 表示将数据框 x 和 y 根据右边数据表 y 的内容进行融合，使用示例如下。

```
## right_join，数据表右连接
right_join(df1,df2,by = "name")
##   name   major score sex age
## 1 张三 数据科学    90    男  18
## 2 李四    文学      79    男  17
## 3 麻子    统计学    94    女  19
## 4 赵六    <NA>      NA    女  16
```

full_join(x,y, ...) 表示将数据框 x 和 y 进行融合时，返回两个数据表中的所有内容，使用示例如下。

```
## 全连接，返回两个数据表中的所有行和所有列
full_join(df1,df2,by = "name")
##   name   major score  sex age
## 1 张三 数据科学    90    男  18
## 2 李四    文学      79    男  17
## 3 王二    计算机    82 <NA>  NA
## 4 麻子    统计学    94    女  19
## 5 赵六    <NA>      NA    女  16
```

inner_join(x,y, ...) 表示将数据框 x 和 y 进行融合时，返回两个数据表中都包含的内容，使用示例如下。

```
## inner_join，数据内连接，返回两个数据表中都有的行和所有列
inner_join(df1,df2,by = "name")
##   name   major score sex age
## 1 张三 数据科学    90    男  18
## 2 李四    文学      79    男  17
## 3 麻子    统计学    94    女  19
```

3.3.4　进行长宽数据转换

　　长型数据又叫作堆叠数据，只要数据中的一列包含分类变量，都可以叫作长型数据。如鸢尾花数据集 Iris 中存在一列分类变量 Species，可认为该数据为长型数据。宽型数据又叫作非堆叠数据，它是指数据集对所有的变量进行了明确的细分，各变量的值不存在重复循环的情况，也无法归类。如鸢尾花数据集 Iris 中花的 4 个特征变量，可以看作为宽型数据。

　　统计分析和数据可视化过程中，经常需要进行长型数据和宽型数据之间的相互转化。R 中 tidyr 包提供了可以实现长宽数据的转换的函数。下面针对鸢尾花数据集，介绍长宽数据的转换函数，首先导入数据，程序如下。

```
### 长宽数据变换
library(tidyr)
library(dplyr)
## 导入数据
data("iris")
head(iris,3)
##   Sepal.Length Sepal.Width Petal.Length Petal.Width Species
## 1          5.1         3.5          1.4         0.2  setosa
## 2          4.9         3.0          1.4         0.2  setosa
## 3          4.7         3.2          1.3         0.2  setosa
```

　　使用 tidyr 包中的 pivot_longer() 函数可以将宽型数据转化为长型数据。下面的程序中，在 pivot_longer() 函数内，第一个参数为数据集，Sepal.Length:Petal.Width 表示要转化的变量为从 Sepal.Length 开始到 Petal.Width 结束的所有变量，names_to ="varname"、values_to ="value" 分别为新数据集的新索引和对应取值定义两个变量的名称。最后将宽数据转化为长数据 Irislong，对比长宽数据之间的差异可以发现，长数据有 3 个变量，新变量 varnane 包含原来数据中的变量名称，新变量 value 包含原来数据中的数值。

```
## 宽数据转化为长数据
Irislong = pivot_longer(iris,Sepal.Length:Petal.Width,
                        names_to ="varname",values_to ="value")
head(Irislong,3)
## # A tibble: 3 × 3
##   Species varname      value
##   <fct>   <chr>        <dbl>
```

```
## 1 setosa    Sepal.Length   5.1
## 2 setosa    Sepal.Width    3.5
## 3 setosa    Petal.Length   1.4
```

tidyr 包中，pivot_wider() 函数可以将长数据转化为宽数据，它是 pivot_longer() 函数的逆变换。下面将长数据集 Irislong 还原为宽数据，程序如下。

```
## 长数据转化为宽数据，因为分组变量中有重复元素所以添加一个索引
IrisWidth <- Irislong%>%group_by(varname) %>% mutate(id=1:n())%>%
  pivot_wider(names_from = varname,values_from = value)
head(IrisWidth,3)
## # A tibble: 3 × 6
##    Species     id Sepal.Length Sepal.Width Petal.Length Petal.Width
##    <fct>    <int>        <dbl>       <dbl>        <dbl>       <dbl>
## 1 setosa       1          5.1         3.5          1.4         0.2
## 2 setosa       2          4.9         3            1.4         0.2
## 3 setosa       3          4.7         3.2          1.3         0.2
```

上面的程序中，首先使用管道函数 %>% 和 mutate() 函数等为长数据集 Irislong 添加了一列索引（由于 Irislong 中有重复索引，需要添加一列索引保证数据转换正确），接着使用 pivot_wider() 函数作用于添加索引后的数据集，其中参数 names_from = varname 表示 Irislong 数据中 varname 变量对应的数据为宽数据的列名，values_from = value 表示 Irislong 数据中 value 变量对应列名下的取值。从宽数据 IrisWidth 的输出可以发现，它较原数据集 iris 除了多一列 id 索引外，其它内容完全一致。

3.4 其它数据处理

数据分析任务中，除了常见的数值型的数据外，还经常会遇到日期时间数据、字符串文本数据等，为了针对它们进行数据处理操作，本节将会介绍 R 中 lubridate 包和 stringr 包的使用。

3.4.1 lubridate 包处理时间数据

R 语言在处理时间数据方面非常优秀，尤其是 lubridate 包的时间系统操作。下面将会简单地介绍如何使用 lubridate 包对时间数据进行操作。

R 语言中日期的格式通常可以使用字符进行指定，其常用的格式如表 3-3 所示。

表3-3　日期格式的常用字符形式

%y	两位数字表示的年份（00 ~ 99），不带世纪
%Y	四位数字表示的年份（0000 ~ 9999）
%m	两位数字的月份，取值范围是 01 ~ 12，或 1 ~ 12
%d	月份中的天，取值范围是 01 ~ 31
%e	月份中的天，取值范围是 1 ~ 31
%b	缩写的月份（Jan、Feb、Mar 等）
%B	英语月份全称（January、February、March 等）
%a	缩写的星期几（Mon、Tue、Wed、Thur、Fri、Sat、Sun）
%A	星期几的全称（Monday、Tuesday、Wednesday 等）

lubridate 包中有很多对日期与时间进行解析的函数，根据字母 y（年）、m（月）、d（日）的任意组合，可以解析各种格式的函数。例如，ymd() 函数可以解析排列顺序为年、月、日的时间；ydm() 函数可以解析排列顺序为年、日、月的时间；myd() 函数可以解析排列顺序为月、年、日的时间；mdy() 函数可以解析排列顺序为月、日、年的时间；等等。这些函数的相关使用示例如下所示。

```
## 时间处理包 lubridate
library(lubridate)
## 通过年 - 月 - 日组合解析时间
ymd(c("2022-4-1","2022,5,1","20220601","2022 年 7 月 1 日"))
## [1] "2022-04-01" "2022-05-01" "2022-06-01" "2022-07-01"
## 通过年 - 日 - 月组合解析时间
ydm(c("2022-4-1","2022,5,1","20220623","2022 年 7 月 1 日"))
## Warning:  1 failed to parse.
## [1] "2022-01-04" "2022-01-05" NA           "2022-01-07"
## 通过月 - 年 - 日组合解析时间
myd(c("2-2022-1","21,2022,2","02202203","2 月 2022 年 4 日"))
## Warning:  1 failed to parse.
## [1] "2022-02-01" NA           "2022-02-03" "2022-02-04"
## 通过月 - 日 - 年组合解析时间
mdy(c("2-1-2020","2,1,2020","02222022","2 月 1 日 2020 年"))
## [1] "2020-02-01" "2020-02-01" "2022-02-22" "2020-02-01"
## 通过日 - 年 - 月组合解析时间
dym(c("2-2022-1","2,2022,1","02202201","2 日 2022 年 1 月"))
## [1] "2022-01-02" "2022-01-02" "2022-01-02" "2022-01-02"
## 通过日 - 月 - 年组合解析时间
dmy(c("2-15-2022","23,1,2022","02012022","2 日 1 月 2022 年 "))
```

```
## Warning:  1 failed to parse.
## [1] NA            "2022-01-23" "2022-01-02" "2022-01-02"
```

从输出结果中，可以发现有些时间解析错误，会输出缺失值，这是因为没有保证月的范围在 1 ～ 12，日的范围在 1 ～ 31，所以在使用时也要注意时间字符串的排列顺序。

针对已经给定的时间数据，lubridate 包通过 second()、minute()、hour()、month()、year() 等函数，可以分别提取时间中的相关信息，下面将它们对应的信息获取情况总结为表 3-4。

表3-4　lubridate 包中获取时间的相关信息的函数

year()	提取时间中的年信息
month()	提取时间中的月信息
week()	与1月1日之间发生的完整7天期间的数量加上1
wday()	返回每周的第几天信息
mday()	返回每月的第几天信息
yday()	返回每年的第几天信息
day()	返回每月的第几天信息
hour()	提取时间中的小时信息
minute()	提取时间中的分信息
second()	提取时间中的秒信息
time_length()	计算时间间隔

针对表 3-4 中相关函数的使用示例如下所示。

```
## 生成一个时间数据
mytime <- ymd_hms(c("2022-2-10 14:44:30","2022-12-21 2:44:3"))
mytime
## [1] "2022-02-10 14:44:30 UTC" "2022-12-21 02:44:03 UTC"
## 提取时间中的年
year(mytime)
## [1] 2022 2022
## 提取时间中的月
month(mytime)
## [1]  2 12
## 返回所在的周
week(mytime)
```

```
## [1]  6 51
## 返回所在周的哪一天
wday(mytime)
## [1] 5 4
## 返回所在月的哪一天
mday(mytime)
## [1] 10 21
## 返回所在年的哪一天
yday(mytime)
## [1]  41 355
## 返回所在月的哪一天，和 mday 功能相同
day(mytime)
## [1] 10 21
## 输出时间中的小时
hour(mytime)
## [1] 14  2
## 输出时间中的分钟
minute(mytime)
## [1] 44 44
## 输出时间中的秒
second(mytime)
## [1] 30  3
```

lubridate 包在计算时间间隔前，需要使用 interval() 函数定义两个时间之间的间隔对象，然后针对该对象可通过 time_length() 函数，根据指定的时间单位，计算间隔的长度，比如 time_length(timeintv,unit = "day") 则是计算时间间隔的天数。相关应用示例如下。

```
## 计算时间之间的间隔
time1 <- ymd_hms(c("2022-2-10 14:44:30","2022-12-21 2:44:3"))
time2 <- ymd_hms(c("2022-10-12 1:44:3","2023-5-7 12:24:39"))
## 创建时间间隔对象
timeintv <- interval(time1,time2)
## 获取时间间隔多少小时
time_length(timeintv,unit = "hour")
## [1] 5842.993    3297.677
## 获取时间间隔多少天
time_length(timeintv,unit = "day")
## [1] 243.4580    137.4032
## 获取时间间隔多少月
time_length(timeintv,unit = "month")
## [1] 8.047033    4.546773
```

```
## 获取时间间隔多少年
time_length(timeintv,unit = "year")
## [1] 0.6670083    0.3764471
```

3.4.2　stringr 包处理文本数据

　　R 语言具有强大的文本处理、分析与挖掘能力。无论是英文文本还是中文文本，或者是其它类型的字符串，在数据分析场景中都很常见。下面将会介绍 R 中关于文本处理的相关内容，主要包括正则表达式、stringr 包中的文本操作函数的使用。

　　文本数据的处理，离不开正则表达式的应用。正则表达式是使用单个字符串来描述、匹配一系列句法规则的字符串。R 语言中也提供了通过正则表达式进行内容匹配的方式。表 3-5 中整理了 R 中已经定义好的，用于表示一系列字符的表达式与量化符，将量化符和表达式相结合使用，能够更灵活地匹配出具有复杂规则的内容。

表3-5　R中正则表达式里已经定义的字符类选集

表达式或量化符	功能
[:digit:]	匹配数字：0123456789
[:lower:]	匹配小写字母：a~z
[:upper:]	匹配大写字母：A~Z
[:alpha:]	匹配小写与大写字母：a~z A~Z
[:alnum:]	匹配字母与数字：a~z A~Z 0~9
[:blank:]	匹配空格字符：空格和制表（Tab）
[:space:]	匹配空字符：空格、制表、换行、回车等空字符
[:punct:]	匹配标点符号：!"#$%&'()*+,-./:;<=>?@[\]^_`{|}~
[:graph:]	匹配图形字符：包括 [:alnum:] 和 [:punct:]
[:print:]	匹配可打印字符：[:alnum:]、[:punct:] 和空格
[:xdigit:]	匹配十六进制数字：0123456789ABCDEFabcdef
?	前面的元素是可选的并且最多只匹配一次
*	前面的元素可以匹配 0 次或多次
+	前面的元素可以匹配 1 次或多次
{n}	前面的元素需要正好匹配 n 次
{n,}	前面的元素需要匹配 n 次或者多于 n 次
{n,m}	前面的元素至少要匹配 n 次但是不能超过 m 次

此外，stringr 包中包含众多用于字符串处理的函数，而且这些函数使用方式统一，应用时更加简洁，包含字符串的计算、检测、提取、转化、切分等功能。常用的函数可以总结为表 3-6。

表3-6　stringr 包中常用的字符串操作函数

函数	功能
str_length()	计算字符串的长度，输出为数字向量
str_detect()	检测字符串中是否存在指定内容，输出为布尔向量
str_which()	检测字符串中指定内容的位置，输出为数值向量
str_count()	计算字符串中指定内容的数量，输出为数值向量
str_locate()	检测字符串中指定内容第一次出现的位置，输出为起始与结尾的矩阵
str_locate_all()	检测字符串中指定内容出现的所有位置，输出为起始与结尾的矩阵列表
str_sub()	根据指定的位置索引提取字符串，输出为字符向量
str_subset()	提取包含有指定规则的字符串，输出为字符向量
str_extract()	提取字符串中指定规则第一次的内容，输出为字符串向量
str_extract_all()	提取字符串中指定规则出现的所有内容，输出为字符串的向量列表
str_match()	从字符串中提取所匹配的内容，输出为字符串矩阵
str_match_all()	从字符串中提取所匹配的所有内容，输出为字符串矩阵列表
str_replace_all()	将符合规则第一次出现的内容替换为指定的内容，输出为字符串向量
str_replace_all()	将所有符合规则的内容替换为指定的内容，输出为字符串向量
str_to_lower()	将字符串中的字母转化为小写，输出为字符串向量
str_to_upper()	将字符串中的字母转化为大写，输出为字符串向量
str_c()	将多个字符串进行拼接，输出为字符串向量
str_dup()	复制并拼接字符串指定的次数，输出为字符串向量
str_split()	根据指定的规则分割字符串，输出为字符串向量列表
str_split_fixed()	根据指定的规则把字符串分割为指定的块数，输出为字符串向量列表
str_sort()	为字符串排序，输出为字符串向量
str_order()	获取字符串排序的索引，输出为数值向量

下面将以使用一个字符串向量为例，介绍如何使用表 3-6 所列出的字符串处理函数。先带入包并初始化一个有 4 个字符串的向量，该向量中每个字符串的长度，可以使用 str_length() 函数计算。程序如下所示。

```
library(stringr)
## 初始化一个字符串向量
mystr <- c("2505131775","useR! 2021","2022年10月15日","R version 4.0.4")
## 计算向量中每个文本的长度
str_length(mystr)
## [1] 10 10 11 15
```

（1）字符串检测

检测给定字符串中是否有符合指定规则的内容，可以使用 str_detect()、str_which()、str_count()、str_locate()、str_locate_all() 等函数，不同的函数会在字符串检测功能上有细微的差异。下面的程序中展示了这几个函数在进行字符串检测时的使用方式，程序和输出结果如下所示。

```
## 检测文本中是否有空格
str_detect(mystr," ")
## [1] FALSE  TRUE FALSE  TRUE
## 找到指定规则的位置，检测哪些文本中有数字
str_which(mystr,"[:digit:]")
## [1] 1 2 3 4
## 计算向量中每个文本包含数字的数量
str_count(mystr,"[:digit:]")
## [1] 10  4  8  3
## 数字出现一次或多次的位置（输出第一次符合要求的位置）
str_locate(mystr,"[:digit:]+")
##       start end
## [1,]     1  10
## [2,]     7  10
## [3,]     1   4
## [4,]    11  11
## 数字出现一次或多次的位置（输出所有符合要求的结果）
str_locate_all(mystr,"[:digit:]+")
## [[1]]
##       start end
## [1,]     1  10
## [[2]]
##       start end
## [1,]     7  10
## [[3]]
##       start end
## [1,]     1   4
## [2,]     6   7
## [3,]     9  10
```

```
## [[4]]
##      start end
## [1,]   11  11
## [2,]   13  13
## [3,]   15  15
```

（2）字符串提取

字符串的提取可以使用 str_sub()、str_subset()、str_extract()、str_extract_all()、str_match()、str_match_all() 等函数。下面的程序示例展示了这些函数在提取字符串应用中的差异。

```
## 提取字符串的一部分
str_sub(mystr,start = 2,end = 10)
## [1] "505131775"   "seR! 2021"   "022 年 10 月 15" " version "
## 提取包含一个或多个数字的字符串
str_subset(mystr,"[:digit:]+")
## [1] "2505131775"   "useR! 2021"   "2022 年 10 月 15 日"   "R version 4.0.4"
## 从字符串向量的每个元素中提取符合条件的内容
str_extract(mystr,"[:digit:]+")
## [1] "2505131775" "2021"       "2022"       "4"
## 从字符串向量的每个元素中提取所有符合条件的内容
str_extract_all(mystr,"[:digit:]+")
## [[1]]
## [1] "2505131775"
## [[2]]
## [1] "2021"
## [[3]]
## [1] "2022" "10"   "15"
## [[4]]
## [1] "4" "0" "4"
## 提取符合条件的内容
str_match(mystr,"[:digit:]+")
##      [,1]
## [1,] "2505131775"
## [2,] "2021"
## [3,] "2022"
## [4,] "4"
## 提取所有符合条件的内容
str_match_all(mystr,"[:digit:]+")
## [[1]]
##      [,1]
## [1,] "2505131775"
## [[2]]
```

```
##      [,1]
## [1,] "2021"
## [[3]]
##      [,1]
## [1,] "2022"
## [2,] "10"
## [3,] "15"
## [[4]]
##      [,1]
## [1,] "4"
## [2,] "0"
## [3,] "4"
```

（3）字符串替换

字符串替换可以使用 str_ replace() 和 str_replace _all() 函数。下面的程序和输出展示了两个函数在将空格替换为 R 时的异同。

```
## 替换字符串为指定的内容（替换第一个）
str_replace(mystr,"\\s","R") # 空格替换为 R
## [1] "2505131775"    "useR!R2021"    "2022 年 10 月 15 日"   "RRversion 4.0.4"
# 所有空格替换为 R
str_replace_all(mystr,"\\s","R")
## [1] "2505131775"    "useR!R2021"    "2022 年 10 月 15 日"   "RRversionR4.0.4"
```

（4）字符串中字母转换

将字母转换为小写的函数为 str_to_lower()，将字母转换为大写的函数为 str_to_upper()，函数的使用及输出如下。

```
## 字符串中的英文转化为小写
str_to_lower(mystr)
## [1] "2505131775"    "user! 2021"    "2022 年 10 月 15 日"   "r version 4.0.4"
## 字符串中的英文转化为大写
str_to_upper(mystr)
## [1] "2505131775"    "USER! 2021"    "2022 年 10 月 15 日"   "R VERSION 4.0.4"
```

（5）字符串拼接与分割

str_c() 函数可对字符串进行简单拼接，str_dup() 函数可以复制和拼接指定字符串指定次数，将长字符串根据指定的规则分割为短字符串，可以使用 str_split() 和 str_split_fixed() 函数，下面的程序展示了这些函数的使用方式。

```
## 字符串的拼接
str_c("R",mystr,sep = ":")
## [1] "R:2505131775"      "R:useR! 2021"      "R:2022 年 10 月 15 日"
## [4] "R:R version 4.0.4"
## 将字符串向量拼接为一个长字符串
str_c(mystr,collapse = "-")
## [1] "2505131775-useR! 2021-2022 年 10 月 15 日 -R version 4.0.4"
## 在字符向量内复制和连接字符串
str_dup(mystr[1:3],1:3)
## [1] "2505131775"
## [2] "useR! 2021useR! 2021"
## [3] "2022 年 10 月 15 日 2022 年 10 月 15 日 2022 年 10 月 15 日"
## 分割字符串
str_split(mystr,"[:digit:]")
## [[1]]
##  [1] "" "" "" "" "" "" "" "" "" ""
## [[2]]
## [1] "useR! " ""        ""        ""        ""
## [[3]]
## [1] ""    ""    ""    ""    "年 " ""    "月 " ""    "日"
## [[4]]
## [1] "R version " "."         "."         ""
## 指定分割的块数
str_split_fixed(mystr,"[:digit:]",n=3)
##      [,1]           [,2] [,3]
## [1,] ""             ""   "05131775"
## [2,] "useR! "       ""   "21"
## [3,] ""             ""   "22 年 10 月 15 日 "
## [4,] "R version "   "."  ".4"
```

（6）字符串排序

使用 str_sort() 函数，可以对字符串向量里的所有元素进行排序，str_order()
函数可以获取字符串排序使用的索引，两个函数的使用示例程序如下。

```
## 字符串排序
str_sort(mystr)
## [1] "2022 年 10 月 15 日 "  "2505131775"         "R version 4.0.4" "useR! 2021"
## 输出字符串排序的索引
str_order(mystr)
## [1] 3 1 4 2
mystr[str_order(mystr)]
## [1] "2022 年 10 月 15 日 "  "2505131775"         "R version 4.0.4" "useR! 2021"
```

3.5　本章小结

　　本章主要介绍了 R 语言数据管理与操作的相关内容，包括如何使用 R 更高效地对数据进行导入和保存；如何发现数据中的缺失值并对缺失值进行填充；如何使用 R 语言中的 apply() 函数族，对数据进行并行计算；如何使用 tidyr 包中函数对数据进行选择、过滤、分组、融合以及长宽数据转换；如何使用 lubridate 包处理时间数据，以及 stringr 包处理文本数据等内容。

第 **4** 章

R 语言数据可视化

相比于文字和数据，人们的视觉对图像更加敏感，同时数据可视化图像可以更快速地传达更多的信息，因此数据可视化功能也是 R 语言中的一个重要部分。一幅精心绘制的可视化图像，能够帮助人们从数据中提炼更有效的信息，从而可以对形势作出快速的判断。

R 语言常用的数据可视化体系有两种，分别是基础的绘图系统 graphics 包、比较高级的图层语法绘图系统 ggplot2 包。由于 ggplot2 数据可视化系统的功能更加强大和丰富，所以本书将会详细介绍 ggplot2 数据可视化系统的应用。

每次打开 R 语言应用都会自动加载一个数据可视化包 graphics，它包含 R 的基本绘图功能，可以绘制常用的条形图、直方图、线图、点图、饼图、密度曲线图、三维透视图等。graphics 包是在实用的基础上，力求快速简单地得出所需要的图形，进而对数据进行直观、全面的理解。

ggplot2 包是 R 的数据可视化的灵魂之作，它基于图层语法构建，改变了传统的绘图方式，通过使用加号（"+"）将图形的元素连接起来，利用简短的代码就可以实现复杂且美观的图形绘制。ggplot2 包提供了丰富的绘图组件，包括点、线和多边形等各种图形的绘图函数，以及参考线、回归曲线等各类图形标注的绘图函数，方便对数据进行多种形式的可视化。此外，基于 ggplot2 包开发的拓展包非常丰富，它们通过对 ggplot2 功能的封装与增强，可以更简单地绘制各种各样美观的图形，包括静态图形、动态图和可交互图等。

针对 graphics 包数据可视化，本章将会介绍：可视化时如何设置图像的线条、形状、颜色和文本等图像的基础设置，使用 graphics 包可视化基础的图像，以及如何使用 graphics 包绘制子图等内容。针对 ggplot2 包的使用，本章将会主要介绍：如何使用 ggplot2 包的图层构建图像、ggplot2 可视化进阶与数据可视化实战等，对 ggplot2 包的可视化功能进行全面的介绍。最后将会对 R 中的其它数据可视化包，使用数据可视化案例进行简单的介绍。

4.1　R 语言基础绘图系统

graphics 包中图像显示可以通过 plot() 等绘图函数的参数进行设置，其中 par() 函数中的参数则是可以对可视化图像的字体、坐标轴、背景等进行全局设置。

4.1.1　基础绘图系统可视化基本设置

下面先介绍 graphics 包中相关参数的使用，来设置图像的形状、线条、坐标系、颜色等内容。

（1）设置形状和线条的参数

在使用 graphics 包中的绘图函数时，可以通过改变参数 type 的取值获取不同的可视化图像，其中 type 参数的常用的几种情况可总结为表 4-1。

表4-1　type参数的功能

取值	功能	取值	功能
p	点图	h	带有垂直线
l	线图	s	阶梯图
b	点线图	n	不绘制图像

例如，想要获得散点图，设置参数 type = "p" 即可，此时还可通过设置 par() 函数中的参数 pch 控制点的样式，可以取 0 ～ 25 中的整数值，对应的符号如图 4-1 所示。

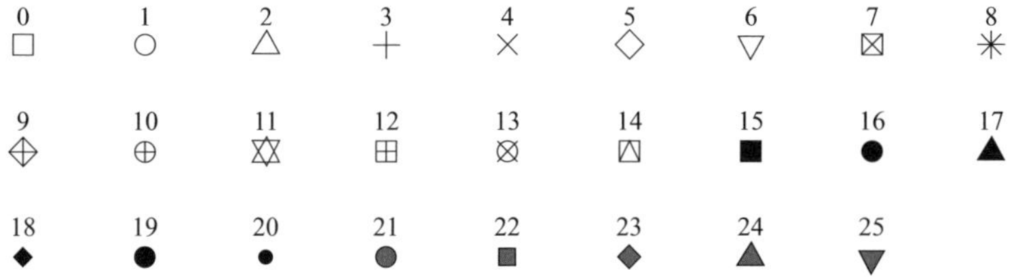

图4-1　pch取值及对应符号

而针对可视化时线的形状（或类型），可通过 lty 参数控制，lty 的取值可以是数字或者字符（0 = "blank", 1 = "solid" (default), 2 = "dashed", 3 = "dotted", 4 = "dotdash", 5 = "longdash", 6 = "twodash"），如果想要同时控制图像中所有线的粗细，可以使用 par() 函数中的 lwd 参数，设置为相应的数值即可。lty 的取值情况如图 4-2 所示。

（2）设置颜色的参数

数据可视化时可以合理地利用颜色参数，设置可视化图像的内容所呈现的颜色，par() 函数中可用来设置颜色的参数及其功能可总结为表 4-2。

R 语言可以通过 colors() 函数去查看其所支持的所有颜色，并且 R 中可以使用颜色对应的数字、编码或字符串来设置图形颜色，如 col=1、col="white" 和 col="#FFFFFF" 都表示白色。R 中支持的颜色种类有几百种，其中常用的颜色参数可总结为表 4-3。

6="twodash" ———— ———— ———— ———— ————

5="longdash" —— —— —— —— —— ——

4="dotdash" ——— — ——— — ——— — ——— —

3="dotted" -

2="dashed" —— —— —— —— —— —— ——

1="solid" ——————————————————

0="blank"

图4-2　lty取值及对应符号

表4-2　可设置颜色的参数及其功能

参数名	功能
bg	设定背景的颜色，如果设置参数 bg，则参数 new 会同时被设置为 FALSE，bg 参数的默认颜色为白色（"white"）
fg	设置前景的颜色，默认是黑色（"black"），可应用于坐标轴、标题等
col	可通过设置颜色向量设置图像的颜色
col.axis	设置坐标轴的颜色，默认是黑色（"black"）
col.lab	设置坐标轴标签的颜色，默认是黑色（"black"）
col.main	设置主标题的颜色，默认是黑色（"black"）
col.sub	设置副标题的颜色，默认是黑色（"black"）

表4-3　部分常用的颜色参数及对应颜色

参数名	red	blue	green	black	yellow	magenta	lightblue	orange	gray	white
颜色	红色	蓝色	绿色	黑色	黄色	紫色	亮蓝色	橙色	灰色	白色

（3）设计图像的文本的参数

数据可视化时可以通过调整和文本相关的参数取值，设置可视化图像中文本的样式、大小、字体等内容。其中 par() 函数中的相关参数及其功能可总结为表 4-4。

（4）设计图像的坐标系的参数

针对 par() 函数中与坐标系相关的常用参数及其功能，可以总结为表 4-5。

表4-4 可设置文本的参数及其功能

参数名	功能
adj	用于调整文字的对齐方式的一个数值,取值可以在 [0,1] 之间,0 表示左对齐,0.5 表示居中(默认),1 表示右对齐
crt	设置单个字符的旋转角度
srt	设置字符整体的旋转角度
family	设置使用字体的名称,默认值是 " ",表示使用设备默认的字体。"serif" "sans" "mono" 等字体都可以使用
font	通过整数表示使用字体的情况,1 表示普通,2 表示粗体,3 表示意大利体,4 表示粗意大利体,5 表示符号
font.lab	设置坐标轴标签的字体,使用方式同参数 font
font.main	设置主标题的字体,使用方式同参数 font
font.sub	设置副标题的字体,使用方式同参数 font

表4-5 与坐标系相关的常用参数及其功能

参数名	功能
bty	设置图像坐标框的显示方式,如 "u" 表示 u 形框
pty	表示当前绘图区域的形状,"s" 表示生成一个正方形区域,"m" 表示生成最大的绘图区域
lab	设置坐标轴注释方式的向量 c(x,y,len),默认是 c(5,5,7)。x 指定 x 轴的刻度的数量,y 指定在 y 轴的刻度的数量,len 指定刻度的长度
las	设置坐标轴标签的风格,可取 0 ~ 3。默认 0,和坐标轴平行;1,水平;2,和坐标轴垂直;3,垂直。crt 和 srt 不会对其产生影响
tck	刻度线的相对长度,为一个有符号的比值,表示绘图区域的高度或宽度的比例,如果是正值,则在图像区域内画,当 tck = 1 时绘制网格;如果是负值,则向边界绘制,默认为 NA 时使用 tcl = −0.5
Tcl	刻度线的相对长度,为相对于一行高度的比值,正值表示向绘图中心区域延伸,负值表示向边缘延伸
xaxt、yaxt	设置 x 或 y 坐标轴的形式,值为字符 "n" 表示不绘制坐标轴,其它字符均表示绘制坐标轴
xlog、ylog	设置 x 或 y 坐标轴为对数坐标轴的 bool 变量,值为 TRUE 表示相应的坐标轴为对数坐标轴

(5)常用的可视化函数

graphics 包的绘图功能丰富,完全可以满足通常情况下的数据可视化,例如可视化散点图、折线图、条形图、直方图、三维透视图等。针对该包中常用的绘图函数,可以总结为表 4-6。

表4-6 graphics 包中常用的绘图函数

函数名	函数的绘图效果
plot	可视化散点图或者折线图
hist	可视化直方图
lines	可视化折线图
abline	在图像中添加直线
arrows	在图像中添加箭头
assocplot	生成 Cohen-Friendly 关联图
matplot	类似 plot，可画多种图，同时展示多列数据
barplot	可视化垂直或水平条形图
boxplot	可视化箱线图
dotchart	可视化克利夫兰点图
pie	可视化饼图
stripchart	可视化一维纸带图
pairs	可视化矩阵散点图
contour	可视化等高线图
persp	可视化三维透视图
mosaicplot	可视化马赛克图
smoothScatter	可视化具有平滑密度颜色表示的散点图

　　本小节主要介绍了 graphics 包中的基础设置，下一小节将会介绍如何使用相应的函数和参数，对数据进行可视化分析。

4.1.2 基础绘图系统可视化实战

　　前面介绍了 graphics 包中的基本设置和可视化函数，下面使用具体的数据集，展示如何使用 graphics 包进行数据可视化。

　　首先展示的是可视化散点图，使用的数据集为双月数据，包含两个数值变量和一个分组变量。数据导入与散点图可视化程序如下所示。

```
## 导入双月散点图数据
moonsdf <- read.csv("data/chap04/moonsdatas.csv")
head(moonsdf)
##            X1          X2 Y
## 1  0.7424201  0.58556710 0
```

```
## 2  1.7444393  0.03909624 1
## 3  1.6934791 -0.19061851 1
## 4  0.7395695  0.63927458 0
## 5 -0.3780247  0.97481407 0
## 6  0.8943966  0.26841801 0
## 1 可视化散点图
par(family = "STZhongsong")
plot(moonsdf$X1,moonsdf$X2, # 设置使用的坐标
     type = "p", pch = 18,col="red", # 点的样式和颜色
     ## 设置坐标轴标签和名称
     xlab = "X1",ylab = "X2",main = " 双月数据散点图 ")
```

在上面的程序中使用 plot() 函数可视化散点图，并且为图像的形式（参数 type）、点的样式（参数 pch）与颜色（参数 col）等，进行了相应的设置。同时在 par() 函数中，使用参数 family = "STZhongsong" 设置使用的字体，该字体可以正确地显示图像中的中文字符。运行程序后可获得图 4-3。

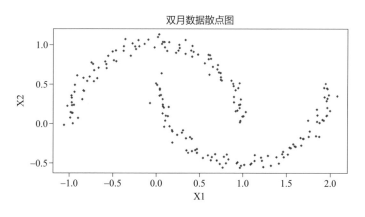

图4-3　散点图可视化数据

除了可以使用 plot() 函数可视化散点图，还可以利用 points() 函数可视化散点图，下面的程序则是利用两次 points() 函数，分别可视化不同分组下的数据散点图，并且设置为不同的颜色和形状，并且在使用 points() 函数之前，先使用了 plot() 函数，通过可视化一个空的图像，初始化一个坐标系，运行程序后，可获得可视化图像（图 4-4）。

```
## 1 可视化分组散点图
par(family = "STZhongsong")
```

```
plot(c(-1,2), c(-0.6,1.1), type = "n",
        main = " 分组双月数据散点图 ") # 初始化一个坐标系
index = moonsdf$Y == 0    # 不同分组的数据索引
points(moonsdf$X1[index],moonsdf$X2[index],type = "p",
        pch = 19,col="red")
points(moonsdf$X1[!index],moonsdf$X2[!index],type = "p",
        pch = 15,col="blue")
```

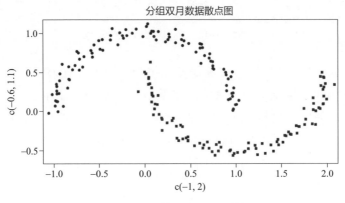

图 4-4　分组散点图可视化数据

条形图可视化可以使用 barplot() 函数进行可视化，下面在可视化条形图前，会先导入"外卖市场调查数据 .csv"数据，导入的数据如下所示。

```
## 读取数据
surveydf <- read.csv("data/chap04/ 外卖市场调查数据 .csv")
head(surveydf)
##  q1   q2     q4    q5        q6      q8 q9zhiliang q9anquan q9stime q9jiage
## 1 男 大三 900—1300 元 一般   0—5 次 6—10 元       8          7       8        7
## 2 男 大三    500—900 满意   0—5 次 6—10 元       8          8       8        7
...
##   q9baozhuang q9kouwei q9xiaoliang q9kefu
## 1           7        6           7      6
## 2           6        7           7      5
...
```

导入数据后，可使用下面的程序可视化垂直条形图和水平条形图。可以使用 barplot() 函数中的 horiz 参数进行控制，horiz = TRUE 表示获得水平条形图，运行程序后可获得如图 4-5 所示的图像，图像中展示了数据中每个年级所收集到的样本数量，条形图更方便对不同年级样本量的观察与对比。

```
## 各年级的样本数量
par(family = "STZhongsong")
barplot(table(surveydf$q2),width = 0.7, # 条形的宽度
        col = "lightblue",ylab = " 频数 ",
        main = " 各年级的样本数量 ")
## 各年级的样本数量
par(family = "STZhongsong")
barplot(table(surveydf$q2),width = 0.7,
        col = "lightblue",horiz = TRUE, # 水平条形图
        xlab = " 频数 ",main = " 各年级的样本数量 ")
```

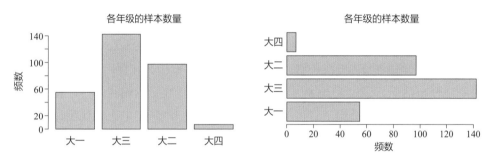

图 4-5　条形图可视化数据

下面的程序则是使用 pie() 函数可视化饼图，使用 hist() 函数可视化直方图。通过饼图查看数据中的满意情况，使用直方图可视化双月数据中变量 X1 的数据分布情况，运行程序后可获得可视化图像（图 4-6）。

```
## 待可视化数据转化为因子变量
plotq5 <- factor(surveydf$q5,levels = c(" 差 "," 一般 "," 满意 ",
                                        " 比较满意 "," 非常满意 "))
## 可视化饼图
par(family = "STZhongsong")
pie(table(plotq5),radius = -1,# 饼图的半径
    ## 每个部分的颜色
    col = c("purple", "violetred1", "green3","cornsilk", "cyan"),
    main = " 满意情况饼图可视化 ")
## 4 直方图可视化
par(family = "STZhongsong")
hist(moonsdf$X1,breaks = 30, # 控制直方图的分割条数
     col = "lightblue",       # 颜色
     main = " 直方图 ",xlab = "X1")
```

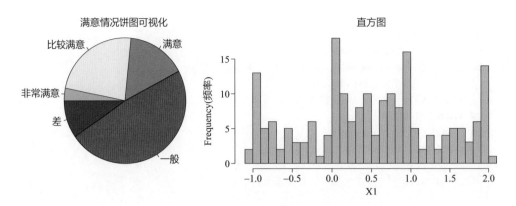

图4-6　饼图与直方图可视化数据

　　下面的程序是使用 plot() 函数可视化密度曲线图，使用 boxplot() 函数可视化箱线图。在可视化密度曲线图时，会先使用 density() 函数计算出数据在不同位置的密度分布情况。通过公式 X1~Y，表示可视化 X1 变量的箱线图时，使用 Y 变量的取值对数据进行分组，运行程序后可获得如图 4-7 所示的可视化图像。

```
## 5 数据密度曲线分布图
par(family = "STZhongsong")
plot(density(moonsdf$X1,bw = 0.2),   # 数据的密度分布数据
     type = "l",col = "red",lwd = 2, # 线型颜色和粗细
     main = " 密度曲线 ")
## 6 数据箱线图可视化
## 分组箱线图可视化数据的分布情况
par(family = "STZhongsong")
boxplot(X1~Y,data = moonsdf,notch = TRUE,col="lightblue",
        main = " 数据分布箱线图 ",ylab = " 取值大小 ",xlab = " 分组 ")
```

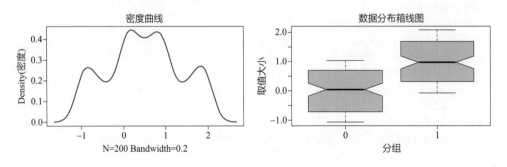

图4-7　密度曲线图与箱线图可视化数据

　　graphics 包中的 par() 和 layout() 函数能轻松地将多个可视化图像进行组合，将一幅图像切分为多个子图窗口，对数据进行多角度的可视化分析。针对图像中子图窗口数量的设计，使用 par() 中的 mfrow 和 mfcol 参数控制，两个参数的用法一致，通过数组 c(m,n) 将图像切分为 m×n 个子窗口，但是 mfcol 表示子图按列优先排列，mfrow 表示子图按行优先排列。

　　下面的程序则是将克利夫兰点图、条形图以及饼图进行组合。首先使用 par() 函数并指定参数 mfrow=c(2,2) 将图像窗口分为了 2 行 2 列，使用参数 mai = c (bottom, left, top, right) 设置子图之间的间距。接着通过 layout() 函数将第 1 和第 3 子窗口合并为新的第 1 个子窗口，即原来 4 个子图窗口变化为 3 个子图窗口。在第 1 个子图窗口通过 dotchart() 函数绘制克利夫兰点图，克利夫兰点图可以比较相同的变量在不同分组下的取值情况，在第 2 个子图窗口通过 barplot() 函数绘制条形图，在第 3 个子图窗口通过 pie() 函数绘制饼图，最后得到的结果如图 4-8 所示。

```
## 子图布局数据可视化
library(dplyr)
par(family = "STZhongsong",mfrow=c(2,2), ## 初始化为 2×2, 4 个窗口
    ## mai = c(bottom, left, top, right) 设置子图像之间的间距
    mai = c(0.7,0.7,0.3,0.1),cex = 0.8)
## 将 4 个窗口重新布局, (1,3) 合并
layout(mat = matrix(c(1,2,1,3),2,2,byrow = TRUE))
## 使用克利夫兰点图可视化对外卖各品质的平均打分
plotdata <- surveydf%>%group_by(q1)%>%
    ## 根据性别分组并计算每个变量的均值
    summarise(across(starts_with("q9"),mean,names = "A"))%>%
    data.frame(stringsAsFactors = FALSE)
## 性别设置为行名
rownames(plotdata) <- plotdata$q1
plotdata$q1 <- NULL
colnames(plotdata) <-c("质量 ","安全 ","时间 "," 价格 "," 包装 "," 口味 "," 销量 ",
" 客服 ")
## 将数据转化为矩阵并转置
plotdata <- t(as.matrix(plotdata))
dotchart(plotdata,pch = 19,color = "red",
         xlab = " 平均得分 ", main = " 喜好差异 ")
## 条形图可视化生活费的情况
plotq4 <- factor(surveydf$q4,levels = c("500 元以下 ","500—900 ",
                                        "900—1300 元 ","1300 元以上 "))
barplot(table(plotq4),width = 0.7,col = "lightblue",
```

```
            cex.names = 0.8,ylab = " 频数 ",main = " 生活费分布 ")
## 饼图可视化样本中年级的分布情况
plotq2 <- factor(surveydf$q2,levels = c(" 大一 "," 大二 ",
                                        " 大三 "," 大四 "))
pie(table(plotq2),radius = 1,main = " 样本年级分布 ")
```

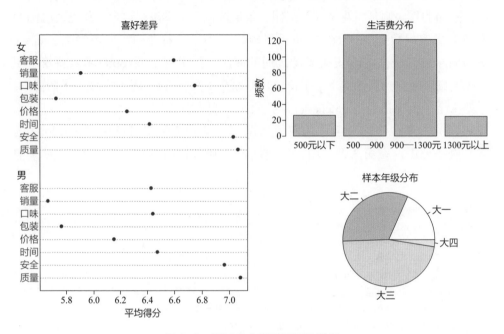

图4-8　通过多个子图可视化数据

　　本小节展示了使用 R 中的基础绘图系统进行数据可视化，应用时可以根据自己的数据集与数据分析需求，选择合适的图像对数据进行快速的可视化探索与分析。

4.2　ggplot2 包数据可视化

　　基础绘图系统 graphics 包适用于数据的简单可视化分析，如果想要更精美、更丰富的数据可视化图像，可以选择使用 ggplot2 绘图包进行数据可视化分析。ggplot2 绘图包在进行数据可视化过程中，将数据、数据到图形的映射要素、图层要素相分离，通过图层叠加的方式利用"+"逐步丰富要可视化的图像，使用时更加简单、直观。ggplot2 可视化相关的基本要素可以总结为表 4-7。

表4-7　ggplot2的基本可视化要素

要素	描述
数据和映射	可视化时使用的数据框，以及可视化时要用到的数据框中的变量
几何对象	散点图、折线图、条形图、直方图等用于可视化的几何图像
标度	用于控制大小、颜色、形状等内容的映射函数
统计变换	用于分箱、统计、平滑等操作的相关函数
坐标系统	用于控制图像坐标系的相关内容，如极坐标系、地图坐标系等
分面	将数据分为不同的子集进行分组可视化的相关内容
主题	用于控制图像整体可视化情况的内容
图层	一个图层通常包含数据和图形属性映射、一种统计变换、一种几何对象、一种位置调整方式等4部分内容

4.2.1　使用图层构建图像

ggplot2 包绘制数据可视化图像的特点之一，是可以通过逐步绘制的方式得到可视化图像，利用图元的叠加获取更加美观的图像，而且加号的使用能够更方便地调整图元的布局。下面使用双月散点数据集，绘制一个分组散点图的可视化图像，以此来分析 ggplot2 包数据可视化时的基本绘图流程。程序如下所示。

```
## 通过逐次为图像添加新的图层内容来完善可视化图像
library(ggplot2);library(gridExtra)
## 导入双月散点图数据
moonsdf <- read.csv("data/chap04/moonsdatas.csv")
moonsdf$Y <- as.factor(moonsdf$Y)  # 分组转化为因子变量
## 初始化绘图图层，指定绘图的数据和坐标系 X、Y 轴使用的变量
p1 <- ggplot(data = moonsdf,aes(x=X1,y = X2))+
    ## 添加绘图使用的主题图层，并设置字体和基础大小
    theme_bw(base_family = "STZhongsong",base_size = 12)+
    ## 添加绘制散点图图层，并设置点的颜色和形状使用的变量
    geom_point(aes(colour = Y,shape = Y),size = 2)+
    ## 添加散点的平滑曲线图层，使用广义回归模型拟合
    geom_smooth(aes(colour = Y),method = "loess")+
    ## 设置图像的标题和坐标轴的标签
    labs(x = "X1",y = "X2",title = " 双月散点图数据 ")+
    ## 添加主题图层对图像进一步调整
```

```
    theme(plot.title = element_text(hjust = 0.5), # 标题位置居中
          legend.position = c(0.85,0.85))+ # 指定图例位置坐标
    ## 对可视化图像中的颜色、形状映射进行调整
    scale_color_brewer(" 分组 ",palette = "Set1")+
    scale_shape_manual(" 分组 ",values = c(15,16))
## 输出图像 p1
p1
```

上面的程序在绘制图像时，主要使用下面几个步骤获得信息较完整的可视化图像。

① 使用 ggplot(data, aes(x=, y =)) 函数初始化一个可绘制的图像图层，并指定绘图时使用的数据集 data，X、Y 轴使用的变量。

② 使用 theme_bw() 函数设置绘图使用的主题和该主题下的字体、字的大小等基础设置，其中还可以使用其它的 theme_**() 系列的函数。

③ 使用 geom_point() 为图像添加散点图图层，使用 geom_smooth() 为散点图添加平滑曲线等。

④ 通过 labs() 函数为图像坐标轴添加标签和图像标题。

⑤ 通过 theme() 函数进一步调整图像的整体情况，例如标题、图例、坐标轴的位置、大小等情况。

⑥ 通过 scale_color_brewer() 函数调整可视化图像中用于分组使用的颜色映射，通过 scale_shape_manual() 函数调整形状映射。

⑦ 输出自己满意的可视化图像。

经过上述几个步骤后，利用图层叠加的方式对图像进行仔细修整后，运行程序输出的图像如图 4-9 所示。

从可视化程序与图像的绘制结果中可以发现：相较于基础绘图系统的利用单个函数进行图像可视化，ggplot2 利用图层叠加的方式，更容易控制图像的最终显示效果，并且得到的可视化图像更加美观。

（1）主题设置图层

ggplot2 数据可视化包中，提供了约 9 种预定义好的数据可视化主题函数，它们的使用方法很相似，可以使用 theme_**() 系列函数进行基础主题的显示。可选的主题函数有 theme_gray()、theme_bw()、theme_linedraw()、theme_light()、theme_dark()、theme_minimal()、theme_classic()、theme_void()、theme_test() 等。

调用 theme_**() 系列主题函数时，还可以通过设置相应的参数来控制主题的显示细节，常用的可设置参数如表 4-8 所示。

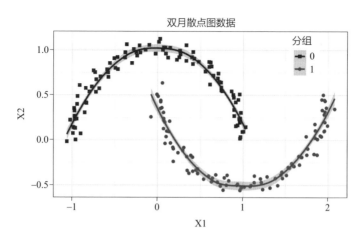

图 4-9　ggplot2 包可视化数据

表 4-8　theme_**() 中的参数设置

参数名	功能描述	参数名	功能描述
base_size	显示的基本字体大小	base_line_size	显示线元素的基本大小
base_family	显示的基本字体	base_rect_size	显示矩形框的基本大小

（2）ggplot2 的几何对象

ggplot2 包中，几何对象是通过 geom_**() 系列函数进行表示的，如前面的示例中，使用 geom_point() 函数添加散点图图层等。几何对象指定了可视化图像的类型，同时一副图像中可以将多种几何对象相互组合，从而获取更丰富的图形。ggplot2 包中提供了几十种基础的几何对象图层函数，表 4-9 给出了一些常用的几何对象。

表 4-9　常用的 geom_**()

函数名	功能描述
geom_abline()	线图，由斜率和截距指定
geom_area()	面积图
geom_bar()	条形图
geom_bar2()	二维条形图
geom_bin2d()	二维封箱的热力图
geom_boxplot()	箱线图
geom_contour()	等高线图

续表

函数名	功能描述
geom_density()	一维的平滑密度曲线估计
geom_density2d()	二维的平滑密度曲线估计
geom_errorbar ()	误差线（通常添加到其它图形上，比如柱状图）
geom_errorbar h()	水平误差线
geom_hex()	六边形封箱热力图
geom_histogram()	直方图
geom_jitter()	添加了扰动的点图
geom_map()	地图多边形
geom_polygon()	多边形
geom_point()	散点图
geom_qq()	q-q 图
geom_rect()	绘制矩形
geom_step()	阶梯图
geom_text()	添加文本
geom_tile()	绘制瓦片图，通常可用于绘制热力图
geom_violin()	小提琴图
geom_vline()	添加参考线

使用 geom_**() 相关的函数时，为了图像的美观可以设置每个函数中的参数，虽然不同的几何对象参数的使用情况不完全相同，但它们的使用却又很相似，一些通用参数的使用方式可以总结为表 4-10。

表4-10 geom_**()中aes()的通用参数的设置

参数	使用方式
x	设置坐标系 X 轴使用的变量
y	设置坐标系 Y 轴使用的变量
alpha	设置颜色特征的透明情况
colour	设置图像的颜色使用情况
fill	设置图像的颜色填充使用情况
group	设置图像中的分组变量
shape	设置图像中的线的类型或者点的形状
size	设置图像中所使用的元素的显示大小情况

表 4-10 中 alpha、colour、fill、shape、size 等参数通常有两种设置方式，一种是在 aes() 函数内使用数据中的变量进行设置，这时会根据变量中不同的取值进行相应的设置；第二种是在 aes() 外使用相应的取值进行指定几何对象的显示情况。

在下面的可视化程序中，则是展示了在使用 geom_histogram() 函数可视化直方图时，分别在 aes() 内与外设置 colour、fill 参数的取值，所获得的数据可视化结果的差异情况。在可视化前还先使用 theme_set() 函数设置默认的图像主题、字体，并将标题居中。运行程序后获得了可视化图像（图 4-10）。

```
## 先设置默认的图像主题，设置字体，并将标题居中
theme_set(theme_bw(base_family = "STZhongsong")+
              theme(plot.title = element_text(hjust = 0.5)))
## 可视化直方图和密度曲线分析变量的分布
p1 <- ggplot(moonsdf,aes(X2))+
    ## 添加直方图图层，使用变量设置颜色和填充
    geom_histogram(aes(fill = Y,colour = Y),bins = 30,
                   alpha = 0.5)+
    theme(legend.position = c(0.85,0.85))+ # 指定图例位置坐标
    ggtitle(" 分组直方图 ")
p2 <- ggplot(moonsdf,aes(X2))+
    ## 添加直方图图层，使用颜色字符串设置颜色和填充
    geom_histogram(fill = "blue",colour = "blue",
                   bins = 30,alpha = 0.5)+
    ggtitle(" 不分组直方图 ")
grid.arrange(p1,p2,nrow = 1)
```

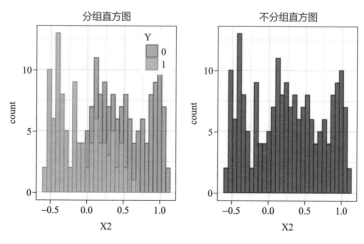

图 4-10　ggplot2 包直方图可视化

从图 4-10 中可以发现，虽然使用的可视化数据相同，但是在通过参数 colour、fill 设置颜色时，使用了不同的形式，分别获得了分组直方图和不分组的直方图。灵活应用几何对象中的参数，可以获得不同的可视化效果。

（3）主题函数的使用

数据可视化时，可以通过 theme() 函数中的参数，对图像中的各个部分的显示情况进行调整。例如在前面出现的可视化程序中，在设置图像的显示主题时，就使用 theme(plot.title = element_text(hjust = 0.5)) 语句将图像中的标题居中，使用 theme(legend.position = c(0.85,0.85) 语句设置图例的位置等。

theme() 函数中有超过 80 个参数可以对图像进行设置，用来调整图像的显示情况，如调整图像的坐标轴、图例、标签等。将 theme() 函数中一些常用的参数设置汇总为表 4-11。

表4-11　theme()中常用的参数设置

参数	功能描述
line	所有的线元素，通过 element_line() 设置
rect	所有的矩形元素，通过 element_rect() 设置
text	所有的文本元素，通过 element_text() 设置
title	所有的标题元素，通过 element_text() 设置
plot.background	图像区背景设置
plot.title	图像标题设置，主要通过 element_text() 函数设置
panel.border	绘图区域边框设置
panel.grid	网格线设置
axis.title.x	设置 X 轴标题
axis.title.y	设置 Y 轴标题
axis.text.x	设置 X 轴刻度值
axis.text.y	设置 Y 轴刻度值
axis.ticks.x	设置 X 轴刻度线的形式
axis.ticks.y	设置 Y 轴刻度线的形式
legend.background	设置图例背景颜色
legend.key.size	设置图例标识的大小
legend.text	设置图例的文本标签的情况
legend.title	设置图例标题的情况
legend.position	设置图例位置，可取值为 "none" "left" "right" "bottom" "top" 或者包含两个元素的坐标向量

续表

参数	功能描述
legend.direction	设置图例的方向为水平或垂直（"horizontal" 或 "vertical"）
plot.tag	设置左上角的 tag 显示情况
plot.tag.position	设置 tag 的位置，可取值为 "topleft" "top" "topright" "left" "right" "bottomleft" "bottom" "bottomright" 或者包含两个元素的坐标向量
plot.subtitle	图像子标题的设置，主要通过 element_text() 函数设置
panel.background	设置绘图区域的背景颜色
panel.border	设置绘图区域周围的边框的形式
panel.grid	设置图像的网格线情况
strip.background	设置分面标签的背景颜色
strip.text	设置分面标签的文本显示情况

介绍 theme() 函数中常用的参数设置后，下面使用双月数据集，对图 4-9 的可视化结果，使用 theme() 函数进行进一步的调整，可以对比前后两个图像，分析 theme() 函数中相关参数的作用效果。绘制使用 theme() 函数调整后的图像的程序如下所示，运行程序后可获得可视化图像（图 4-11）。

```
## 绘制使用 theme() 函数调整后的图像
ggplot(data = moonsdf,aes(x=X1,y = X2))+
    geom_point(aes(colour = Y,shape = Y),size = 2)+
    geom_smooth(aes(colour = Y),method = "loess")+
    labs(x = "X1",y = "X2",title = " 双月散点图数据 ",
         colour = " 分组 ",shape = " 分组 ",  # 图例名称
         subtitle = " 数据随机生成 ",
         tag = "ggplot2 Data Visualization")+
    ## 对图像的显示情况进行进一步的调整
theme(plot.title = element_text(hjust = 0.5,size = 15), # 标题的位置居中
         plot.subtitle = element_text(hjust = 1),# 副标题的位置居右
         ## 使用 lightblue 作为背景色
         plot.background = element_rect(fill = "lightblue"),
         ## 绘图区的颜色设置为白色
         panel.background = element_rect(fill = "white"),
         ## 绘图区的边框使用黑色、粗细为 2 的线
         panel.border = element_rect(colour ="black",size = 2),
         ## 设置图像的网格线颜色为 lightgreen，线形为虚线
         panel.grid = element_line(linetype = 2,colour = "green"),
         ## 坐标轴标签和值刻度的设置
         axis.title.x = element_text(colour = "blue"),# X 轴标签为蓝色
         axis.title.y = element_text(hjust = 0.4), #y 轴标签位置靠下
```

```
# X轴刻度值倾斜30度，大小为11，字体为Palatino
axis.text.x = element_text(angle = 30,size = 11,family = "Palatino"),
## 设置y轴刻度线为蓝色，粗细为1
axis.ticks.y = element_line(colour = "blue",size = 1),
## 图例的设置
legend.position = c(0.85,0.8),   ## 位置坐标为(0.85,0.8)
## 设置图例的填充背景色为grey
legend.background = element_rect(fill = "grey"),
## 设置图例的标题颜色为红色居中
legend.title = element_text(colour = "red",hjust =0.5),
## 设置图像的tag为红色，大小为13，位置在图像的左上方
plot.tag = element_text(colour = "red",size = 13,family = "sans"),
plot.tag.position = c(0.2,0.92))
```

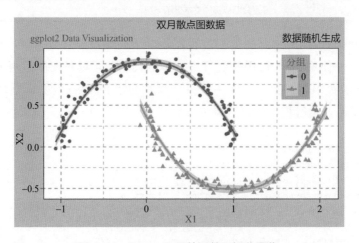

图4-11　theme()函数调整可视化图像

对比图4-9和图4-11可以发现，通过调整theme()函数中参数的取值，可以对图形的显示效果进一步定制，在数据可视化时更准确地传递更多的信息。

4.2.2　ggplot2可视化进阶

前面介绍了ggplot2中基础的数据可视化功能与函数，接下来介绍ggplot2中相对高阶的可视化内容，包括可视化时调整数据的形状标度、大小标度、颜色标度、坐标轴设置、位置调整，以及使用分面对数据进行可视化等内容。针对这些调整会使用到的函数可以总结为表4-12。

表4-12中展示的函数，它们的功能虽然不同，但是使用的方式是相似的，下面将以可视化案例的形式介绍一些经典函数的使用方式。

表4-12　ggplot2 包中的常用标度设置函数

标度	连续型	离散型	自定义
坐标轴标度	scale_x_continuous() scale_x_date() scale_x_datetime() scale_x_log10() scale_x_reverse() scale_x_sqrt() scale_x_time()	scale_x_discrete()	
颜色标度	scale_color_continuous() scale_color_gradient() scale_color_gradient2() scale_color_gradientn() scale_color_viridis_c()	scale_color_discrete() scale_color_brewer() scale_color_grey() scale_color_hue() scale_color_viridis_d()	scale_color_manual()
填充标度	scale_fill_continuous() scale_fill_gradient() scale_fill_gradient2() scale_fill_gradientn() scale_fill_viridis_c()	scale_fill_discrete() scale_fill_brewer() scale_fill_grey() scale_fill_hue() scal_fill_viridis_d()	scale_fill_manual()
大小标度	scale_size() scale_size_area() scale_size_continuous()	scale_size_discrete()	scale_size_manual()
透明标度	scale_alpha() scale_alpha_continuous()	scale_alpha_discrete()	scale_alpha_manual()
线条标度		scale_linetype_discrete()	scale_linetype_manual()
形状标度		scale_shape_discrete()	scale_shape_manual()

（1）设置图形元素的形状

ggplot2 中设置图形元素的形状通常有三种方式：统一设置图形元素的形状，根据一个离散分组变量设置默认的元素形状映射（离散型），以及使用 scale_shape_manual() 函数自定义形状映射（自定义型）。

下面的程序以散点图可视化为例，介绍使用上述的三种方式，定义图形元素的形状映射。在程序片段 p1 中，使用参数 shape=19 统一设置每个点的形状映射，程序片段 p2 则是在 aes() 函数中使用参数 shape = Y，表示根据离散分组变量 Y 的取值自动进行形状的映射，程序片段 p3 则是在 p2 的基础上利用 scale_shape_manual() 函数，指定不同分组下的形状映射取值，运行程序后可获得可视化图像（图 4-12）。

```
## 先设置默认的图像主题
theme_set(theme_bw(base_family = "STZhongsong",base_size = 10)+
              ## 调整标题的位置
              theme(plot.title = element_text(hjust = 0.5)))
## 通过数值大小统一设置点的形状
p1 <- ggplot(moonsdf,aes(x = X1,y = X2))+
    geom_point(shape = 19,size = 2)+ggtitle(" 统一数值设置点的形状 ")
## 通过分类变量设置形状
p2 <- ggplot(moonsdf,aes(x = X1,y = X2))+
    geom_point(aes(shape = Y),size = 2,show.legend = FALSE)+
    ggtitle(" 分组变量设置点的形状 ")
## scale_shape_manual() 函数手动设置点的形状
p3 <- ggplot(moonsdf,aes(x = X1,y = X2))+
    geom_point(aes(shape = Y),size = 2,show.legend = FALSE)+
    scale_shape_manual(values=c(18, 23))+
    ggtitle(" 手动设置点的形状 ")
grid.arrange(p1,p2,p3,nrow = 1)
```

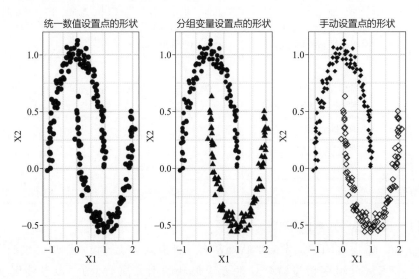

图 4-12　ggplot2 可视化时形状设置

从结果中可以发现，使用相同的数据，利用不同的形状映射设置，获得了不一样的数据可视化效果，通过合理地使用形状标度设置函数，可以获得更符合要求的可视化效果。

（2）设置图形元素的大小

使用 ggplot2 设置图形元素的大小通常有 4 种方式：统一设置图形元素的大小；根据一个离散分组变量，通过 scale_size_discrete() 函数设置元素大小映射；使用

scale_size_manual() 函数，根据分组变量的取值自定义大小映射；根据一个连续变量，通过 scale_size_continuous() 函数设置元素的大小映射。

　　下面的程序则是通过散点图，展示了 3 种设置点大小的方式。在程序片段 p1 中，使用参数 size=1 统一设置每个点的大小；程序片段 p2，则是在 aes() 函数中使用参数 size = Y，表示根据离散分组变量 Y 的取值自动进行散点大小的映射，并且通过 scale_size_discrete() 函数设置点大小的取值范围；程序片段 p3，则是在 p2 的基础上利用 scale_size_manual() 函数，指定不同分组下的点大小映射的取值。运行程序后，可获得如图 4-13 所示的图像。

```
## 通过数值大小统一设置点的大小
p1 <- ggplot(moonsdf,aes(x = X1,y = X2))+
    geom_point(size = 1)+ggtitle(" 统一数值设置点的大小 ")
## 通过分类变量设置点的大小（会对分类变量自动调整）
p2 <- ggplot(moonsdf,aes(x = X1,y = X2))+
    geom_point(aes(size = Y),show.legend = FALSE)+
    scale_size_discrete(range = c(1,3))+
    ggtitle(" 分类变量设置点的大小 ")
## 通过 scale_size_manual() 手动设置点的大小
p3 <- ggplot(moonsdf,aes(x = X1,y = X2))+
    geom_point(aes(size = Y),show.legend = FALSE)+
    scale_size_manual(values = c(2,1))+ # 设置大小范围
    ggtitle(" 手动设置点的大小 ")
grid.arrange(p1,p2,p3,nrow = 1)
```

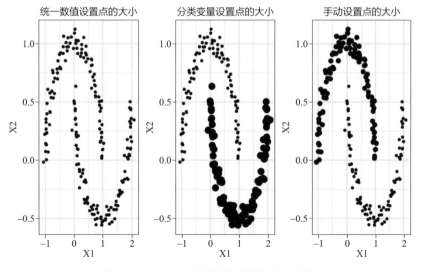

图 4-13　ggplot2 可视化时元素大小设置

（3）位置调整

位置调整就是针对数据可视化图像，指定不同的 position 参数，使图像中几何元素按照不同的排列方法进行布局，从而可以获取不同的可视化图像。常用的位置调整参数可以整理为表 4-13。

表4-13　ggplot2中常用的位置调整参数

位置调整参数	所进行调整的相关描述
doge, doge2	避免重叠的并排排列方式
fill	堆叠图形元素并将高标准化为 1
identity	不做任何调整
jitter	给点添加扰动避免重合
stack	将图形元素堆叠起来
nudge	内置在 geom_text() 中，可将标签移动到与其所标记的内容相距很小的距离
jitterdodge	将通过 geom_point() 生成的点与 dodge 形式的箱形图（geom_boxplot()）对齐

下面的程序中使用"外卖市场调查数据 .csv"，利用条形图在不同位置调整参数下的显示情况，对比分析不同参数所对应的可视化结果，运行程序后可获得可视化图像（图 4-14）。

```
## 读取数据，可视化不同位置调整下的直方图情况
surveydf <- read.csv("data/chap04/ 外卖市场调查数据 .csv")
surveydf$q4 <- factor(surveydf$q4,levels =c("500 元以下 ","500—900 元 ",
                                              "900—1300 元 ","1300 元以上 "))
surveydf$q2 <- factor(surveydf$q2,levels = c(" 大一 "," 大二 "," 大三 "," 大四 "))
## 展示不同位置调整参数下的图像显示情况
## 可视化堆积的条形图
p1 <- ggplot(surveydf)+labs(title = 'position = "stack"')+
  geom_bar(aes(x = q2,fill = q4),position = "stack")
## 可视化避免重叠的并排排列的条形图
p2 <- ggplot(surveydf)+labs(title = 'position = "dodge2"')+
  geom_bar(aes(x = q2,fill = q4),position = "dodge2")
## 可视化填充条形图
p3 <- ggplot(surveydf)+labs(title = 'position = "fill"')+
  geom_bar(aes(x = q2,fill = q4),position = "fill")
## 可视化 3 幅图像为 1 列 3 行
grid.arrange(p1,p2,p3,nrow = 3)
```

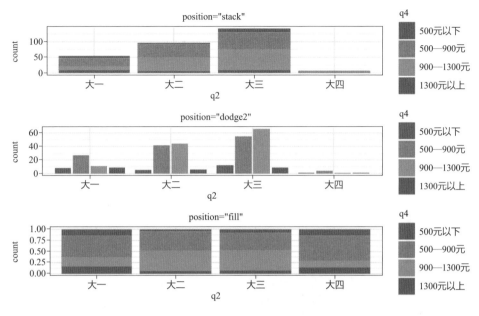

图4-14　ggplot2可视化时位置调整

由图 4-14 可以发现，3 幅子图使用相同的数据可视化条形图，设置不同的位置参数得到了完全不同的可视化形式。

（4）坐标系变换

ggplot2 中最基础的坐标系是直角坐标系 coord_cartesian()，下面将 ggplot2 包常用的坐标系变换函数总结为表 4-14。

表4-14　ggplot2中常用的坐标系变换函数

坐标系变换函数	所进行变换的相关描述	坐标系变换函数	所进行变换的相关描述
coord_cartesian()	使用直角坐标系	coord_flip()	翻转的直角坐标系
coord_equal()	固定纵横比为1的直角坐标系	coord_map()	地图投影
coord_fixed()	固定纵横比的直角坐标系	coord_polar()	极坐标系

下面继续使用调查数据集，以分组直方图为例，可视化经过不同类型的坐标系变换后图像的变化情况。使用下面的程序绘制了 2 幅图像：p1——将坐标系翻转的水平分组堆积条形图；p2——使用极坐标系的堆积玫瑰图。运行程序后，2幅图像组合后的可视化结果如图 4-15 所示。

```
## 将坐标系翻转
p1 <- ggplot(surveydf,aes(q2))+ggtitle(" 条形图 +coord_flip()")+
    geom_bar(aes(fill = q4),show.legend = FALSE)+
    coord_flip() # 坐标系翻转
## 使用极坐标系，默认角度映射到 x 变量
p2 <- ggplot(surveydf,aes(q2))+ggtitle(" 条形图 +coord_polar()")+
    geom_bar(aes(fill = q4),show.legend = FALSE)+
    coord_polar()  # 极坐标系
grid.arrange(p1,p2,nrow = 1)
```

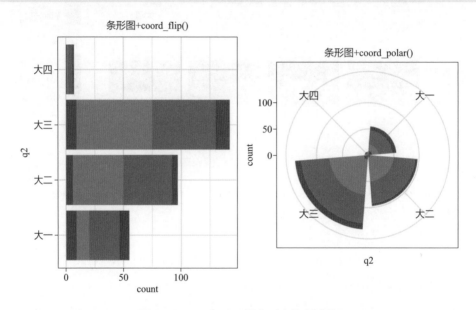

图 4-15　ggplot2 可视化时坐标系变换

（5）分面图像可视化

ggplot2 针对分组数据，可以通过分面的操作获取包含多个子图的可视化图像。常用的分面方式有两种：一种是封装型分面 facet_wrap()，根据单个变量的取值进行分面可视化数据；另一种是网格分面 facet_grid()，可以根据 1 ～ 2 个变量作为行变量或列变量，进行分面可视化。

其中封装型分面 facet_wrap()，在使用时可以通过 facet_wrap(～ class)、facet_wrap (vars(class)) 等形式，表示可视化时根据变量 class 的取值进行分面。

网格分面 facet_grid()，可以利用两个变量获得网格分面图，其分面公式的常用形式有三种：1 行多列根据单个变量 b 进行分面 facet_grid(. ～ b)、facet_grid (rows = vars(b))；多行 1 列根据单个变量 a 进行分面 facet_grid(a ～ .)、facet_grid

(cols = vars(cyl)) ；多行多列根据行变量 a、列变量 b 进行分面 facet_grid(a ~ b)、
facet_grid(vars(a), vars(b))。

下面的程序则是使用了 ggplot2 包自带的 mpg 数据集，通过 facet_wrap(~drv)
根据单个变量将可视化图像以多列的形式进行分面，运行程序可获得图像（图 4-16）。

```
## 使用 ggplot2 包自带的 mpg 数据集
data("mpg")
head(mpg)
## 封装型分面 facet_wrap() 的应用，使用 scales = "free_x" 固定 y 轴范围 , 灵活设置 x 轴
ggplot(data = mpg,aes(x = displ,y = cty,colour = drv,shape = drv))+
    geom_point(show.legend = FALSE)+
    facet_wrap(~drv,ncol = 3,scales = "free_x")+
    labs(x = " 发动机排量 ",y = " 油耗 ",title = " 封装型分面可视化 ")
```

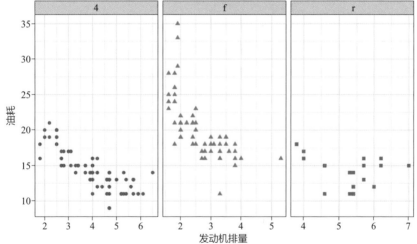

图 4-16　facet_wrap 分面可视化

下面的程序则是利用 facet_grid(year~drv) 的形式，根据 drv 和 year 两个变量
对数据进行分面，运行下面分面散点图的可视化程序后，可获得图 4-17。

```
## 网格分面 facet_grid() 的应用，使用 scales = "free_y" 固定 x 轴范围，灵活设置 y 轴
ggplot(data = mpg,aes(x = displ,y = cty,colour = drv,shape = drv))+
    geom_point(show.legend = FALSE)+
    facet_grid(year~drv,scales = "free_y")+
    labs(x = " 发动机排量 ",y = " 油耗 ",title = " 网格分面可视化 ")
```

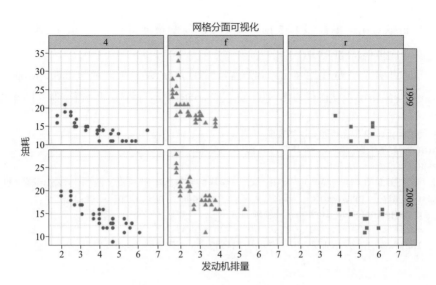

图4-17　facet_grid分面可视化

在利用分面方法对数据进行可视化时，可以使用 scales 参数设置分面子图坐标系的显示，scales 参数的取值和对应的坐标系显示方式总结如下。

① scales = "fixed"：X 轴和 Y 轴的标度在所有子图面板中都相同。

② scales = "free"：X 轴和 Y 轴的标度在所有子图面板中，都可以根据该组数据的取值情况自由变化。

③ scales = "free_x"：在所有子图面板中 X 轴标度根据相应分组的数据进行变化，Y 标度则根据全局数据固定不变。

④ scales = "free_y"：在所有子图面板中 Y 轴标度根据相应分组的数据进行变化，X 标度则根据全局数据固定不变。

经过前面的介绍可以发现，针对具有因子变量的数据，合理地使用坐标系变换和数据分面可视化，往往可以获得更加美观、更易理解的数据可视化图像。

4.3　R 语言其它数据可视化包

R 语言除了 ggplot2 包应用广泛，还有很多功能丰富、应用广泛的其它可视化包。本节将会对一些其它常用的可视化包的功能进行简单的介绍。

4.3.1　GGally 包数据可视化

GGally 包通过添加几个函数来扩展 ggplot2 的功能，将数据可视化变得更加简单，通常用于可视化矩阵散点图、平行坐标图等。该包中常用的函数及其功能总结为表 4-15。

表 4-15　GGally 包中的常用函数及功能

函数	功能描述
ggcoef()	快速绘制模型系数
ggcorr()	可视化相关系数热力图
ggduo()	在矩阵中对两个分组的数据可视化，常用于典型相关分析、多个时间序列的分析和回归分析等
ggmatrix()	用于管理矩阵布局中的多个子图的函数
ggnet2()	将网络图使用 ggplot2 的方式进行可视化
ggnetworkmap()	可以在地图上可视化网络图的函数
ggnostic()	可视化统计模型诊断的图表矩阵
ggpairs()	可视化多元数据的矩阵图
ggparcoord()	以 ggplot2 的形式可视化平行坐标图
ggscatmat()	传统的矩阵散点图，用于全是数值型的变量
ggts()	可视化多元时间序列数据

下面使用小麦种子数据集，介绍使用 GGally 包中的可视化函数、可视化矩阵散点图和平行坐标图。首先导入数据，数据中一共有 7 个数值变量（X1 ～ X7），一个数据分组变量 label，程序如下所示。

```
library(GGally)
## 导入种子数据
seeddf <- read.csv("data/chap04/ 种子数据 .csv")
seeddf$label <- as.factor(seeddf$label)
head(seeddf)
##       X1    X2    X3     X4    X5    X6    X7 label
## 1 15.26 14.84 0.8710 5.763 3.312 2.221 5.220     1
...
## 5 16.14 14.99 0.9034 5.658 3.562 1.355 5.175     1
## 6 14.38 14.21 0.8951 5.386 3.312 2.462 4.956     1
```

使用 ggscatmat() 函数可视化矩阵散点图时，只需要指定数据和用于矩阵散点图所在的列，即可进行可视化。如果指定了 color 参数所使用的变量，则会根据变量的不同取值设置不同的颜色，使用下面的可视化程序，可获得如图 4-18 所示的矩阵散点图。

```
## 可视化矩阵散点图并且计算出相关系数
p1<-ggscatmat(seeddf,columns = 1:7,color = "label",# 数据，可视化列，分组变量名
                # 点的透明度与相关系数的方式
                alpha = 0.6,corMethod = "pearson" )+
    theme_bw(base_family = "STZhongsong",base_size = 7)+
    ggtitle(" 矩阵散点图 ")+         # 添加名称
    theme(plot.title = element_text(size = 12,hjust = 0.5))
p1
```

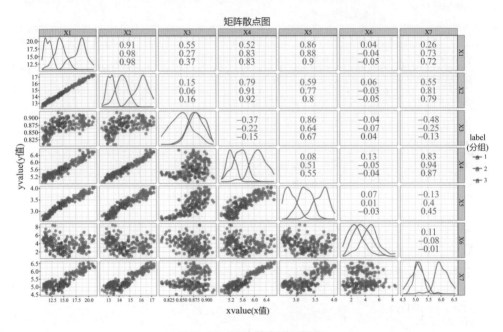

图 4-18　矩阵散点图可视化

　　图 4-18 所示的矩阵散点图中，行和列分别表示绘图使用的变量（X1 ～ X7），不同的颜色表示不同分组（label）的数据。图的下三角部分表示两两变量之间的散点图，对角线表示每个变量在不同分组下的密度分布曲线，上三角部分表示不同分组下两个变量的皮尔逊（corMethod = "pearson"）相关系数大小。

　　平行坐标图常用于分析数据集中样本的取值范围和分布情况。在平行坐标图中，横坐标为数据集的每个变量，纵坐标表示变量的取值，每个样本对应各变量的取值用折线进行连接。下面的程序通过 GGally 包中的 ggparcoord() 函数绘制平行坐标图，第一个参数是绘制平行坐标图使用的数据，参数 columns 指定在可视化时使用哪些列的变量，参数 groupColumn 是指定可视化时的分组变量，参数

scale 是对数据集中 Y 轴取值进行的相关操作，"std" 表示对每个变量进行标准化，并且 scale 参数还可以选择 center（将数据进行中心化）、robust（利用中位数计算的标准化方式）、globalminmax（范围由全局最小值和全局最大值定义）等，参数 order 是控制 X 轴上变量的排列顺序，splineFactor 参数可对折线进行平滑处理，运行下面的程序后可获得可视化图像（图 4-19）。

```
## 可视化多个变量的平行坐标图
p2 <- ggparcoord(seeddf,columns = 1:7,groupColumn = "label",
                 scale = "globalminmax", # 不进行标准化处理
                 order = c(1:2,7,4,5,3,6),  # 变量显示情况重新排序
                 showPoints = FALSE,     # 不显示点
                 alphaLines = 0.8,       # 调整线的透明度
                 splineFactor = 10)+     # 平滑每条曲线
    theme(legend.position = c(0.8,0.8))+
    labs(x = " 变量 ",title = " 平行坐标图 ")
p2
```

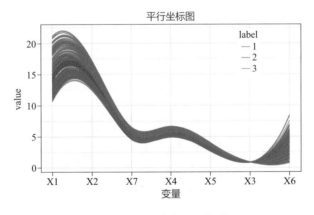

图 4-19　平行坐标图可视化

前面介绍的是 GGally 包中具有代表性的可视化功能，该包更多的使用方法可通过帮助文档进行深入研究，相关函数的使用不再一一展示了。

4.3.2　ggChernoff 包数据可视化

ggChernoff 包为 ggplot2 引入了一个 geom_chernoff() 函数，该函数的功能和 geom_point() 很像，只是它在绘制时利用一些表情符号（比如：笑脸）来代替点。包中几个主要函数的功能可总结为表 4-16。

表4-16　ggChernoff包中的主要函数的功能

函数	功能
geom_chernoff()	添加表情包可视化图层
scale_smile_continuous()	调整图中表情包的微笑弯曲情况
scale_brow_continuous()	调整图中表情包的眉毛倾斜情况

　　下面继续使用小麦种子数据集为例，使用 geom_chernoff() 函数，可视化表情包散点图，程序如下所示，运行程序可获得如图 4-20 所示的可视化图像。

```
library(ggChernoff)
## 表情散点图
p1 <- ggplot(seeddf,aes(x = X1, y = X3,
                        ## 根据 label 变量设置颜色填充
                        fill = label,
                        ## 根据 X1 变量调整微笑的程度
                        smile = X1,
                        ## 根据 X3 变量调整眉毛的情况
                        brow = X3)) +
    geom_chernoff(size = 2.5)+
    ggtitle(" 表情包散点图 ")
p1
```

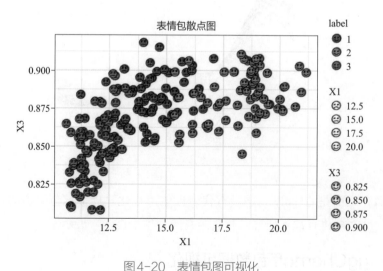

图 4-20　表情包图可视化

4.3.3　ggTimeSeries 包数据可视化

　　ggTimeSeries 包提供了一些对时间序列数据可视化的函数，可以绘制出更让人感兴趣的时间序列图像,如日历图、蒸汽图等。常用的函数及其功能如表 4-17 所示。

表4-17　ggTimeSeries 包的常用函数及其功能

函数	功能描述
ggplot_calendar_heatmap()	可视化日历热力图
ggplot_horizon()	可视化地平线图
stat_steamgraph()	可视化蒸汽图
ggplot_waterfall()	可视化瀑布图
stat_marimekko()	可视化镶嵌图

利用日历热力图在可视化时序数据时,其结果让监测每周、每月或季节性模式变得很容易。下面以一个可视化以天为单位的每日平均气温为例,利用日历热力图进行数据可视化,导入的数据如下所示。

```
library(ggTimeSeries)
## 导入数据
weather <- read.csv("data/chap04/weather_day.csv")
weather$date <- as.Date(weather$date) # 时间变量
head(weather)
##          date year MeanTemp
## 1 1997-01-01 1997 13.86957
## 2 1997-01-02 1997 13.30435
## 3 1997-01-03 1997 15.00000
## 4 1997-01-04 1997 15.90909
## 5 1997-01-05 1997 14.95238
## 6 1997-01-06 1997 13.57143
```

导入数据后,下面的程序使用 ggplot_calendar_heatmap() 函数,可视化 3 年的日历热力图,用来填充颜色的变量为每天的平均温度 MeanTemp,使用 scale_fill_continuous() 来指定相应温度的颜色映射,使用 facet_wrap() 函数根据年份进行分面。最后可得如图 4-21 所示的温度变化日历图。

```
## 可视化 2014~2016 年的温度日历热力图,获取 3 年的数据
temp_3 <- weather[weather$year %in% c(2013,2014,2015),]
p1 <- ggplot_calendar_heatmap(temp_3,              ## 数据
                              cDateColumnName = "date", ## 时间变量
                              cValueColumnName = "MeanTemp",## 数值变量
```

```
                            dayBorderSize = 0.1, ## 天边框的线粗细
                            dayBorderColour = "blue",#天边框的线颜色
                            monthBorderSize = 0.5,## 月边框的线粗细
                            monthBorderColour = "gray60")+## 月边框的线颜色
        ## 设置图像的颜色填充
        scale_fill_continuous(" 温度 ",low = "green", high = "red")+
        facet_wrap(~year,ncol = 1)+ ## 将图像分面
        labs(title = " 温度变化日历图 ")
    p1
```

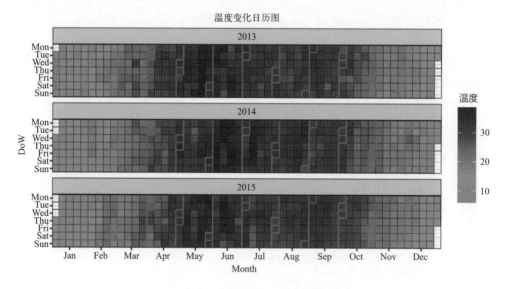

图 4-21　温度日历图可视化

图 4-21 中，横坐标为月份，纵坐标为星期，使用颜色表示对应时间的气温高低，通过该图可以更容易分析气温随时间的变化趋势。

4.3.4　pheatmap 包数据可视化

pheatmap 包用来可视化静态的热力图，并且可以通过相关的参数来确定是否对数据进行聚类，从而获得聚类热力图，还可以通过调整图形参数，呈现不同的可视化结果。下面的程序则是使用 pheatmap() 函数可视化聚类热力图，其为了更丰富的可视化效果，进行了以下几个可视化步骤。

① 数据导入，设置数据表格的行名。

② 生成新的数据表格，为数据的行名和列名分别设置对应的分组，并设置

对应分组所使用的颜色列表，用于可视化时设置颜色。

③ 使用 pheatmap() 函数可视化热力图，并通过设置相应的参数，调整热力图的最终效果。

运行下面的程序后，最终可获得如图 4-22 所示的可视化图像。

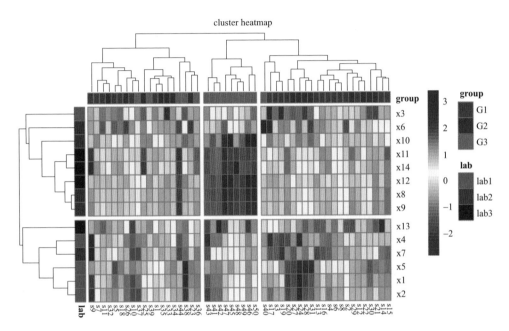

图 4-22　聚类热力图可视化

```
library(pheatmap)
## 读取数据
heatdata <- read.csv("data/chap04/heatmapdata.csv")
rownames(heatdata) <- heatdata$X  # 样本的名称
heatdata$X <- NULL
## 生成新的数据表，将热力图数据中的变量分别进行分组
ann_var <- data.frame(lab = as.factor(rep(c("lab1","lab2","lab3"),
                                          c(5,5,4))))
rownames(ann_var) <- colnames(heatdata)
## 生成新的数据表，将热力图数据中的变量样本分别进行分组
ann_sample <- data.frame(group = as.factor(rep(c("G1","G2","G3"),
                                               c(20,15,15))))
rownames(ann_sample) <- rownames(heatdata)
## 设置分组的颜色
ann_colors = list(
    lab = c(lab1 = "#1B9E77", lab2 = "#D95F02",lab3 = "firebrick"),
```

```
        group = c(G1 = "#7570B3", G2 = "#E7298A", G3 = "#66A61E")
)
## 可视化热力图
pheatmap(t(heatdata),main = "cluster heatmap",
        ## 行列标签的字体大小
        fontsize_row = 9, fontsize_col = 7,
        ## 所有样本聚类为 3 类
        cluster_cols = TRUE,cutree_cols = 3,gaps_col = TRUE,
        ## 所有变量聚类为 2 类
        cluster_rows = TRUE,cutree_rows = 2,gaps_row = TRUE,
        ## 颜色插值函数指定热力图的配色
        color = colorRampPalette(c("red", "white", "blue"))(50),
        ## 指定样本和变量的分组情况
        annotation_row = ann_var,annotation_col = ann_sample,
        ## 设置分组的配色
        annotation_colors = ann_colors)
```

4.3.5　igraph 包数据可视化

igraph 包是对图或网络图进行可视化分析的包。igraph 包生成的图数据，可以通过 plot() 函数进行可视化，还可以通过设置相应的参数取值，调整图中节点的颜色、大小、类型，边的粗细、颜色的显示形式，以及可视化时使用的布局方式，从而绘制出信息更加丰富的网络图。表 4-18 给出了可视化网络图时常用的参数设置。

表4-18　常用的图可视化参数

类型	参数	功能
节点	vertex.color	节点颜色
	vertex.frame.color	节点边的颜色
	vertex.shape	节点的形状，none、circle、square、csquare、pie、raster、sphere 等
	vertex.size	节点的大小
	vertex.label	节点的标签
	vertex.label.family	节点的标签字体
	vertex.label.font	节点的标签字体类型，1(plain)、2(bold)、3(italic) 等
	vertex.label.cex	节点的标签字体大小
	vertex.label.dist	节点和节点标签的距离
	vertex.label.degree	节点标签在节点的相对位置，0(右边)、pi (左边)、pi/2(下边)、–pi/2(上边)

类型	参数	功能
边	edge.color	边的颜色
	edge.width	边的宽度
	edge.arrow.size	边的箭头大小
	edge.arrow.width	边的箭头宽度
	edge.lty	边的类型，0(blank)、1(solid)、2(dashed)、3(dotted) 等
	edge.label	边的标签
	edge.label.family	边的标签字体
	edge.label.font	边的标签字体类型，1(plain)、2(bold)、3(italic) 等
	edge.label.cex	边的标签字体大小
	edge.curved	边的曲率，取值在 0 ~ 1 之间
其它	main	图像的标题
	sub	图像的子标题

　　下面以一个从《三国演义》中获取的重要人物关系图为例，介绍如何使用 igraph 包对图数据进行可视化，首先导入 igraph 包、一个边连接数据（edgedf）和一个节点数据（nodedf），程序如下所示。

```
library(igraph)
## 导入图的节点和边连接数据表格
edgedf <- read.csv("data/chap04/TK_edagedf.csv")
nodedf <- read.csv("data/chap04/TK_nodedf.csv")
head(edgedf)
##    from      to       cor
## 1 曹操    荀彧  0.4310889
## 2 曹操    荀攸  0.4881319
## 3 荀彧    荀攸  0.3666677
## 4 曹操    张辽  0.4429935
## 5 曹操    徐晃  0.3891521
## 6 曹操  夏侯惇 0.3205035
head(nodedf)
##    name group freq size
## 1 曹操  曹魏  945   14
## 2 曹洪  曹魏   93    9
## 3 程普  孙吴   74    9
## 4 程昱  曹魏   44    8
## 5 典韦  曹魏   45    8
## 6 董卓  群雄  121   10
```

在导入的数据中，edgedf 表示边连接数据，在数据表中 from 表示边的起点，to 表示边的终点；nodedf 表示节点数据，包含了名字、分组以及出现的频次等信息。通过这两个数据可以使用 graph_from_data_frame() 函数将数据转化为图数据。下面的程序则是在转化为图后，使用 plot() 函数可视化获得的图 TK_net，并且设置图的布局方式、节点的颜色和大小、边的连接方式，以及图例等内容，运行程序后，可获得可视化图像（图 4-23）。

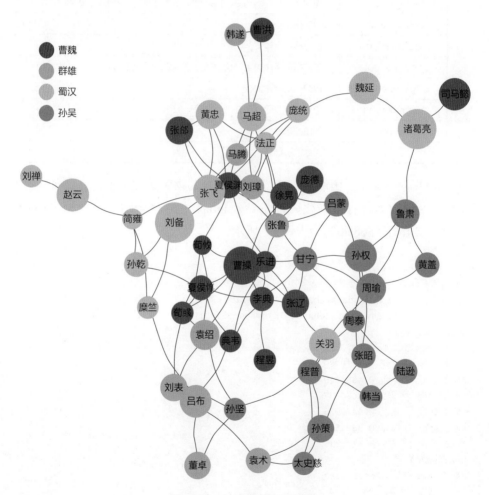

图 4-23　社交网络图可视化

```
## 通过数据表构建网络
TK_net <- graph_from_data_frame(d = edgedf,directed = FALSE,
                                vertices = nodedf)
```

```
## 对可视化图像进行调整，可视化出更丰富的信息
nodeindex <- factor(V(TK_net)$group,
                      levels = c(" 曹魏 ", " 群雄 ", " 蜀汉 ", " 孙吴 "))
nodeindex <- as.numeric(nodeindex) # 节点分组索引
usecolor <- c("tomato","lightgreen","lightblue","orange")
nodecolr <- usecolor[nodeindex]  # 节点颜色
nodesize <- 1.2*V(TK_net)$size  # 节点的大小
## 可视化社交关系网络图
set.seed(12)
par(family = "STZhongsong",mai = c(0.,0.,0.,0))
plot(TK_net,layout = layout_with_gem,
     vertex.size = nodesize,        # 设置节点大小
     vertex.label.family = "STZhongsong", # 设置节点字体
     vertex.label.cex = 0.5,        # 设置节点标签大小缩放
     vertex.label.color = "black",  # 设置节点标签颜色
     vertex.color = nodecolr,  # 设置节点颜色
     vertex.frame.color = nodecolr, # 设置节点填充颜色
     vertex.shape = "circle",  # 设置节点形状
     ## 设置边的显示情况
     edge.color = "black",edge.width = 1.2,edge.curved = 0.2
)
## 添加图例
legend(x=-1, y=1, c(" 曹魏 ", " 群雄 ", " 蜀汉 ", " 孙吴 "),
       pch=c(19,19,19,19),col=usecolor, pt.bg="white",
       pt.cex=1.5, cex=.8, bty="n", ncol=1)
```

4.3.6　wordcloud 包数据可视化

　　R 中有两个常用的可视化词云的包，分别是静态可视化词云包 wordcloud 和动态可视化词云包 wordcloud2。在词云图中词语的尺寸越大，表示所对应的词频就越高，下面以 wordcloud 包为例，可视化词云图。

　　下面的程序中，使用了"人物出现频次 .csv"数据，该数据集中 word 变量表示词语，freq 变量表示每个词语出现的频次，使用 wordcloud() 函数可视化词云，运行程序后可获得如图 4-24 所示的词云图。

```
library(wordcloud)
## 读取数据
name_fre <- read.csv("data/chap04/ 人物出现频次 .csv")
head(name_fre)
##   word freq
## 1 曹操  913
```

```
## 2 张飞  363
## 3 吕布  360
## 4 魏延  322
## 5 孙权  310
## 6 赵云  309
## 使用词云图可视化三国演义中的关键词
par(family = "STZhongsong")
wordcloud(words = name_fre$word,freq = name_fre$freq,
          scale=c(3,0.5), ## 可视化时词的大小范围
          max.words=200, ## 最多可视化 200 个词
          colors = brewer.pal(10,"Paired")  # 设置颜色
          )
```

图 4-24　词云图可视化

4.3.7　ComplexUpset 包数据可视化

ComplexUpset 包是 UpsetR 包基于 ggplot2 包的拓展增强包，可以将集合数据的可视化结果，更方便地与 ggplot2 包相结合，获得更优秀的可视化图像。本小节将会以一个可视化案例，介绍如何使用 ComplexUpset 包对数据进行可视化。

首先导入可视化使用的数据，该数据表格有多个变量，其中 element 变量表示变量 one、two、three、four、five、six 中所有元素的并集，在 one、two、three、four、five、six 变量中，如果取值为 TRUE 则表示其包含对应行的 element 取值，如果取值为 FALSE 则表示其不包含对应行的 element 取值，想要可视化的是变量 one、two、three、four、five、six 的交集情况，label 变量表示每个元素的分组情况。导入的数据如下所示。

```
library(ComplexUpset)
## 导入数据
plotdata <- read.csv("data/chap04/upsetdata.csv")
## 查看数据
head(plotdata)
##   element  one   two three  four  five   six       value label
## 1       1 TRUE  TRUE FALSE FALSE FALSE FALSE  0.59551829     A
## 2       2 TRUE FALSE FALSE  TRUE FALSE FALSE  0.45350379     B
## 3       3 TRUE  TRUE FALSE FALSE FALSE  TRUE  0.06260044     A
## 4       4 TRUE FALSE FALSE FALSE FALSE FALSE  2.40833457     B
## 5       5 TRUE  TRUE FALSE FALSE FALSE FALSE -1.39472700     A
## 6       6 TRUE FALSE FALSE  TRUE FALSE FALSE  2.73273226     B
```

针对已经准备好的数据表 plotdata，可以使用 upset() 函数对其进行可视化。下面的程序中，通过 intersect 参数指定要可视化的集合列数据，运行程序后可获得如图 4-25 所示的图像。

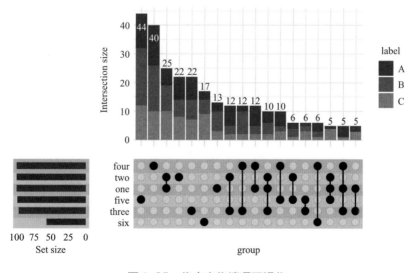

图 4-25　集合交集情况可视化

```
## 可视化集合图像
upset(plotdata,intersect = c("one","two","three","four","five","six"),
        height_ratio = 0.5,width_ratio = 0.25, # 调整交集矩阵的高宽比例
        base_annotations = list(
            ## 交集的大小根据 label 进行分组计数
            "Intersection size"=intersection_size(
                counts=TRUE,mapping=aes(fill=label))+
                ## 设置填充条形图的颜色
                scale_fill_brewer(palette = "Set1")),
        min_size=5, ## 显示集合的最小数量
        stripes=c("lightblue", "grey") ## 设置颜色
        )
```

    图 4-25 可以分为 3 个部分，左边的条形图是集合包含元素数量可视化。上面的条形图对应下面的矩阵散点图表示出各集合之间的交集情况，而且使用了 label 标签对其进行分组。例如，第一列的矩阵散点图中只有一个点对应集合 five，表示集合 five 包含其它集合不存在的元素个数有 44 个，这 44 个元素对应的 label 标签 A、B、C 三种取值情况，使用不同的颜色进行表示；在矩阵散点图的第 3 列中，集合 one 和 two 所对应的点有连线，说明这两个集合的交集包含 25 个元素；类似地，集合 two 和 three 的交集则有 12 个元素（第 8 列条形图）。

4.4 本章小结

    本章主要介绍了 R 中数据可视化相关的内容，涉及了数据分析中可能会遇到的各种可视化图像。详细介绍了基础数据可视化包 graphics 的使用、ggplot2 包数据可视化功能，以及一些常用的其它数据可视化包的使用。在介绍每个包的使用时，使用了和数据可视化案例相结合的方式，介绍了常用数据可视化 R 包的可视化功能。

第 **5** 章

R 语言数据分析

数据分析离不开统计分析方法以及机器学习算法的应用，本章将会介绍数据分析中涉及的一些经典的分析方法。针对这些方法使用场景的差异，将分别介绍相关性分析、方差分析、数据降维算法、回归分析算法、数据分类算法、数据聚类算法以及时间序列预测算法。

针对相关性分析，介绍 Pearson 相关系数和 Spearman 秩相关系数；针对方差分析，介绍单因素方差分析与双因素方差分析的应用；针对降维算法，介绍主成分分析、多维尺度变换、t-SNE 以及 UMAP 算法；针对回归分析，介绍多元线性回归、逐步回归以及 Lasso 回归等算法；针对分类算法，介绍 K 近邻、朴素贝叶斯、决策树、随机森林、支持向量机、神经网络等算法；针对聚类算法，介绍 K 均值聚类、系统聚类以及密度聚类算法；针对时间序列预测算法，介绍指数平滑、ARIMA 系列以及 Prophet 预测算法。

在介绍相关算法的应用时，以基于 R 语言的算法应用为主，简单的理论介绍为辅，并且使用的 R 包以基于 tidymodels 的相关包为主，详细地介绍 tidymodels 系列包在数据分析过程中的应用方式。

5.1 相关性分析

5.1.1 相关系数介绍

相关系数是度量数据变量（特征）之间线性相关性的指标。在二元变量的相关分析中，比较常用的有 Pearson 相关系数和 Spearman 秩相关系数。需要注意的是，相关系数分析的是数据之间的线性相关性，如果相关系数较小，并不能说明数据之间没有相关性，只能说明数据之间没有线性相关性。

（1）Pearson 相关系数

Pearson 相关系数一般用于分析两个正态连续性变量之间的关系，其计算公式为

$$r = \sum_{i=1}^{n}(x_i - \bar{x})(y_i - \bar{y}) / \sqrt{\sum_{i=1}^{n}(x_i - \bar{x})^2 \sum_{i=1}^{n}(y_i - \bar{y})^2}$$

式中，$x_1, x_2, \cdots, x_n$ 和 $y_1, y_2, \cdots, y_n$ 为两组观测数据。

相关系数 r 的取值范围在 $[-1,1]$ 之间，如果 $r<0$ 说明为变量间负相关，越接近于 -1，负相关性越强；$r>0$ 说明为正相关，越接近于 1，正相关性越强。

（2）Spearman 秩相关系数

Spearman 秩相关系数一般用于分析不服从正态分布的变量、分类变量或等级变量之间的关联性，其计算公式为

$$r_s = 1 - 6 \sum_{i=1}^{n} \left(R_i - Q_i \right)^2 / n \left(n^2 - 1 \right)$$

式中，R_i 表示观测数据 x_1, x_2, $\cdots$, x_n 中 x_i 的秩次；Q_i 表示观测数据 y_1, y_2, $\cdots$, y_n 中 y_i 的秩次。

5.1.2　相关系数计算与可视化分析

R 语言中可使用 cor() 函数计算相关系数，通过指定参数 method="pearson"（默认）或 method="spearman" 计算相应的相关系数。下面使用种子数据集，计算数据相关系数矩阵并可视化，首先导入数据，程序如下所示。

```
library(corrplot)
## 导入小麦种子数据
seeddf <- read.csv("data/chap04/ 种子数据 .csv")
head(seeddf)
##       X1    X2     X3    X4    X5    X6    X7 label
## 1 15.26 14.84 0.8710 5.763 3.312 2.221 5.220     1
## 2 14.88 14.57 0.8811 5.554 3.333 1.018 4.956     1
## 3 14.29 14.09 0.9050 5.291 3.337 2.699 4.825     1
## 4 13.84 13.94 0.8955 5.324 3.379 2.259 4.805     1
## 5 16.14 14.99 0.9034 5.658 3.562 1.355 5.175     1
## 6 14.38 14.21 0.8951 5.386 3.312 2.462 4.956     1
```

分析多个变量的相关系数时，为了更好地对比相关系数的取值情况，通常会使用热力图等将相关系数进行可视化。下面的程序则是，在计算种子数据中 7 个数值变量的 Pearson 相关系数后，使用 corrplot() 中的函数，将相关系数矩阵进行可视化。可视化时，图像的下三角区域使用扇形图表示相关系数的大小，同时上三角区域显示出对应相关系数的取值，运行程序后可获得可视化图像（图 5-1）。

```
## 计算相关系数矩阵
seedcor <- cor(seeddf[,1:7],method = "pearson")
## 相关系数矩阵可视化
par(family = "STZhongsong")
corrplot.mixed(seedcor,lower = "pie", upper = "number",tl.col="red",
               tl.pos = "d",tl.cex = 1,number.cex = 1,
               mar = c(1, 1, 2, 1),main = " 变量之间的相关性 ")
```

从图 5-1 的可视化结果中可以发现：变量 X1 与 X2、X4、X5 的正相关性较强，相关系数非常接近于 1；而变量 X6 与其它变量的相关性较弱，并且与 X1 ～ X5 呈现负相关，与 X7 不相关。

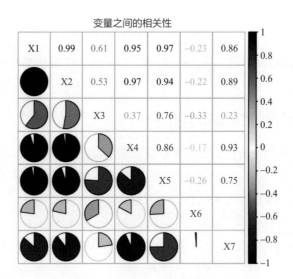

图5-1　变量之间的相关性可视化

5.2　方差分析

方差分析的目的在于从试验数据中分析出各个因素的影响，以及各个因素间的交互影响，以确定各个因素作用的大小，从而把由于观测条件不同引起试验结果的不同，与由于随机因素引起试验结果的差异，用数量形式区别开来，以确定在试验中有没有系统的因素在起作用。方差分析根据所感兴趣的因素数量，可分为单因素方差分析、双因素方差分析等内容。

5.2.1　单因素方差分析

假设试验只有一个因素 A 在变化，且 A 有 r 个水平 $A_1, A_2, \cdots, A_r$，在水平 A_i 下进行 n_i 次独立观测，将对应的试验结果 $x_{i1}, x_{i2}, \cdots, x_{in_i}$ 看成来自第 i 个正态总体 $X_i \sim N(\mu_i, \sigma^2)$ 的样本观测值，且每个总体 X_i 都相互独立，则单因素方差分析的数学模型为

$$\begin{cases} x_{ij} = \mu_i + \varepsilon_{ij} = \mu + \alpha_i + \varepsilon_{ij} \\ \varepsilon_{ij} \sim N(0, \sigma^2), 且各 \varepsilon_{ij} 相互独立 \\ i = 1, 2, \cdots, r; j = 1, 2, \cdots, n_i \end{cases}$$

式中，μ_i 为第 i 个总体的均值；ε_{ij} 为相应的试验误差；μ 为总平均值；α_i 为水

平 A_i 对指标的效应。

把比较因素 A 的 r 个水平的差异，归结为比较这 r 个总体 X_i 的均值是否相等，即检验假设：

$$H0：\mu_1=\mu_2=\cdots=\mu_r；H1：\mu_1, \mu_2, \cdots, \mu_r 至少有两个不等$$

若 H0 被拒绝，则说明因素 A 的各水平的效应之间有显著的差异。

在单因素方差分析中，如果 F 检验的结论是拒绝 H0，则说明因素 A 的 r 个水平效应有显著的差异，但这并不意味着所有水平的均值之间都存在差异，还需要对每一对 μ_i 和 μ_j 作一对一的比较，即多重比较。具体地说，要比较第 i 组与第 j 组的平均数，即检验假设：

$$H0：\mu_i=\mu_j；H1：\mu_i \neq \mu_j，i \neq j, i, j=1, 2, \cdots, r$$

在实际的应用中，是否拒绝原假设 H0，通常采用计算 P 值进行判断。所谓 P 值，就是在假定原假设 H0 为真时，拒绝原假设 H0 所犯错误的可能性。当 P 值小于 α（α 通常取 0.05）时，表示拒绝原假设 H0 犯错误的可能性很小，即可以认为原假设 H0 是错误的，从而拒绝 H0；否则，应接受原假设 H0。

R 中进行方差分析的函数有很多种，比如，可以使用 aov() 函数或者 oneway.test() 函数，对数据进行方差分析，用 summary() 函数提取方差分析结果表。下面使用具体的数据集对数据进行方差分析。

下面的程序是使用 aov() 函数，对小麦种子中的数据进行单因素方差分析，分析数值特征 X1 在不同种类种子 label 变量的影响下，是否有差异。从输出的结果中可知 P 值远小于 0.05，说明不同种类的种子之间的差异是显著的。

```
## 导入小麦种子数据
seeddf <- read.csv("data/chap04/ 种子数据 .csv")
## 比较不同小麦种类下特征之间是否有差异
summary(aov(X1~label,seeddf))
##               Df Sum Sq Mean Sq F value   Pr(>F)
## label          1  211.9  211.90   28.3 2.68e-07 ***
## Residuals    208 1557.6    7.49
## ---
## Signif. codes:  0 '***' 0.001 '**' 0.01 '*' 0.05 '.' 0.1 ' ' 1
```

下面的程序则是使用 oneway.test() 函数对数据进行方差分析，同样从输出结果的 P 值中可知，P 值远小于 0.05，说明检验结果是显著的，可以拒绝原假设，不同分组之间有差异。

```
oneway.test(X1~label,seeddf,var.equal = TRUE)
##  One-way analysis of means
## data:  X1 and label
## F = 548.19, num df = 2, denom df = 207, p-value < 2.2e-16
```

针对显著的方差分析结果，通常还需要对其进行多重比较分析，从而可以确定哪些组之间差异显著，此时则可以使用 ggstatsplot 包中的 ggbetweenstats() 函数，利用可视化的方法进行多重比较，运行下面的程序可获得分析结果，如图 5-2 所示。

```
## 可视化不同分组下的数据均值情况
library(ggstatsplot)
ggbetweenstats(data = seeddf,x = label,y = X1, bf.message = FALSE)
```

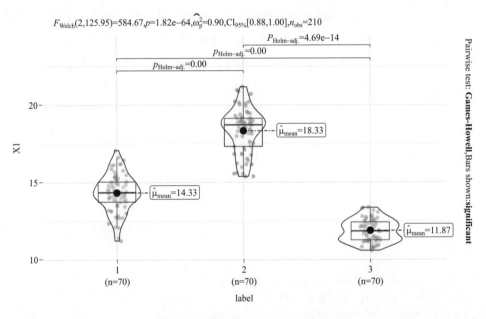

图 5-2　单因素方差分析可视化

从图 5-2 中可知，在三种不同类别的种子之间，任意两组的均值差异都是显著的。而且在图中还可视化出了每组数据的分布情况。不同种类的种子之间的均值分别为 14.33、18.33、11.87。

5.2.2　双因素方差分析

双因素方差分析就是考虑两个因素对结果的影响，其基本思想是通过分析不同来源的变异对总变异的贡献大小，确定出可控因素对研究结果影响的大小。双因素方差分析一般分两种情况：一种是不考虑交互作用，即假定两种因素效应之间是相互独立的；另一种是考虑交互作用，即假定两种因素的结合会产生出一种新的效应。下面主要介绍不考虑交互作用的情况。

在不考虑交互作用时，假定样本观测值为 $x_{ij} \sim N(\mu_{ij}, \sigma^2)$ 且各 x_{ij} 相互独立，则数据可分解为

$$\begin{cases} x_{ij} = \mu + \alpha_i + \beta_j + \varepsilon_{ij} \\ \varepsilon_{ij} \sim N(0, \sigma^2), 且相互独立 \\ i = 1, 2, \cdots, r; \ j = 1, 2, \cdots, s \end{cases}$$

式中，μ 为总平均值；α_i 为水平 A_i 对指标的效应；β_j 为水平 B_j 对指标的效应；ε_{ij} 为相应的试验误差。

判断因素 A 和 B 对试验指标是否显著等价于检验假设：

H01：$\alpha_1 = \alpha_2 = \cdots = \alpha_r = 0$；H11：$\alpha_1, \alpha_2, \cdots, \alpha_r$ 不全为 0

H02：$\beta_1 = \beta_2 = \cdots = \beta_s = 0$；H12：$\beta_1, \beta_2, \cdots, \beta_s$ 不全为 0

与单因素方差分析一样，可以使用 aov() 函数完成双因素方差分析。下面会使用 "制备 C4 烯烃数据 .csv" 数据，检验在种类与温度两种因子影响下，C4 变量的取值情况，导入的数据如下所示。

```
## 导入数据
C4df <- read.csv("data/chap05/ 制备 C4 烯烃数据 .csv")
C4df <- C4df[,c("style","wendu","C4")]
head(C4df)
##   style wendu    C4
## 1     A   250 34.05
## 2     A   275 37.43
## 3     A   300 46.94
## 4     A   325 49.70
## 5     A   350 47.21
## 6     A   250 18.07
```

在导入的数据中，使用下面的程序进行双因素方差分析，使用的分析公式为 C4~style+wendu，表示不考虑两个因子之间的交互作用，程序输出的结果如下所示。

```
## 分析 style 和温度两种特征下 C4 特征的取值情况
summary(aov(C4~style+wendu,data = C4df))
##                  Df Sum Sq Mean Sq F value Pr(>F)
```

```
## style         1    408      408    4.476 0.0366 *
## wendu         1   10174    10174  111.714 <2e-16 ***
## Residuals   111   10109       91
## Signif. codes: 0 '***' 0.001 '**' 0.01 '*' 0.05 '.' 0.1 ' ' 1
```

从输出的结果中可以发现：在两种因素下的 P 值都小于 0.05，说明 style 和 wendu 两个因子变量对 C4 的取值的影响都是显著的。下面还可以使用可视化的方式，将两因素方差分析的结果进行可视化分析，下面的程序通过 ggline() 函数进行可视化，可视化出数据的均值、置信区间以及抖动的散点，可获得图 5-3。

```
## 对两因素方差分析结果进行可视化
ggline(C4df, x = "wendu", y = "C4",color = "style",
        add = c("mean_se", "jitter"),size = 0.5,
        order = sort(unique(C4df$wendu)),
        palette = c("red", "blue"))+
    theme_bw(base_family = "STZhongsong")+
    theme(plot.title = element_text(hjust = 0.5))+
    ggtitle(" 两因素对 C4 的影响 ")
```

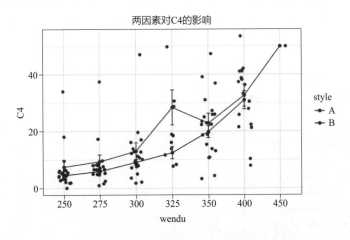

图5-3　多因素方差分析可视化

从图 5-3 中可以发现：随着温度的变化，C4 的取值在有规律地变化，而且不同温度下的差异是显著的，同时 style 取值为 A 时 C4 取值大多数显著高于 style 取值为 B 时的情况。

如果想要分析，考虑两个因素之间的交互作用，可以使用分析公式 C4~style*wendu，下面的程序则是在进行双因素方差分析时，考虑两个因素之间的交互作用。

从输出结果中可知两个因素之间的交互作用是不显著的（P 值等于 0.9915，远大于 0.05），说明交互作用对 C4 的取值没有影响。

```
## 考虑两因素之间的交互作用
summary(aov(C4~style*wendu,data = C4df))
##              Df Sum Sq Mean Sq F value Pr(>F)
## style         1    408     408   4.436 0.0375 *
## wendu         1  10174   10174 110.708 <2e-16 ***
## style:wendu   1      0       0   0.000 0.9915
## Residuals   110  10109      92
## Signif. codes: 0 '***' 0.001 '**' 0.01 '*' 0.05 '.' 0.1 ' ' 1
```

5.3　降维

数据降维的目的是降低数据集特征的个数，得到一组新特征，同时尽可能地保留数据中的重要信息。经典的数据降维算法有主成分分析、多维尺度变换、t-SNE、统一流形逼近与投影（UMAP）等。

5.3.1　常用数据降维算法

（1）主成分分析

主成分分析（PCA）希望在损失很少信息的情况下，找出几个综合变量作为主成分，来代替原始数据中的变量，使这些主成分能够尽可能地代表原始数据的信息，其中每个主成分都是由原始变量的线性组合生成，而且各个主成分之间线性无关。

如果用 $y_1, y_2, \cdots, y_p$ 表示 p 个主成分，用 $x_1, x_2, \cdots, x_p$ 表示原始变量，那么它们之间的关系为

$$\begin{cases} y_1 = a_{11}x_1 + a_{12}x_2 + \cdots + a_{1p}x_p \\ y_2 = a_{21}x_1 + a_{22}x_2 + \cdots + a_{2p}x_p \\ \qquad\qquad\qquad \vdots \\ y_p = a_{p1}x_1 + a_{p2}x_2 + \cdots + a_{pp}x_p \end{cases}$$

式中，$y_1, y_2, \cdots, y_p$ 分别为原始数据的第一主成分、第二主成分、$\cdots$、第 p 主成分。每个主成分对原始数据的解释能力逐渐降低，通常选择累积贡献率 $\geqslant 85\%$ 的前 m 个主成分即可，从而达到数据降维的目的。

主成分分析应用非常广泛，提取的主成分可以用于数据回归、分类等模型的建立，也可以用于数据可视化。但是为了便于矩阵计算，通常情况下主成分分析，都需要样本的数量 N 大于样本的特征数量 P。

（2）多维尺度变换

多维尺度变换（MDS）是利用低维空间去展示高维数据的一种数据降维、数据可视化方法。该算法起源于：当仅能获取到物体之间的距离的时候，如何利用距离去重构物体之间的欧几里得坐标。多维尺度变换的基本目标是将原始数据"拟合"到一个低维坐标系中，使得由降维所引起的任何变形最小。多维尺度变换的方法很多，按照相似性数据测量测度不同可以分为度量的 MDS 和非度量的 MDS。为了方便可视化多维尺度变换后的数据分布情况，通常会将数据降维到二维或者三维。

MDS 的计算步骤大致如下。

① 计算所有数据样本两两间的实际距离（距离通常会使用欧氏距离），通常也会直接使用给定的距离矩阵，因此该算法也可以用于只知道距离矩阵而不用知道样本的数据情况。

② 将数据样本随机放置在二维图上。

③ 针对两两构成的每对数据项，将它们的实际距离与当前在二维图上的距离进行比较，求出一个误差值。

④ 根据误差的情况，按照比例将每个数据项的所在位置移近或移远少许量（每一个节点的移动，都是所有其它节点施加在该节点上的推或拉的结合效应）。

⑤ 重复步骤③、步骤④，节点每移动一次，其当前距离与实际距离的差距就会减少，这一过程会不断地重复多次，直到无法再通过移动节点来减少总体误差为止。

（3）t-SNE

t-SNE 是一种基于流形的数据降维方法，通常用于将数据从高维空间中，降维到二维或者三维用于数据可视化，观察数据的分布情况。

t-SNE 主要包括以下两个步骤。

① t-SNE 使用原始数据构建一个高维对象之间的概率分布，使得相似的对象有更高的概率被选择，而不相似的对象有较低的概率被选择。

② t-SNE 在低维空间里构建对应点的概率分布，使得这两个概率分布之间尽可能地相似，同时会使用 KL 散度度量两个分布之间的相似性。

t-SNE 可以通过困惑度（perplexity）参数，控制数据降维的可视化效果（推荐范围是 5 ～ 50，并且困惑度应始终小于数据点的数量）。较低的困惑度会更关心数据的局部结构，并关注最接近的数据点。较高困惑度则会更关心数据的全局结构。

在实际应用中，t-SNE 很少用于数据降维后特征的提取，主要用于可视化，原因有以下几方面。

① 当数据需要降维时，一般是特征间存在高度的线性相关性，此时一般使用线性降维算法，比如 PCA。

② 一般 t-SNE 都将数据降到二维或者三维进行可视化，但是数据降维需要的维度一般会大一些，比如需要降到二十维，此时 t-SNE 算法很难做到好的效果。

③ t-SNE 的计算复杂度很高，在百万样本数据集上可能需要几小时，而PCA 将在几秒或几分钟内完成同样工作，另外它的目标函数非凸，可能会得到局部最优解。

（4）统一流形近似和投影

统一流形近似和投影（UMAP）类似于 t-SNE，是一种降维技术，可用于数据降维可视化与特征提取。该算法根据数据均匀分布在黎曼流形上、黎曼度量是局部恒定的，以及流形是局部连接的三个假设，可以对具有模糊拓扑结构的流形进行建模。假设是为了在计算 K 近邻图时，能够使用欧氏空间的距离度量且能表达局部数据之间的关系。通过搜索具有最接近的等效模糊拓扑结构的数据的低维投影来找到嵌入。

相对于 t-SNE，UMAP 降维更快，而且可以获得更高维度的特征，因此相较于可视化更常用于特征提取。

简单介绍了相关数据降维算法的基础知识后，下面将会使用手写数字数据集为例，介绍如何使用 R 语言完成上述的数据降维算法。

5.3.2　数据降维实战

使用降维算法对数据降维之前，首先导入会使用的 R 包，以及数据。其中Rtsne 包可用于 t-SNE 降维，uwot 包则可以用于 UMAP 降维。从下面的程序输出结果中可知，导入的手写字体数据有 64 个特征（V1 ～ V64），1 个类别标签特征 V65。

```
library(psych);library(tidyverse);library(broom);library(GGally)
library(Rtsne);library(uwot)
```

```
## 导入待分析的手写数字数据
digit <- read.csv("data/chap05/digit.csv",header = FALSE)
digit[,1:64] <- digit[,1:64] / 16 # 像素值转化到 0 ~ 1 之间
head(digit)
##   V1 V2     V3     V4     V5     V6 V7 V8 V9 V10    V11    V12    V13    V14
##1  0  0 0.3125 0.8125 0.5625 0.0625  0  0  0 0.0 0.8125 0.9375 0.6250 0.9375
##2  0  0 0.0000 0.7500 0.8125 0.3125  0  0  0 0.0 0.0000 0.6875 1.0000 0.5625
##3  0  0 0.0000 0.2500 0.9375 0.7500  0  0  0 0.0 0.1875 1.0000 0.9375 0.8750
...
##   V64 V65
## 1  0   0
## 2  0   1
## 3  0   2
...
```

导入数据后，可以使用可视化的方式，以图像的形式查看数据中手写字体的数据样本。下面的程序是将每个样本转化为 8×8 的图像，并可视化其中随机的 80 个样本，运行程序，可获得可视化图像（图 5-4）。

```
## 可视化查看数据的情况
set.seed(123)
index <- sample(nrow(digit),80)
par(mfrow = c(8,10),mai=c(0.01,0.01,0.01,0.01))
for(ii in seq_along(index)){
    im <- matrix(digit[index[ii],1:64],nrow=8,ncol = 8)
    mode(im) <- "numeric"    # 转换矩阵的模式
    image(im,col = gray(seq(0, 1, length = 16)),xaxt= "n", yaxt= "n")
}
```

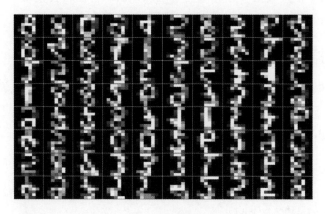

图5-4　部分手写数据样本可视化

通过图像可知，首先字体的背景是黑色的，而且边缘位置很少会有其它像素值，这可能导致数据特征的某些列只有唯一的背景像素值。事实上该数据集中确实有几列特征的取值是唯一值，属于无用的特征（第 1、33、40 列特征），因此可以在数据降维分析前将其提前剔除，数据剔除的程序如下所示。

```
## 由于数据中第 1、33、40 三列数据中取值唯一，因此需要提前剔除
digit_mat <- digit[,c(2:32,34:39,41:64)]
```

（1）主成分分析

在进行主成分分析之前，可以先使用 fa.parallel() 函数，计算出适合提取的主成分个数。从下面的程序输出以及可视化图像（图 5-5）中，可以知道数据适合提取的特征数量为 16。

```
## 判断合适的主成分个数
fa.parallel(digit_mat,fa = "pc")
## Parallel analysis suggests that the number of factors =  NA  and the number
of components =  16
```

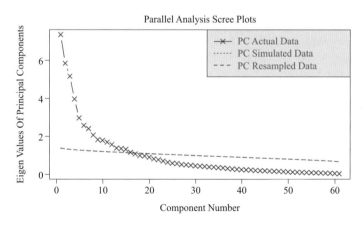

图5-5　探索主成分分析可视化

下面使用 principal() 函数对数据进行主成分降维分析，并且从数据中获取 16 个主成分，程序和输出结果如下所示。输出结果中包含每个主成分与原始特征的标准化载荷（Standardized loadings），以及每个主成分的解释方差（Proportion Var）、累计解释方差（Cumulative Var）等内容，可以发现 16 个主成分的累计解释方差贡献率达到 73%，而且前两个主成分的解释方差大于 10%。

```
## 获取数据的主成分，无主成分旋转方式
digit_pca <- principal(digit_mat,nfactors = 16,rotate="none")
digit_pca
## Principal Components Analysis
## Call: principal(r = digit_mat, nfactors = 16, rotate = "none")
## Standardized loadings (pattern matrix) based upon correlation matrix
##     PC1   PC2   PC3   PC4   PC5   PC6   PC7   PC8   PC9  PC10  PC11  PC12
## V2 0.49 -0.11 -0.05  0.35 -0.05  0.37  0.17 -0.18 -0.29  0.08 -0.07 -0.26
## V3 0.77 -0.14  0.13  0.31 -0.03  0.19  0.01 -0.01 -0.16  0.01 -0.19  0.06
...
## V63 -0.08 -0.12  0.04  0.05 0.79 0.21  7.2
## V64 -0.02  0.02 -0.16  0.08 0.71 0.29  4.7
##
##                       PC1  PC2  PC3  PC4  PC5  PC6  PC7  PC8  PC9 PC10 PC11
## SS loadings          7.34 5.83 5.15 3.96 2.96 2.57 2.40 2.07 1.83 1.79 1.70
## Proportion Var       0.12 0.10 0.08 0.06 0.05 0.04 0.04 0.03 0.03 0.03 0.03
## Cumulative Var       0.12 0.22 0.30 0.37 0.41 0.46 0.50 0.53 0.56 0.59 0.62
##Proportion Explained  0.17 0.13 0.12 0.09 0.07 0.06 0.05 0.05 0.04 0.04 0.04
##Cumulative Proportion 0.17 0.30 0.41 0.50 0.57 0.63 0.68 0.73 0.77 0.81 0.85
##                      PC12 PC13 PC14 PC15 PC16
## SS loadings          1.57 1.39 1.36 1.32 1.17
## Proportion Var       0.03 0.02 0.02 0.02 0.02
## Cumulative Var       0.64 0.67 0.69 0.71 0.73
## Proportion Explained 0.04 0.03 0.03 0.03 0.03
## Cumulative Proportion 0.88 0.91 0.94 0.97 1.00
## Test of the hypothesis that 16 components are sufficient.
```

针对主成分分析的标准化载荷，可以使用热力图的方式对其进行可视化，用于分析获取的主成分和原始的数据变量之间的关系。使用下面的可视化程序可获得图5-6。可以发现，前几个主成分对数据原始特征载荷值的范围波动影响较大，也反映了前面的主成分对原始特征的代表性更强。

针对获得的主成分，可以使用可视化的方式，将数据获得的主成分得分（digit_pca$scores）进行可视化，从而反映数据的分布情况，用于数据的可视化分析。因此下面的程序中挑出了数据中的前5个主成分，使用分组散点图进行可视化，运行下面的程序可获得如图5-7所示的可视化结果。

```
## 利用前 5 个主成分得分可视化不同数据样本在空间中的分布情况
digit_pca_score <- as.data.frame(digit_pca$scores[,1:5])
digit_pca_score$class <- as.factor(digit$V65)
## 可视化数据中前几个主成分的矩阵散点图
```

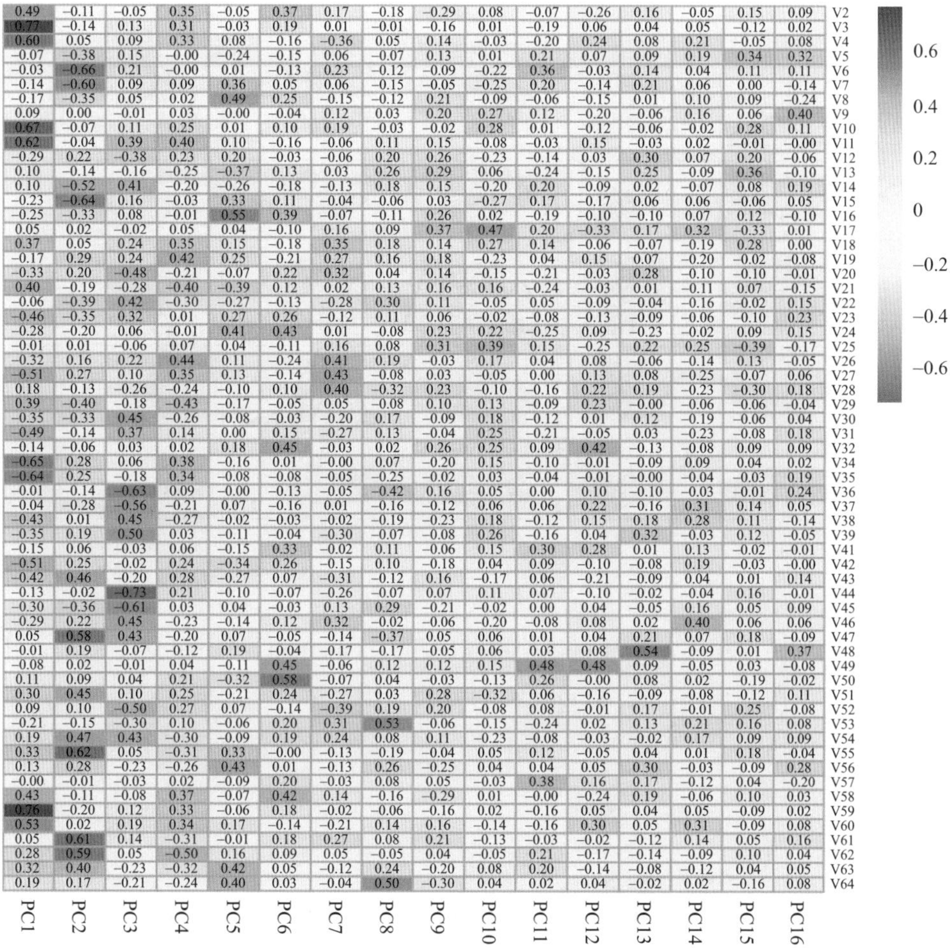

	PC1	PC2	PC3	PC4	PC5	PC6	PC7	PC8	PC9	PC10	PC11	PC12	PC13	PC14	PC15	PC16
V2	0.49	-0.11	-0.05	0.35	-0.05	0.37	0.17	-0.18	-0.29	0.08	-0.07	-0.26	0.16	-0.05	0.15	0.09
V3	0.77	-0.14	0.13	0.31	-0.03	0.19	0.01	-0.01	-0.16	0.01	-0.19	0.06	0.04	0.05	-0.12	0.02
V4	0.60	0.05	0.09	0.33	0.08	-0.16	-0.36	0.05	0.14	-0.03	-0.20	0.24	0.08	0.21	-0.05	0.08
V5	-0.07	-0.38	0.15	-0.00	-0.24	-0.15	0.06	-0.07	0.13	0.01	0.21	0.07	0.09	0.19	0.34	0.32
V6	-0.03	-0.66	0.21	-0.00	0.01	-0.13	0.23	-0.12	-0.09	-0.22	0.36	-0.03	0.14	0.04	0.11	0.11
V7	-0.14	-0.60	0.09	0.09	0.36	0.05	0.06	-0.15	-0.05	-0.25	0.20	-0.14	0.21	0.06	-0.00	-0.14
V8	-0.17	-0.35	0.05	0.02	0.49	0.25	-0.15	-0.12	0.21	-0.09	-0.06	-0.15	0.01	0.10	0.09	-0.24
V9	0.09	0.00	-0.01	0.03	-0.00	-0.04	0.12	0.03	0.20	0.27	0.12	-0.20	-0.06	0.16	0.06	0.40
V10	0.67	-0.07	0.11	0.25	0.01	0.10	0.19	-0.03	-0.02	0.28	0.01	-0.12	-0.06	-0.02	0.28	0.11
V11	0.62	-0.04	0.39	0.40	0.10	-0.16	-0.06	0.11	0.15	-0.08	-0.03	0.15	-0.03	0.02	-0.01	-0.04
V12	-0.29	0.22	-0.38	0.23	0.20	-0.03	-0.06	0.20	0.26	-0.23	-0.14	0.03	0.30	0.07	0.20	-0.06
V13	0.10	-0.14	-0.16	-0.25	-0.37	0.13	0.03	0.06	0.29	0.06	-0.24	-0.15	0.25	-0.09	0.36	-0.10
V14	0.10	-0.52	0.41	-0.00	-0.18	-0.13	0.18	0.15	-0.20	0.20	-0.09	0.02	-0.07	0.08	0.19	0.14
V15	-0.23	-0.64	0.16	-0.03	0.33	0.11	-0.04	-0.06	0.03	-0.27	0.17	-0.17	0.06	0.06	-0.06	0.05
V16	-0.25	-0.33	0.08	-0.01	0.55	0.39	-0.07	-0.11	0.26	0.12	-0.19	-0.10	-0.10	0.07	0.12	-0.10
V17	0.05	0.02	-0.02	0.05	0.04	-0.10	0.16	0.09	0.37	0.47	0.20	-0.33	0.17	0.32	-0.33	0.01
V18	0.37	0.05	0.24	0.35	0.15	-0.18	0.35	0.18	0.14	0.27	-0.14	-0.06	-0.07	-0.19	0.28	0.00
V19	-0.17	0.29	0.23	0.42	0.25	-0.21	0.27	0.16	0.18	-0.23	0.04	0.15	0.07	-0.20	-0.02	-0.08
V20	-0.33	0.20	-0.21	-0.07	0.22	0.32	0.04	0.14	0.14	-0.15	-0.21	0.03	0.28	-0.10	-0.10	-0.01
V21	0.40	-0.19	-0.28	-0.40	-0.39	0.12	0.02	0.02	0.18	0.16	0.16	-0.24	-0.03	0.01	-0.11	0.07
V22	-0.06	-0.39	0.42	-0.30	-0.21	-0.13	-0.28	0.30	0.11	-0.05	0.05	-0.09	-0.04	-0.16	-0.02	0.15
V23	-0.46	-0.35	0.32	0.01	0.27	0.26	-0.12	0.11	0.06	-0.02	-0.08	-0.13	-0.09	-0.06	-0.10	0.23
V24	-0.28	-0.20	0.06	-0.01	0.41	0.43	0.01	-0.08	0.23	0.22	-0.25	-0.09	-0.23	-0.02	0.09	0.15
V25	-0.01	0.01	-0.06	0.07	0.04	-0.11	0.16	0.08	0.31	0.39	0.15	-0.25	0.22	0.25	-0.39	-0.17
V26	-0.32	0.16	0.22	0.44	0.11	-0.24	0.41	0.19	-0.03	0.17	0.04	0.04	-0.06	-0.14	0.13	-0.05
V27	-0.51	0.27	0.10	0.35	0.13	-0.14	0.43	-0.08	0.03	-0.05	0.04	0.13	0.08	-0.25	-0.07	0.06
V28	0.18	-0.13	-0.26	-0.24	-0.10	0.10	0.40	-0.32	0.23	-0.10	-0.16	0.22	0.19	-0.23	-0.30	0.18
V29	0.39	-0.40	-0.18	-0.43	-0.17	-0.05	0.05	-0.08	0.10	0.13	-0.09	0.23	-0.00	-0.06	-0.06	0.04
V30	-0.35	-0.33	0.45	-0.26	-0.08	-0.03	-0.20	0.17	-0.09	0.18	-0.12	0.01	0.12	-0.19	-0.06	0.04
V31	-0.49	-0.14	0.37	0.14	0.00	0.15	-0.27	0.13	-0.04	0.24	-0.05	0.03	-0.23	-0.08	0.18	0.11
V32	-0.14	-0.06	0.03	0.02	0.18	0.45	-0.03	0.02	0.26	0.25	0.09	0.42	-0.13	-0.08	0.09	0.09
V34	-0.65	0.28	0.06	-0.16	0.01	0.01	-0.00	0.07	-0.20	0.15	-0.10	-0.01	-0.09	0.09	0.04	0.02
V35	-0.64	0.25	-0.18	0.34	-0.08	-0.08	-0.05	-0.25	0.03	0.03	-0.04	-0.01	-0.01	-0.04	-0.03	0.19
V36	-0.01	-0.14	-0.63	0.09	-0.00	-0.13	-0.05	-0.42	0.16	0.05	0.00	0.10	-0.10	-0.03	-0.01	0.24
V37	-0.04	-0.28	-0.56	-0.21	0.07	-0.16	0.01	-0.01	0.12	0.06	0.06	0.22	-0.16	0.31	0.14	0.05
V38	-0.43	0.01	0.45	-0.27	-0.02	-0.02	-0.02	-0.19	-0.23	0.18	-0.12	0.15	0.18	0.28	0.11	-0.14
V39	-0.35	0.19	0.50	0.03	-0.11	-0.04	-0.30	-0.07	-0.08	0.26	-0.16	0.04	0.32	-0.03	0.12	-0.05
V41	-0.15	0.06	-0.03	0.06	-0.15	0.33	-0.02	0.11	-0.06	0.15	0.30	0.28	0.01	0.13	-0.02	-0.01
V42	-0.51	0.25	-0.02	0.24	-0.34	0.26	-0.15	0.14	-0.18	0.04	0.09	-0.10	-0.08	0.19	-0.03	-0.00
V43	-0.42	0.46	-0.28	0.28	0.07	0.07	-0.31	-0.12	0.16	-0.17	0.06	-0.09	0.04	0.01	0.14	
V44	-0.13	-0.02	-0.73	0.21	-0.10	-0.07	-0.26	-0.07	0.11	0.07	-0.10	-0.02	-0.04	0.16	-0.01	
V45	-0.30	-0.36	-0.61	0.03	0.04	-0.03	0.13	0.29	-0.21	-0.02	0.04	-0.05	0.16	0.05	0.09	
V46	-0.29	0.22	0.45	-0.23	-0.14	0.12	0.32	-0.04	-0.20	-0.08	0.08	0.02	0.40	0.06	0.06	
V47	0.05	0.58	0.43	-0.00	0.07	-0.05	-0.37	0.05	0.06	0.04	0.21	0.07	0.18	-0.09		
V48	-0.01	0.19	-0.07	-0.12	0.19	-0.04	-0.17	-0.17	-0.05	0.06	0.03	0.08	0.54	-0.09	0.01	0.37
V49	-0.08	0.02	-0.01	0.04	-0.11	0.45	-0.06	0.12	0.12	0.15	0.48	0.48	0.09	-0.05	0.03	-0.08
V50	0.11	0.09	0.04	0.21	-0.32	0.58	-0.07	0.04	-0.03	-0.13	0.26	-0.00	0.08	0.02	-0.19	-0.04
V51	0.30	0.45	0.10	0.25	-0.21	0.24	-0.27	0.03	0.28	-0.32	0.06	-0.16	-0.09	-0.08	-0.12	0.11
V52	0.09	0.10	-0.50	0.27	0.07	-0.14	-0.39	0.19	0.20	-0.08	0.08	-0.01	0.17	-0.01	0.25	-0.08
V53	-0.21	-0.15	-0.30	0.10	-0.06	0.20	0.31	0.53	-0.06	-0.15	-0.24	0.02	0.13	0.21	0.16	0.08
V54	0.19	0.47	0.43	-0.30	-0.09	0.19	0.24	0.00	0.11	-0.23	-0.08	-0.03	-0.02	0.17	0.09	0.09
V55	0.33	0.62	0.05	-0.31	0.33	-0.00	-0.13	-0.19	-0.04	0.05	0.12	-0.05	0.04	0.01	0.18	-0.04
V56	0.13	0.28	-0.23	-0.26	0.43	0.01	-0.13	0.26	0.04	0.04	0.05	0.30	-0.03	-0.09	0.28	
V57	-0.00	-0.01	-0.03	0.02	-0.09	0.20	-0.03	0.08	0.05	-0.03	0.38	0.16	0.17	-0.12	0.04	-0.20
V58	0.43	-0.11	-0.08	0.37	-0.07	0.42	0.14	-0.16	-0.29	0.01	-0.00	-0.24	0.19	-0.06	0.10	0.03
V59	0.76	-0.20	0.12	0.33	-0.06	0.18	-0.02	-0.06	-0.16	0.02	-0.16	0.05	0.04	0.05	-0.09	0.02
V60	0.53	0.02	0.19	0.34	0.17	-0.14	-0.21	0.14	0.16	-0.14	-0.16	0.30	0.05	0.31	-0.09	0.08
V61	0.05	0.61	0.14	-0.31	-0.01	0.18	0.27	0.08	0.21	-0.13	-0.03	-0.02	-0.12	0.14	0.05	0.16
V62	0.28	0.59	0.05	-0.50	0.16	0.09	0.05	-0.05	0.04	-0.05	0.21	-0.17	-0.14	-0.09	0.10	0.04
V63	0.32	0.40	-0.23	-0.32	0.42	0.05	-0.12	0.24	0.20	0.08	0.20	-0.14	-0.08	0.01	0.04	0.05
V64	0.19	0.17	-0.21	-0.24	0.40	0.03	-0.04	0.50	-0.30	0.04	0.02	0.04	0.02	-0.16	0.08	0.04

图 5-6　主成分载荷热力图可视化

```
ggpairs(digit_pca_score,columns = 1:5,
        aes(colour=class,shape = class,alpha = 0.5),
        upper = list(continuous = "points"))+
    scale_shape_manual(values = c(3,4,7,8,9,10,12,15,16,17))+
    ggtitle(" 主成分分析降维 ")
```

从图 5-7 中可以发现，数据降维后不同类别的数据有一定的区分性，但是数据的区分效果并不好。

（2）多维尺度分析（MDS）

下面的程序在对数据进行多维尺度分析时，先使用 dist() 函数，计算出数据

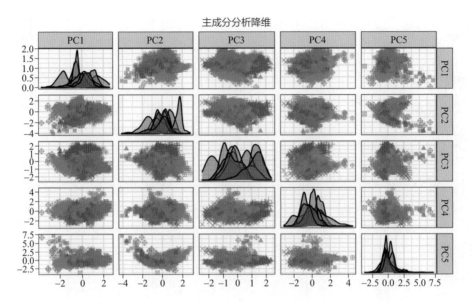

图5-7　主成分降维可视化

中样本之间的距离矩阵，距离可以使用欧氏距离（method = "euclidean"）等，针对计算得到的距离矩阵，使用 cmdscale() 进行多维尺度降维分析，同样针对降维后的结果，使用其前 5 个特征，可视化初分组矩阵散点图，运行程序后，可获得图 5-8。

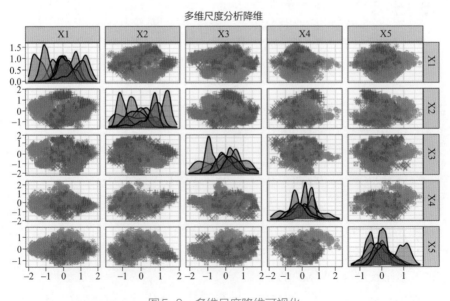

图5-8　多维尺度降维可视化

```
## 计算样本之间的距离
digit_dist <- dist(digit_mat,method = "euclidean")
## 针对距离进行 MDS 数据降维
digit_cmd <- cmdscale(digit_dist,k = 5)
## 可视化样本降维后的分布情况
digit_cmd <- data.frame(digit_cmd)
digit_cmd$class <- as.factor(digit$V65)
## 可视化将数据降维到五维后的矩阵散点图
ggpairs(digit_cmd,columns = 1:5,
        aes(colour=class,shape = class,alpha = 0.5),
        upper = list(continuous = "points"))+
   scale_shape_manual(values = c(3,4,7,8,9,10,12,15,16,17))+
     ggtitle(" 多维尺度分析降维 ")
```

从图 5-8 中可以发现，数据降维后不同类别的数据有一定的区分性，但是数据的区分效果相较于主成分分析稍差。

（3） t-SNE

下面的程序是使用 Rtsne() 函数，将手写数字数据降维到三维（最多只能降维到三维空间中），同时设置了困惑度参数 perplexity = 10。针对降维后的结果，同样使用分组矩阵散点图进行可视化，运行程序后可获得图 5-9。

```
## 设置困惑度参数 perplexity = 10，降维到三维
digit_tsne <- Rtsne(digit_mat,dims = 3,pca = FALSE,
                    perplexity = 10,theta = 0.0)
## 可视化降维后的数据分布
digit_tsneY <- as.data.frame(digit_tsne$Y)
digit_tsneY$class <- as.factor(digit$V65)
ggpairs(digit_tsneY,columns = 1:3,
        aes(colour=class,shape = class,alpha = 0.5),
        upper = list(continuous = "points"))+
   scale_shape_manual(values = c(3,4,7,8,9,10,12,15,16,17))+
     ggtitle("t-SNE 数据降维 ")
```

从图 5-9 中可以发现，数据降维后不同类别的数据之间有很强的区分性，而且数据的区分效果好于前面的主成分分析与多维尺度分析。

（4）统一流形近似和投影（UMAP）

下面的程序是使用 umap() 函数，将手写数字数据降维到五维，设置近邻参数 n_neighbors =10，并且针对降维后的结果，使用分组矩阵散点图进行可视化，运行程序后可获得图 5-10。

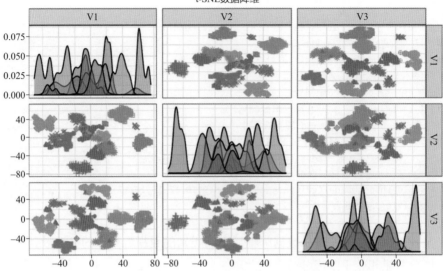

图5-9　t-SNE降维可视化

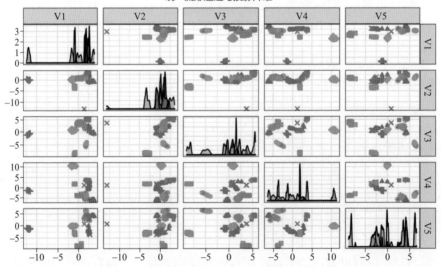

图5-10　UMAP降维可视化

```
## 对数据使用 UMAP 降维，降维到五维
digit_umap<- umap(digit_mat,n_neighbors = 10,n_components = 5)
## 可视化降维后的数据分布
digit_umap <- as.data.frame(digit_umap)
```

```
digit_umap$class <- as.factor(digit$V65)
ggpairs(digit_umap,columns = 1:5,
          aes(colour=class,shape = class,alpha = 0.5),
          upper = list(continuous = "points"))+
    scale_shape_manual(values = c(3,4,7,8,9,10,12,15,16,17))+
      ggtitle(" 统一流形逼近与投影降维 ")
```

从图 5-10 中可以发现，相较于 t-SNE，UMAP 数据降维后同类数据更加聚集，不同类别的数据之间的区分性很强，而且数据的区分效果也好于前面的主成分分析与多维尺度分析。

5.4　回归分析

回归分析是一种统计学上分析数据的方法，目的在于了解两个或多个变量间是否相关、相关方向与强度，并建立数学模型以便观察特定变量来预测或控制研究者感兴趣的变量，它是一种典型的有监督学习方法，主要解决目标特征为连续性的预测问题。

回归分析按照涉及的变量的多少，分为一元回归分析和多元回归分析。在自变量筛选和多重共线性问题上，还可使用逐步回归、Lasso 回归、Ridge 回归等广义线性回归。同时经典的机器学习算法中，决策树、随机森林、支持向量机、神经网络等通常也可以应用于回归模型的预测。

5.4.1　常用回归算法

多元线性回归假设 y 是一个可观测的随机变量，它受到多个（大于等于 2 个）非随机变量因素 $x_1, x_2, \cdots, x_p$ 和随机误差 ε 的影响。如果 y 与 $x_1, x_2, \cdots, x_p$ 可用如下线性关系来描述：

$$y=\beta_0+\beta_1x_1+\beta_2x_2+\cdots+\beta_px_p+\varepsilon$$

式中，$\beta_0, \beta_1, \cdots, \beta_p$ 是固定的未知参数，称为回归系数；y 称为因变量（被解释变量）；$x_1, x_2, \cdots, x_p$ 称为自变量（解释变量），它们是非随机的且可精确观测；ε 为随机误差，表示随机因素对因变量 y 的影响，且 $\varepsilon \sim N(0,\sigma^2)$。则称上式为多元线性回归方程，如果只有一个自变量 x_1，则称为一元线性回归方程。

如果在一个回归方程中，忽略了对因变量 y 有显著影响的自变量，那么所建立的方程必然与实际有较大的偏离，但所使用的自变量越多，可能因为误差平方和的自由度的减小而使 σ^2 的估计增大，从而影响使用回归方程做预测的精度。

因此，适当地选择变量以建立一个"最优"的回归方程是十分重要的。"最优"的回归模型一般满足下面两个条件：

① 模型能够反映自变量和因变量之间的真实关系；

② 模型所使用的自变量数量要尽可能少。

此时就需要从多元回归模型中，选择合适的自变量，通常有逐步回归、正则化回归等方式。

逐步回归是一种线性回归模型自变量选择方法，其基本思想是将变量一个一个引入，引入的条件是其偏回归平方和经检验后是显著的。同时，每引入一个新变量后，对已入选回归模型的旧变量逐个进行检验，将经检验认为不显著的变量删除，以保证所得自变量子集中每一个变量都是显著的。此过程重复若干次直到不能再引入新变量为止。这时回归模型中所有变量对因变量都是显著的。通过逐步回归可以对回归模型进行进一步的优化，也能在一定程度上缓解自变量之间的多重共线性问题。

R 语言使用 step() 函数可完成逐步回归的计算，它以 AIC 信息统计量为准则，通过选择最小的 AIC 信息统计量，来达到选择出显著的自变量的目的。

正则化回归分析是在多元线性回归的基础上，对其目标函数添加惩罚范数。常用的方法有 Ridge 回归、Lasso 回归和弹性网络回归等。其中，Ridge 回归是添加了一个 l_2 范数作为惩罚范数，Lasso 回归是添加了一个 l_1 范数作为惩罚范数，弹性网络回归是同时添加 l_2 范数和 l_1 范数作为惩罚范数。

在多元回归中添加惩罚范数，相较于多元线性回归具有很多优点，例如 Lasso 回归相较于多元回归中有以下 2 种优点。

① 可以进行变量筛选，可以把不必要进入模型的变量剔除。虽然回归模型中自变量越多，得到的回归效果越好，决定系数 R^2 越接近 1，但这时往往会有过拟合的风险。通常使用 Lasso 回归筛选出有效的变量，能够避免模型的过拟合问题。在针对具有很多自变量的回归预测问题时，或者数据中的自变量具有多重共线性时，可以使用 Lasso 回归，挑选出有用的自变量，增强模型的鲁棒性。

② Lasso 回归可以通过改变惩罚范数的系数大小，来调整惩罚的作用强度，从而调整模型的复杂度，合理地改变惩罚系数的大小，能够得到更合适的模型。

在 R 语言中，有很多 R 包可以对数据进行多元回归分析，而且不同的 R 包在使用时有一定的差异，幸运的是可以使用 tidymodels 系列的 R 包，使用更整洁、统一的方式，对数据快速建立回归分析模型，下面以多元线性回归以及 Lasso 回归为例，介绍如何更好地使用 tidymodels 系列的 R 包，建立回归分析模型。

5.4.2　回归评价指标

多元回归模型通常是根据最小拟合误差，利用最小二乘法训练得到的模型，因此通过预测值与真实值的均方根误差大小，就可以很好地对比分析回归模型的预测效果。此外，想要更好地评价地回归模型的稳定性及数据拟合效果，还有很多其它的指标可以使用，从而对模型效果进行综合判断，下面将对这些指标进行简单的介绍。

模型的显著性检验：建立回归模型后，首先关心的是获得的模型是否成立，这就要使用模型的显著性检验。模型的显著性检验主要是 F 检验。多元回归分析输出结果中，会输出 F-statistic 值和 p-value，前者是 F 检验的统计量，后者是 F 检验的 P 值。如果 p-value<0.05，则说明在置信度为 95% 时，可以认为回归模型是成立的。如果 p-value>0.1，则说明回归模型整体上没有通过显著性检验，模型不显著，需要进一步调整。

Multiple R-squared：R-squared 在统计学中又叫决定系数（R^2），用于度量因变量的变异中可由自变量解释部分所占的比例，以此来判断回归模型的解释力，在多元回归模型中，决定系数的取值范围在［0，1］之间，取值越接近于 1，说明回归模型拟合程度越好，模型的解释能力越强。其中 Adjusted R-squared 表示调整的决定系数，是对决定系数进行修正。

AIC 和 BIC：AIC 又称为赤池信息量准则，BIC 又称为贝叶斯信息度量，两者均是评估统计模型的复杂度，衡量统计模型"拟合"优良性的一种标准，取值越小，相对应的模型越好。

系数显著性检验：前面介绍的几个评价指标都是对模型效果进行度量，在模型显著的情况下，还需要对回归系数进行显著性检验，这里的检验是 t 检验。针对回归模型的每个系数的 t 检验，如果相应的 P 值 <0.05（0.1），说明该系数在置信度为 95%（90%）水平下，系数是显著的。如果系数不显著，说明对应的变量不能添加到模型中，需要对变量进行筛选，重新建立回归模型。

Durbin-Watson 统计量：可以用来检验回归模型的残差是否具有自相关性的统计量。取值在［0，4］之间，数值越接近于 2 说明自相关性越不强，越接近于 4 说明残差具有越强的负自相关，越接近于 0 说明残差具有越强的正自相关。如果模型的残差具有很强的自相关性，则需要对模型进行进一步的调整。

条件数：是度量多元回归模型中，自变量之间是否存在多重共线性的指标，条件数取值是大于 0 的数值，该值越小，越能说明自变量之间不存在多重共线性问题，可以使用 R 中的 kappa() 函数进行计算。一般情况下，条件数 ≤ 100，说明共线性程度小；如果 100< 条件数 <1000，则存在较多的多重共线性；若条件数 ≥ 1000，存在严重的多重共线性。如果模型存在严重的多重共线性问题，可以使用逐步回归、主成分回归、Lasso 回归等方式调整模型。

5.4.3　数据回归实战

下面继续以前面介绍过的种子数据为例，使用其数值特征 X1 作为数据的因变量（待预测变量），其余的数值特征作为自变量（预测变量），用来演示如何使用 R 语言进行回归分析。首先导入待使用的包和数据，程序如下所示。

```
library(tidyverse);library(tidymodels);library(vip);library(recipes)
## 导入小麦种子数据
df <- read.csv("data/chap04/ 种子数据 .csv")
df$label <- NULL
glimpse(df)   # 查看数据的情况
## Rows: 210
## Columns: 7
## $ X1 <dbl> 15.26, 14.88, 14.29, 13.84, 16.14, 14.38, 14.69, 14.11,…
## $ X2 <dbl> 14.84, 14.57, 14.09, 13.94, 14.99, 14.21, 14.49, 14.10,…
## $ X3 <dbl> 0.8710, 0.8811, 0.9050, 0.8955, 0.9034, 0.8951, 0.8799,…
## $ X4 <dbl> 5.763, 5.554, 5.291, 5.324, 5.658, 5.386, 5.563, 5.420,…
## $ X5 <dbl> 3.312, 3.333, 3.337, 3.379, 3.562, 3.312, 3.259, 3.302,…
## $ X6 <dbl> 2.2210, 1.0180, 2.6990, 2.2590, 1.3550, 2.4620, 3.5860,…
## $ X7 <dbl> 5.220, 4.956, 4.825, 4.805, 5.175, 4.956, 5.219, 5.000,…
```

为了更好地分析模型对数据的预测效果，需要把数据集切分为训练集和测试集。基于 tidymodels 工作流的数据切分可以使用 initial_split() 函数进行切分，使用 training() 函数获取切分好的训练数据，使用 testing() 函数获取切分好的测试数据，数据切分的程序如下所示。从输出结果中可知一共有 210 个样本，157 个作为训练集，53 个作为测试集。

```
## 1: 数据切分为训练集和测试集
set.seed(1234)    # 3/4 的数据是训练数据
df_split <-initial_split(df, prop = 3/4)
df_train <-training(df_split) # 获取训练数据
df_test <-testing(df_split)  # 获取测试数据
df_split
## <Training/Testing/Total>
## <157/53/210>
```

数据切分好后，需要进行对数据的预处理操作，基于 tidymodels 工作流的数据预处理操作，可以使用 recipe() 函数来完成，然后通过 juice() 函数对训练数据集进行预处理操作，并获取训练数据，通过 bake() 函数可以获取预处理好的测试数据。对数据预处理操作的程序如下所示。

```
## 2: 数据预处理操作
df_rec <- recipe(X1 ~ . , data = df_train)%>% # 定义回归的形式
    step_normalize(all_predictors())%>%  # 只对自变量进行标准化预处理
    prep()
df_train_juiced<-df_rec%>%juice()  # 获取预处理好的训练数据
df_test_juiced <- bake(df_rec,new_data = df_test)# 获取预处理好的训练数据
```

基于 tidymodels 数据预处理过程，可以参考图 5-11，尤其是基于 recipe() 函数的数据预处理操作有很多种函数可以调用，包括数据缺失值插补、离散化、虚拟变量和编码、归一化、多元变换、过滤器等功能。

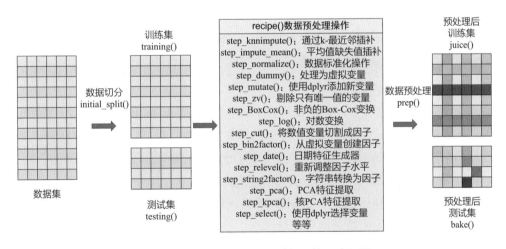

图5-11　基于tidymodels数据预处理流程图

（1）多元回归模型实战

数据准备好后，可以使用 linear_reg() 函数定义线性回归模型，针对定义的模型可以使用 set_engine() 函数添加实现线性回归的包（方法），使用 set_mode() 函数设置模型的形式（可选 regression 回归模型或 classification 分类模型）。模型定义好之后，就可以通过 fit() 函数，指定训练数据集，训练模型。下面的程序则是使用预处理后的训练数据集，训练多元回归模型，并输出模型的拟合情况。

```
## 3: 建立多元回归模型
lm_model <- linear_reg() %>%  # 建立线性回归模型
              set_engine("lm") %>% # 添加实现线性回归的方法
              set_mode("regression") # 修改模型的形式
## 4: 使用训练数据进行拟合
lm_fit <- lm_model %>% fit(X1 ~ . , data = df_train_juiced)
## 查看模型的拟合结果
summary(lm_fit$fit)
## Call:
## stats::lm(formula = X1 ~ ., data = data)
## Coefficients:
##              Estimate Std. Error  t value Pr(>|t|)
## (Intercept) 14.883185   0.008743 1702.229 < 2e-16 ***
## X2           2.362349   0.106435   22.195 < 2e-16 ***
## X3           0.238644   0.031953    7.469 6.18e-12 ***
## X4          -0.049988   0.063322   -0.789   0.431
## X5           0.387418   0.087113    4.447 1.68e-05 ***
## X6          -0.004261   0.010116   -0.421   0.674
## X7           0.167870   0.029511    5.688 6.51e-08 ***
## Signif. codes:  0 '***' 0.001 '**' 0.01 '*' 0.05 '.' 0.1 ' ' 1
## Residual standard error: 0.1096 on 150 degrees of freedom
## Multiple R-squared:  0.9987, Adjusted R-squared:  0.9986
## F-statistic: 1.914e+04 on 6 and 150 DF,  p-value: < 2.2e-16
```

从输出的结果中可以发现：

① 在多元回归模型中，R^2 以及调整的 R^2 非常接近于 1（Multiple R-squared: 0.9987；Adjusted R-squared: 0.9986），说明模型的整体拟合情况很好，而且针对模型显著性检验中，P 值（p-value: < 2.2e-16）远小于 0.05，说明整个多元回归模型是显著的；

② 针对模型中每个自变量的显著性检验（t 检验），有两个变量 X4（p-value=0.431）与 X6（p-value=0.674）是不显著的，说明该模型的自变量情况需要进一步的调整，需要剔除不显著的自变量；

③ 获得的多元回归模型为

$$X_1=14.883+2.362X_2+0.238X_3-0.049X_4+0.387X_5-0.004X_6+0.167X_7$$

针对拟合的多元回归模型，可以使用 plot() 函数，可视化 lm() 函数的返回对象，对多元回归模型进行诊断。下面的程序中使用 plot(lm_fit$fit, …) 的输出中一共有 4 幅子图，可视化图像为图 5-12。

```
## 可视化多元回归模型的效果
par(mfrow=c(2,2))
plot(lm_fit$fit, pch = 16,col = "#006EA1")
```

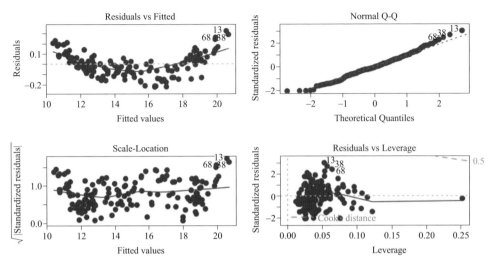

图5-12　回归分析结果检验

图 5-12 中一共有 4 幅子图，它们分别为残差 - 拟合图（Residuals vs Fitted）、标准化残差的正态性检验 Q-Q 图（Normal Q-Q）、标准化残差 - 拟合图（Scale-Location）、残差 - 杠杆图（Residuals vs Leverage）。

针对残差 - 拟合图，可用于检验回归模型是否合理，以及是否存在异方差性和是否存在异常值。其中红色实线是通过局部加权回归散点修匀法（LOWESS）绘制的，如其基本贴近 x 轴，或者散点基本均匀分布在 x 轴附近，那么说明回归模型基本是无偏的，而且如果残差的分布不随着预测值的改变而大幅度变化，则可以认为同方差性成立。然而图 5-12 中的残差 - 拟合图，并没有获得理想情况下的结果，而且红色的实线是一条曲线，说明数据模型中可能需要引入数据的二次项。

针对标准化残差的正态性检验 Q-Q 图，在图 5-12 中的检验结果中，散点几乎都在直线附近，说明残差基本符合零均值正态性假设。

针对标准化残差 - 拟合图，其作用和残差 - 拟合图几乎一致，而且如果标准化残差的平方根大于 1.5，则可说明样本点位于 95% 置信区间外，而图 5-12 的检验结果中，点的分布较均匀，说明模型的拟合效果较好。

针对残差 - 杠杆图，其主要用于检测数据中是否有异常值存在，同时图像中还可视化库克距离参考线，库克距离较大的点可能是模型的强影响点或者异常值，图 5-12 中的检验结果表明数据中可能存在几个异常值。

针对多元线性回归模型，可以通过 vip 包中的 vip() 函数计算并可视化出每个自变量的重要性，其重要性值是根据训练的模型对象中的 F 统计量和估计系数确定的，运行下面的程序可获得如图 5-13 所示的特征重要性条形图。从图像中可以发现，自变量 X2 的重要性最高，X6 的重要性最低，而且 X4 和 X6 的重要性相对于其它特征差异较大。

```
## 可视化模型中每个变量的重要性
vip(lm_fit,aesthetics = list(color = "grey50", fill = "grey50"))+
    ggtitle(" 回归模型中每个特征的重要性 ")
```

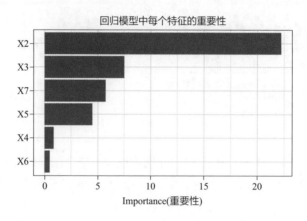

图 5-13　回归模型中特征重要性排序

训练数据集上训练好多元回归模型后，可以通过测试数据集来判断模型的泛化性能。下面的程序使用 predict() 函数预测模型在测试集上的预测值，并且可以通过 mae() 函数计算绝对值误差。而且针对预测值和真实值，还可以通过可视化的方式进行对比分析。运行下面的程序可获得图 5-14。

```
## 5: 评估在测试集上的预测效果
test_pre_res <- predict(lm_fit, new_data = df_test_juiced)%>%
    bind_cols(df_test_juiced)
## 计算测试集上的绝对值误差
lm_metrics <- mae(test_pre_res, truth = X1,estimate = .pred)
## 可视化预测值和真实值的差异情况
ggplot(data = test_pre_res,mapping = aes(x = .pred, y = X1)) +
    geom_point(color = "black") +
    geom_abline(intercept = 0, slope = 1, color = "red",size = 1) +
    geom_text(aes(x= 12.5,y = 20),colour = "red",size = 5,family =
"STZhongsong",
                label = paste(" 绝对值误差 :",round(lm_metrics$.estimate,4)))+
    labs(title = " 多元回归预测效果（测试集）",x =" 预测值 ",y = " 真实值 ")
```

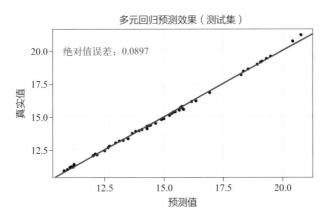

图 5-14　多元回归模型预测效果

从图 5-14 中可知，预测值和真实值的拟合效果很好，而且模型的绝对值误差很小。图中的散点均匀分布在红色辅助线附近，说明模型预测效果较好。

（2）逐步回归模型实战

从前面的多元回归模型已经知道，模型中并不是所有的自变量都是显著的，需要仔细地挑选出有用的变量，剔除无用的变量。当自变量较多时，人工判断并剔除的方式可能并不可靠，因此可以通过逐步回归的思想和方式，自动地进行自变量的筛选。下面的程序就是通过 step() 函数，对 lm() 函数的多元回归结果，进行逐步回归。

```
##   使用逐步回归进行变量的自动筛选
lm_step <- stats::step(lm(X1 ~ . , data = df_train_juiced), direction = "both")
summary(lm_step)  # 可以发现剔除了两个变量 X4 和 X6
## Call:
## lm(formula = X1 ~ X2 + X3 + X5 + X7, data = df_train_juiced)
## Coefficients:
##             Estimate Std. Error  t value Pr(>|t|)
## (Intercept) 14.883185   0.008707 1709.370  < 2e-16 ***
## X2           2.313520   0.072170   32.057  < 2e-16 ***
## X3           0.242835   0.030907    7.857 6.66e-13 ***
## X5           0.397575   0.081322    4.889 2.55e-06 ***
## X7           0.156130   0.025647    6.088 8.95e-09 ***
## Signif. codes: 0 '***' 0.001 '**' 0.01 '*' 0.05 '.' 0.1 ' ' 1
## Residual standard error: 0.1091 on 152 degrees of freedom
## Multiple R-squared:  0.9987, Adjusted R-squared:  0.9987
## F-statistic: 2.894e+04 on 4 and 152 DF,  p-value: < 2.2e-16
```

从输出的结果中可以发现，新的模型中只用 X2、X3、X5、X7 四个自变量，剔除了 X4 和 X6 两个自变量，而且模型的 R^2 并没有减小，每个自变量的 t 检验也是显著的。获得的新多元回归模型为

$$X_1=14.883+2.313X_2+0.242X_3+0.397X_5+0.156X_7$$

通过逐步回归获得新的多元线性回归模型后，同样可以在测试集上分析模型的泛化性能。下面的程序计算了在测试集上的绝对值误差，并且可视化预测值和真实值之间的差异，运行程序后，可获得图 5-15。

```
## 计算在测试集上的绝对值误差
test_pre_res <- predict(lm_step,newdata = df_test_juiced)%>%
    as.data.frame()%>%rename(c(".pred"="."))%>%
    bind_cols(df_test_juiced)
lm_step_metrics <- mae(test_pre_res, truth = X1,estimate = .pred)
## 可视化预测值和真实值的差异情况
ggplot(data = test_pre_res,mapping = aes(x = .pred, y = X1)) +
    geom_point(color = "black") +
    geom_abline(intercept = 0, slope = 1, color = "red") +
    geom_text(aes(x= 12.5,y = 20),colour = "red",size = 5,
              family = "STZhongsong",
              label = paste("绝对值误差：",round(lm_step_metrics$.estimate,4)))+
    labs(title = "逐步回归预测效果（测试集）",x ="预测值",y = "真实值")
```

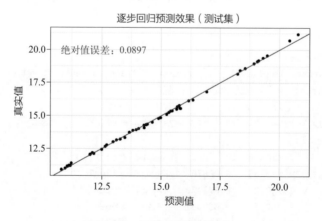

图 5-15 逐步回归预测效果

从图 5-15 中可知，预测值和真实值的拟合效果很好，而且剔除两个自变量后，模型的绝对值误差仍然很小，模型的效果并没有变差，而剔除不显著的变量，可以让回归模型更加稳定。

（3）Lasso 回归模型实战

针对模型上述多元线性回归模型，还可以使用 Lasso 回归对其进行优化。Lasso 回归主要是通过正则化项的加入，将模型中不重要的自变量的系数收缩到 0，从而达到特征筛选的目的，缓解模型多种共线性的问题。

下面在建立 Lasso 回归模型时，数据的预处理操作，使用了前面在多元线性回归步骤中的预处理工作，因此后面的建模与分析流程包括对 Lasso 回归进行参数搜索、获得最优的参数，以及评价最优模型的预测效果等步骤。

下面的程序中，为了能够对 Lasso 回归模型进行参数搜索，使用了下面几个步骤。

① 使用 workflow() 函数定义一个工作流，并且使用 add_recipe() 函数，将前面定义的数据预处理过程添加到工作流中；

② 通过 linear_reg() 函数利用 glmnet 包定义一个 Lasso 回归模型，并且设置参数 penalty = tune()，表示该模型可以对正则化参数的取值进行参数搜索；

③ 使用 add_model() 函数，将定义好的 Lasso 回归模型加入到工作流中；

④ 使用 tune_grid() 函数对定义好的工作流，利用训练数据集进行参数搜索，同时使用 vfold_cv() 函数定义采用 K 折交叉验证的搜索方式，使用 metric_set() 函数定义使用的评估指标；

⑤ 针对参数搜索的结果，使用 collect_metrics() 函数获取，并对感兴趣的内容进行可视化。

需要注意的是：该流程是基于 tidymodels 的通用流程，针对回归问题以及分类问题都可使用这样的流程进行数据建模分析，针对该流程可以总结为图 5-16。

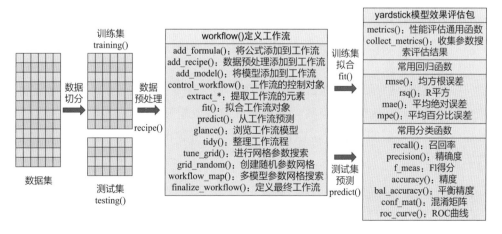

图 5-16　基于 tidymodels 模型工作流程示意图

```
## 3: 定义一个工作流
wf <- workflow() %>%   # 工作流程
    add_recipe(df_rec) # 添加预处理操作
## 4: 定义一个能进行参数搜索的 Lasso 回归
lasso_model <- linear_reg(penalty = tune(), # 进行参数搜索
                              mixture = 1) %>%  # lasso:1, ridge:0
    set_engine("glmnet")  # 调用 glmnet 包中的 Lasso 回归方法
## 5: 为工作流中添加模型
wf_lasso <- wf%>%add_model(lasso_model)
## 6: 通过交叉验证进行 Lasso 模型的参数搜索
set.seed(1234)
## 定义需要搜索的参数
lambda_grid <- data.frame( penalty = c(0.0001,0.0005,0.001,0.005,0.01,0.05,
                              0.1,0.5,1,1.5,2,3,5,10))

lasso_grid <- tune_grid(wf_lasso,
                          resamples = vfold_cv(df_train, v = 4),
                          metrics = metric_set(rmse, mae),
                          grid = lambda_grid)
## 可视化 Lasso 模型参数搜索的结果
lasso_grid %>%collect_metrics() %>%  # 获取参数搜索结果
    ggplot(aes(penalty, mean, color = .metric)) +
    geom_errorbar(aes(ymin = mean - std_err,
                      ymax = mean + std_err),size = 1) +
    geom_line(size = 1) +
    facet_wrap(~.metric, scales = "free", nrow = 2) +
    scale_x_log10() + theme(legend.position = "none")
```

运行上面对 Lasso 回归模型进行参数搜索的程序后，可获得图 5-17。图 5-17
展示了在不同的惩罚参数的取值下，模型的绝对值误差与均方根误差的变化情
况，绝对值误差和均方根误差会随着惩罚参数的增加而增加，这是因为惩罚参数
越大，剔除的自变量就会越多，得到的模型就越简单，针对该变化趋势可以找到
模型较优时的参数。

下面的程序则是通过 select_best() 函数，找到绝对值误差最小时的最优参数，
并使用 finalize_workflow() 函数，利用最优的参数定义最终需要拟合的工作流。
最后使用预处理后的数据集对工作流进行拟合，并输出 Lasso 回归模型中每个参
数的估计值。

```
## 7: 找到 mae 最小时的 penalty 参数的取值
lowest_mae <- lasso_grid %>% select_best(metric = "mae")
## 8: 定义最终的 lasso 模型的流程
```

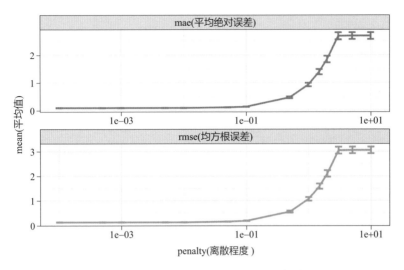

图5-17　不同参数对 Lasso 回归的影响

```
final_lasso <- finalize_workflow(wf %>% add_model(lasso_model), lowest_mae)
## 使用最终的模型流程训练模型
final_lasso_fit <- final_lasso %>% fit(data = df_train_juiced)
## 查看模型中每个特征的参数估计值
tidy(final_lasso_fit)
# # A tibble: 7 × 3
#   term         estimate penalty
#   <chr>           <dbl>   <dbl>
# 1 (Intercept)      14.9    0.01
# 2 X2               2.19    0.01
# 3 X3              0.170    0.01
# 4 X4                  0    0.01
# 5 X5              0.569    0.01
# 6 X6                  0    0.01
# 7 X7              0.147    0.01
```

　　从 Lasso 回归模型的输出结果中可以发现：此时 X4 和 X6 的 Lasso 回归系数为 0，表明这两个变量在模型中并没有起作用。获得的新多元回归模型为

$$X_1=14.9+2.19X_2+0.17X_3+0.569X_5+0.147X_7$$

　　下面使用预处理的测试集评估模型的泛化性能，并输出预测值和真实值的可视化图像，运行程序可获得图 5-18。

```
## 9: 评估最终的 Lasso 回归在测试集上的预测效果
test_pre_res <- predict(final_lasso_fit, new_data = df_test_juiced)%>%
```

```
    bind_cols(df_test_juiced)
## 计算测试集上的绝对值误差
lasso_metrics <- mae(test_pre_res, truth = X1,estimate = .pred)
## 可视化预测值和真实值的差异情况
ggplot(data = test_pre_res,mapping = aes(x = .pred, y = X1)) +
    geom_point(color = "black") +
    geom_abline(intercept = 0, slope = 1, color = "red",size = 1) +
    geom_text(aes(x= 12.5,y = 20),colour = "red",size = 5,family =
"STZhongsong",
              label = paste(" 绝对值误差 :",round(lasso_metrics$.estimate,4)))+
    labs(title = "Lasso 回归预测效果（测试集）",x ="预测值 ",y = " 真实值 ")
```

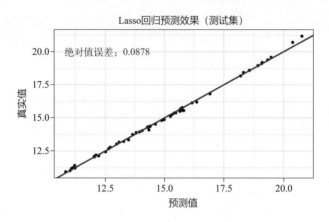

图 5-18　Lasso回归预测效果

　　从图 5-18 中可知，预测值和真实值的拟合效果很好，而且剔除两个自变量后，模型的绝对值误差减小，模型的预测效果变好。

　　在基于 tidymodels 的数据分析模型中，可以使用的回归模型还有很多，针对这些模型可以总结为表 5-1。

表5-1　基于tidymodels的回归预测模型

函数	用途	功能
bag_tree()	回归，分类	集合决策树模型
boost_tree()	回归，分类	增强决策树模型
bart()	回归，分类	贝叶斯加性回归树模型
decision_tree()	回归，分类	决策树
gen_additive_mod()	回归，分类	广义加法模型

函数	用途	功能
linear_reg()	回归	线性回归模型
mars()	回归，分类	多元自适应回归样条
mlp()	回归，分类	单层神经网络
nearest_neighbor()	回归，分类	K 近邻
poisson_reg()	回归	泊松回归
rand_forest()	回归，分类	随机森林
svm_linear()	回归，分类	线核支持向量机
svm_poly()	回归，分类	多项式核支持向量机
svm_rbf()	回归，分类	径向基核支持向量机

5.5　分类

数据分类是最常见的有监督学习方式之一。如果数据的类别只有是或否（0
或 1）两类，则这类问题称为二分类问题。如果数据的标签多于两类，这类情况
常常称为多分类问题。常用的分类法有 K 近邻、朴素贝叶斯、决策树、随机森林、
支持向量机、人工神经网络等算法。

5.5.1　常用分类算法

（1）KNN 算法

KNN 算法（K 近邻算法）是所有机器学习算法中最简单、高效的一种分
类算法（也可用于数据回归）。在 KNN 分类问题中，输出的是一个分类的类别
标签，且一个对象的分类结果是由其邻居的"多数表决"确定的，K（正整数，
通常较小）个最近邻居中，出现次数最多的类别决定了赋予该对象的类别，若
$K=1$，则该对象的类别直接由最近的一个节点赋予。

KNN 算法虽然简单而且快速，但是其缺点是对近邻数 K 的取值，以及数据
的局部结构非常敏感。如果 K 选择得较小，表示使用较小的邻域中的训练实例
进行预测，这样虽然会使"学习"得到的近似误差减小，但是"学习"的估计误
差会增大，预测结果会对近邻的实例点非常敏感。也就是说 K 减小就意味着模
型整体会变得复杂，容易发生过拟合。如果 K 值较大，表示使用较大的邻域中
的训练实例进行预测，优点是可以减少学习的估计误差，但缺点是会增大学习的

近似误差，K值增大意味着模型整体变得简单。例如，使用全部的训练集数量作为K值，那么针对分类问题，预测值将会是训练集中类别标签最大的类别。K近邻分类示意图见图5-19。

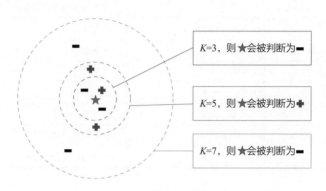

图5-19　K近邻分类示意图

（2）朴素贝叶斯分类算法

朴素贝叶斯分类算法是对文本分类的算法中最有效的一种，因此常应用于文本分类任务。其核心是贝叶斯公式：

$$p(类别｜特征)=\frac{p(特征｜类别)p(类别)}{p(特征)}$$

其核心是计算$p($特征｜类别$)$，而且通常特征有很多个，由于朴素贝叶斯假设特征之间是独立、互不影响的，因此有多个特征情况下$p($特征｜类别$)$可以根据下面的公式计算：

$$p(特征｜类别)=p(特征_1｜类别)\times p(特征_2｜类别)\times\cdots\times p(特征_n｜类别)$$

该算法的优点是：

① 容易理解、计算快速、分类精度高；

② 可以处理带有噪声和缺失值的数据；

③ 对待类别不平衡的数据集也能有效地分类；

④ 能够得到属于某个类别的概率。

但是也有相应的缺点，例如：

① 依赖于一个常用的错误假设，即一样的重要性和独立性，在现实中不存在；

② 通过概率来分类具有较强的主观性。

（3）决策树算法

决策树算法通常把实例从根节点排列到某个叶子节点来分类实例，在分析数据时和流程图很相似，模型包含一系列的逻辑决策，带有表明根据某一情况做出决定的决策节点，决策节点的不同分支表明做出的不同选择，最终到达叶子节点得到逻辑规则，叶子节点即为实例所属的类别（待预测的变量）。决策树上的每一个节点都指定了实例的某个特征（预测变量），并且该节点的每一个后继分支对应于该特征变量的一个可能值。决策树的形式见图 5-20。

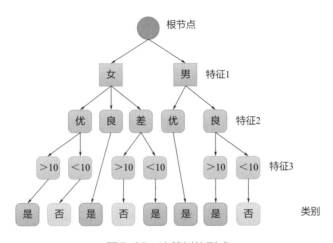

图 5-20　决策树的形式

图 5-20 是决策树的一个简单示意图，图中每个特征下的相应取值情况，都可以作为树的一个中间节点，最后的类别（"是"和"否"）称为叶节点。图中的决策树一共有 8 条规则，第一条规则为：若特征 1= 女，特征 2= 优，特征 3>10，则可以判定样本的类别为"是"。

决策树方法的核心内容包括节点的选择、决策树的剪枝和决策树算法的选取等。决策树在选择使用哪个特征作为当前节点来划分数据时，可以有不同的方式来判断，最常用的是信息增益，信息增益越大，表明使用该特征作为节点划分数据时，将数据切分得越好，分类能力越强。信息增益并不是唯一的分隔标准，其它常用的还有基尼系数、卡方统计量和增益比等。

在解决了决策树节点的选择问题后，还会遇到怎样确定决策树的生长深度问题。过深的决策树会导致数据过拟合，只能在训练集上有很好的预测效果，在测试集上预测效果会很差，从而使模型没有泛化能力。但如果决策树生长不充分，就会没有判别能力。针对该问题，通常会对决策树进行剪枝处理。

剪枝可分为预剪枝和后剪枝。预剪枝是指在决策树的生成过程中，对每个节点进行划分之前就进行相应的估计，如果当前节点的划分对决策树模型的泛化能

力没有提升，则不对当前节点进行划分，将它看作叶节点。而剪枝表示先生成尽可能大的决策树，然后根据节点处的错误率，使用修剪准则将树减小到更合适的大小，如果减去某个子树能够提升模型的泛化能力，那么就减去，得到新的叶子节点，从而避免决策树的过拟合问题。

此外，常见的决策树算法有 ID3、C4.5 和 CART 算法，而且 CART 决策树算法还可以应用于数据的回归分析。

（4）随机森林

随机森林（Random Forest，RF）是一个包含多个决策树（"森林"）的分类器，其输出的类别是由所有决策树输出类别的众数而定（即通过所有单一的决策树模型投票来决定），它在选择划分属性时引入了随机因素（"随机"）。传统决策树算法在选择划分属性时，从当前节点属性集合中选择一个最优属性；而在随机森林中，对决策树的每个节点，先从该节点的属性集合中随机选择一个包含 k 个属性的子集，然后从这个子集中选择一个最优属性用于划分。这里的参数 k 控制了随机性的引入程度：若 $k=d$（所有特征数量），则基决策树的构建与传统决策树相同；若令 $k=1$，则随机选择一个特征用于划分。一般情况下，推荐 $k=\log_2 d$。

随机森林算法简单、容易实现、计算开销小，对于很多种数据，它可以产生高精度的分类器，而且随机森林算法在数据回归问题上也有较好的表现。对于不平衡的分类数据集来说，随机森林可以平衡误差，使模型更稳定。

（5）支持向量机

支持向量机（SVM）分类的基本思想是：求解能够正确划分数据集并且几何间隔最大的分离超平面，利用该超平面使得任何一类的数据划分均匀。对于线性可分的训练数据而言，线性可分离超平面有无穷多个，但是几何间隔最大的分离超平面是唯一的。间隔最大化的直观解释是：对训练数据集找到几何间隔最大的超平面，意味着以充分大的确信度对训练数据进行分类。而最大间隔是由支持向量来决定的，针对二分类问题，支持向量是指距离划分超平面最近的正类的点和负类的点。图 5-21 给出了在二维空间中，二分类问题的支持向量、最大间隔以及分隔超平面的位置示意图。

使用支持向量机算法时，由于并不是所有的问题都是线性可分的，此时可以使用核函数将数据投影到线性可分的高维空间中。核函数的引入，使支持向量机能够训练出任意形状的超平面。使用核函数的方式又称为核技巧，核技巧可以将需要处理的问题映射到一个更高维度的空间，从而对在低维不好处理的问题转在高维空间中进行处理，进而得到精度更高的分类器。核函数的作用效果如图 5-22 所示。

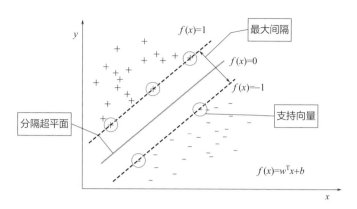

图5-21　支持向量、最大间隔以及分隔超平面

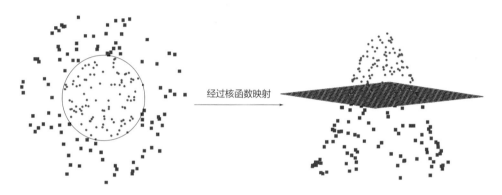

图5-22　使用核函数将数据从低维映射到高维

　　由图 5-22 可以发现，在低维空间中线性不可分的问题，当使用核函数映射到高维空间后，变为线性可分。常用的核函数有线性核函数、多项式核函数、径向基核函数和 sigmoid 核函数等。在支持向量机的实际使用中，很少会有一个超平面将不同类别的数据完全分开，所以对划分边界近似线性的数据使用软间隔的方法，允许数据跨过划分超平面，这样就会使得一些样本分类错误。通过对分类错误的样本施加惩罚，可在最大间隔和确保划分超平面边缘的正确分类之间寻找一个平衡。

　　（6）人工神经网络

　　人工神经网络的结构有很多种，通常都包含激活函数、网络结构和优化算法等。下面主要以全连接神经网络为主。

　　激活函数将神经元的净输入信号转换成单一的输出信号，以便进一步在网络中传播。它是人工神经元处理信息并将信息传递到整个网络的机制，是模仿生物神经元的模型。常用的激活函数有 ReLU 函数 $f(x)=\max(0,x)$、sigmoid 函数 $f(x)=\dfrac{1}{1+e^{-x}}$ 和 tanh 函数 $\tanh(x)=\dfrac{e^{x}-e^{-x}}{e^{x}+e^{-x}}$ 等。

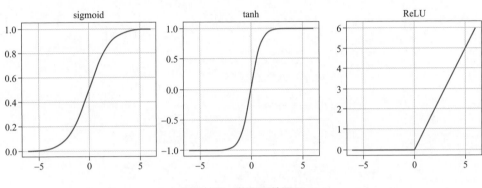

图 5-23　激活函数图示

从图 5-23 可以发现：在输入正数的时候，ReLU 函数只有线性关系，不存在梯度饱和问题；sigmoid 函数输出是在 (0,1) 这个开区间内，当输入稍微远离坐标原点，函数的梯度就变得很小，几乎为零；tanh 函数的输出区间是在 (−1,1) 之间，而且整个函数是以 0 为中心的。

网络结构主要是模型中神经元的层数、每层神经元的个数以及它们的连接方式。神经网络的学习能力主要来源于网络结构，而且根据层的数量不同、每层神经元的数量的多少以及信息在层之间的传播方式，可以组合成无数的神经网络模型。针对全连接神经网络，主要由输入层、隐藏层和输出层构成。输入层仅接收外界的输入，不进行任何函数处理，隐藏层和输出层神经元对信号进行加工，最终结果由输出层神经元输出。根据隐藏层的数量可以分为单隐藏层 MLP 和多隐藏层 MLP，它们的网络拓扑结构如图 5-24 所示。

针对单隐藏层 MLP 和多隐藏层 MLP，每个隐藏层的神经元的数量也是可以变化的，而且通常来说，并没有一个很好的标准，来确定每层神经元的数量和隐藏层的个数。在经验上更多的神经元就会有更强的表示能力，同时也更容易造成网络的过拟合。所以在使用全连接神经网络时，对模型泛化能力的测试也很重要。

神经网络的优化算法有很多种，常用的是基于随机梯度下降（SGD）算法。神经网络的训练过程，通常可分为前向传播和后向传播两个阶段。网络在前向传播阶段，针对输入层的输入数据，经过每层的权重参数和神经元的激活函数后，会向后传播直到输出层得到一个输出信号。当获得输出信号后，就会将输出和相

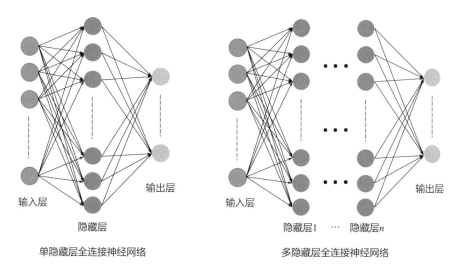

单隐藏层全连接神经网络　　　　　　多隐藏层全连接神经网络

图 5-24　全连接神经网络 MLP 拓扑结构

应训练数据中的真实输出进行比较，这样就会获得网络的输出和真实值之间的差异，然后进入后向传播阶段，通过差异带来的损失将会向前逐层传播，并且更新每层神经元之间的权重参数，来减小后面数据训练产生的误差。在误差的反向传播过程中，使用的反向传播算法首先会对误差函数求导计算梯度，然后计算连接的权重参数的调整大小，这样经过多次的反复迭代后，直到获得最优解。

根据训练样本的输入方式不同，最常用的就是每次在迭代计算时，只使用训练数据中的一小部分样本，当所有的样本全部迭代训练一轮后，再重新将训练集以一次迭代小部分样本的方式再次训练，这样经过对所有的训练集的多轮训练，直到模型稳定。

5.5.2　分类评价指标

针对数据分类效果的评价，通常可以使用精度、混淆矩阵、F1 得分、精确度、召回率等多种方式，下面对这些指标的计算方式进行一一介绍。

① 混淆矩阵：一种特定的矩阵，用来呈现有监督学习算法性能的可视化效果。其每一行代表预测值，每一列代表的是实际的类别。混淆矩阵和其它的评价指标之间的关系可以用图 5-25 来表示。

② 精度（Accuracy）：表示正确分类的样本比例。

③ 精确度（Precision）：也可以称为精确率或者查准率，它表示的是预测为正的样本中有多少是真正的正样本。

正例实例数量 P=TP+FN 负例实例数量 N=FP+TN	真实值			
	+	−		
预测值 +	真正例：TP	假负例：FN	精确度 PPV=TP/(TP+FP)	错误发现率 FDR=FP/(FP+TP)
预测值 −	假正例：FP	真负例：TN	错误遗漏率 FOR=FN/(FN+TN)	错误预测之 NPV=TN/(TN+FN)
	灵敏度、Recall TPR=TP/(TP+FN)	假正例率 FPR=FP/N	正似然比 (LR+)=TPR/FPR	精度 ACC=(TP+TN)/(TP+TN+FN+FP)
	假负例率 FNR=FN/P	真负例率 TNR=TN/N	负似然比 (LR−)=FNR/TNR	F1 score 2×(PPV×TPR)/(PPV+TPR)

图5-25 混淆矩阵与相关分类度量指标的计算方式

④ 召回率（Recall）：表示的是样本中的正例有多少被预测正确了。

⑤ F1 得分（F1-score）：是一种综合评价指标，是精确率和召回率的两个值的调和平均，用来反映模型的整体情况。

⑥ ROC 和 AUC：根据预测值的概率，可以使用受试者工作特征曲线 (ROC) 来分析机器学习算法的泛化性能。在 ROC 曲线中，纵轴是真正例率（True Rositive Rate），横轴是假正例率（False Positive Rate）。ROC 曲线与横轴围成的面积大小称为学习器的 AUC（Area Under ROC Curve），该值越接近于 1，说明算法模型越好。

5.5.3 数据分类实战

前面介绍了一些常用的数据分类算法与分类模型的评价指标，下面使用具体的数据集，介绍相关算法的使用方式以及分类效果。使用泰坦尼克号数据集，进行决策树分类与随机森林分类算法的应用；使用手写字体数据集，介绍支持向量机分类与神经网络分类。

（1）决策树分类

首先介绍使用决策树算法，对泰坦尼克号数据集进行分类建模，使用的数据集是已经过数据清洗的数据集，下面的程序是导入会使用到的 R 包以及数据集。

```
library(tidymodels);library(tidyverse);library(rpart.plot)
library(vip);library(embed)
## 数据导入
Titanic <- read_csv("data/chap05/Titanic_train_clear.csv")
```

```
## 相关变量转化为因子变量
Titanic <- Titanic%>%mutate_at(c("Survived","Pclass","Name","Sex",
                                 "Parch","Embarked"),factor)
head(Titanic)
## # A tibble: 6 × 11
##   Survived Pclass Name  Sex     Age SibSp Parch  Fare Embarked FamilySize
##   <fct>    <fct>  <fct> <fct> <dbl> <dbl> <fct> <dbl> <fct>         <dbl>
## 1 0        3      2     1        22     1 0      7.25 2                 2
## 2 1        1      3     0        38     1 0     71.3  0                 2
## 3 1        3      1     0        26     0 0      7.92 2                 1
## 4 1        1      3     0        35     1 0     53.1  2                 2
## 5 0        3      2     1        35     0 0      8.05 2                 1
## 6 0        3      2     1      22.7     0 0      8.46 1                 1
## # … with 1 more variable: Age_Pclass <dbl>
```

在导入的数据集中，一共有 10 个特征，大部分是因子变量，其中待预测的变量为 Survived。导入数据后在下面的程序中通过 5 个步骤对决策树模型进行参数搜索，寻找最合适的建模参数，这些步骤为：

① 将数据集随机切分为训练集和测试集，其中 75% 的数据用于训练，剩余的用于测试；

② 为数据集添加特征预处理过程，定义模型的形式，与使用的训练数据；

③ 使用 decision_tree() 函数定义一个决策树数据分类模型，并且使用参数 cost_complexity = tune()，表示会通过搜索模型的复杂程度参数，进行模型的参数搜索；

④ 定义一个工作流，整合整个过程；

⑤ 定义待搜索的网格参数，利用 K 折交叉验证，对模型进行参数搜索，并可视化查看不同参数下决策树模型的分类精度。

这些步骤的程序和相关输出如下所示。

```
## 1: 将数据切分为训练数据和测试数据
set.seed(222)
data_split <- initial_split(Titanic, prop = 3/4)
train_data <- data_split%>%training()
test_data  <- data_split%>%testing()
## 2: 添加数据特征处理过程，定义模型的形式
Titanic_rec <- recipe(Survived ~ ., data = train_data)
## 3: 定义一个决策树数据分类模型，并且根据模型的复杂程度进行参数搜索
tree_model <- decision_tree(cost_complexity = tune())%>%
    set_engine("rpart")%>% set_mode("classification")
```

```
## 4: 定义模型的工作流程
tree_workflow <- workflow()%>%add_model(tree_model)%>%
    add_recipe(Titanic_rec)  # 添加数据预处理过程
## 5: 进行模型的参数搜索，随机生成 50 组参数
set.seed(214)
tree_grid <- grid_random(extract_parameter_set_dials(tree_model),
                         size = 50)
## 进行参数搜索
set.seed(123)
tree_tuning <- tree_workflow %>%  #通过交叉验证进行参数搜索
    tune_grid(resamples = vfold_cv(train_data, v = 5), grid = tree_grid)
## 查看最优的几个搜索结果，并可视化
tree_tuning%>%collect_metrics()%>%
    ggplot(aes(cost_complexity, mean, color = .metric)) +
    geom_line() + geom_point(size = 1.5)+
    facet_wrap(~.metric, scales = "free", nrow = 2) +
    theme(legend.position = "none")+
    ggtitle(" 决策树参数搜索结果 ")
```

运行上面的程序后，可获得如图 5-26 所示的可视化图像。观察图像中不同参数下的预测精度与 ROC 曲线的 AUC 值，可以发现，随着模型辅助参数的增加，精度的波动较剧烈，而 ROC 曲线的 AUC 值则是下降后保持平稳。

针对参数搜索的结果可以通过 show_best() 函数查看最优参数下的预测效果。运行下面的程序从输出结果中可知，当参数取值为 0.0243 或者 0.0221 时模型的

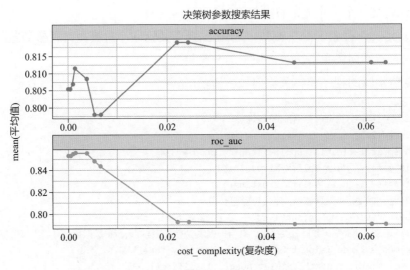

图 5-26　不同取值参数对决策树预测效果的影响

预测精度最高。

```
## 查看最优时的参数取值
tree_tuning%>%show_best("accuracy")
#  cost_complexity .metric  .estimator   mean    n std_err .
#            <dbl> <chr>    <chr>        <dbl> <int>    <dbl>
# 1          0.0243 accuracy binary      0.819     5   0.0134
# 2          0.0221 accuracy binary      0.819     5   0.0134
# 3          0.0642 accuracy binary      0.813     5   0.0137
# 4          0.0611 accuracy binary      0.813     5   0.0137
```

在获得最优的模型参数后，可以使用下面的程序重新定义决策树模型，并且将最优参数下的模型加入到工作流中，使用训练数据集进行训练，使用测试数据集进行预测，并同时输出在训练集与测试集上的预测精度。运行程序后从输出结果中可知，在训练数据集上的精度为 0.82485，测试集上的预测精度为 0.82511，模型的分类精度较高。

```
## 3: 定义一个决策树数据分类模型，并指定模型的复杂程度参数
tree_model <- decision_tree(cost_complexity = 0.0243)%>%
    set_engine("rpart")%>% set_mode("classification")
## 4: 定义模型的工作流程
tree_workflow <- workflow()%>%add_model(tree_model)%>%
    add_recipe(Titanic_rec)   # 添加数据预处理过程
## 4: 训练模型，并查看在测试集上的预测效果
tree_fit <- tree_workflow%>%fit(data = train_data)
## 查看在训练集与测试集上的预测精度
train_pre <- predict(tree_fit,train_data)%>%bind_cols(train_data[,"Survived"])
train_acc <- accuracy(train_pre,truth = Survived,estimate = .pred_class)
test_pre <- predict(tree_fit,test_data)%>%bind_cols(test_data[,"Survived"])
test_acc <- accuracy(test_pre,truth = Survived,estimate = .pred_class)
print(train_acc)
##   .metric  .estimator .estimate
## 1 accuracy binary        0.8248503
print(test_acc)
##   .metric  .estimator .estimate
## 1 accuracy binary        0.8251121
```

在获得最优的决策树模型后，可以使用 extract_fit_parsnip() 从工作流中提取训练好的模型，使用 vip() 函数可视化模型中每个特征的重要性，从可视化图像（图 5-27）的输出结果中可知，对分类较重要的特征为 Name 与 Sex，而 Fare 特征的重要性最低。

```
## 5: 从工作流中提取训练好的模型并可视化每个变量的重要性
tree_fit%>%extract_fit_parsnip()%>%
    vip(aesthetics = list(color = "grey50", fill = "grey50"))+
    ggtitle(" 决策树模型中每个特征的重要性 ")
```

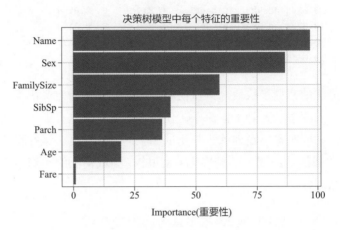

图5-27 决策树分类中特征的重要性

针对训练好的决策树模型，可以通过 rpart.plot() 函数进行可视化，运行下面的程序可获得决策树（图5-28）。

```
## 6: 可视化获取到的决策树模型
plottree <- tree_fit%>%extract_fit_parsnip()
rpart.plot(plottree$fit,roundint = FALSE)
```

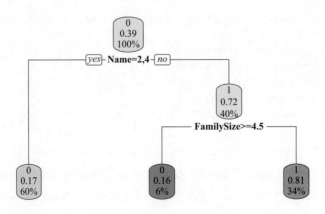

图5-28 获得的决策树

从图 5-28 中可以发现，获得的决策树非常简单，只有 3 条规则，分别为：

① Name 的取值等于 2 或 4 时，会被预测为 0，即预测为未存活；

② Name 的取值不等于 2 或 4 时，FamilySize ≥ 4.5 时，会被预测为 0，即预测为未存活；

③ Name 的取值不等于 2 或 4 时，FamilySize<4.5 时，会被预测为 1，即预测为存活。

（2）随机森林分类

下面将基于前面的数据预处理过程，建立随机森林分类模型，预测泰坦尼克号的人员存活情况。同样经过下面几个步骤，首先对随机森林模型中的参数进行网格搜索。

① 定义一个随机森林分类模型，需要进行搜索的参数有节点中用于二叉树的变量个数（参数 mtry = tune()）、树的数量（参数 trees = tune()）；

② 定义工作流，并且为工作流添加数据预处理过程与分类模型；

③ 通过 crossing() 函数生成两个待搜索参数的网格数据，并对工作流进行参数网格搜索，最后可视化出参数搜索的结果。

使用的程序如下所示。

```
## 3: 定义一个随机森林分类模型，并进行参数搜索
## 需要搜索的参数是树的深度和树的数量
rf_model <- rand_forest(mtry = tune(),trees = tune()) %>%
            set_engine("ranger", importance = "impurity") %>%
            set_mode("classification")
## 4: 定义模型的工作流程
rf_workflow <- workflow()%>%add_model(rf_model)%>%
    add_recipe(Titanic_rec)  # 添加数据预处理过程
## 5: 进行参数搜索
set.seed(123)
mtry <- 1:5
trees <- c(50,100,200,300,400,500,800,1000)
rf_grid <- crossing(mtry = mtry,trees = trees)
## 进行搜索
rf_tuning = tune_grid(
    rf_workflow,resamples = vfold_cv(train_data, v = 5), grid = rf_grid)
## 查看参数搜索的结果
collect_metrics(rf_tuning) %>% mutate(mtry = factor(mtry)) %>%
    ggplot(aes(trees, mean, color = mtry,shape = mtry)) +
    geom_line() +geom_point(size = 2) +
    facet_wrap(~ .metric, scales = "free", nrow = 2) +
```

```
scale_x_continuous(breaks = trees,labels = trees) +
scale_shape_manual(values = c(15,16,17,23,24))+
scale_color_viridis_d(option = "plasma", begin = .9, end = 0)+
ggtitle(" 随机森林参数搜索 ")
```

运行上面的程序后可获得如图 5-29 所示图像，从结果中可知，当树的数量为 200，节点中用于二叉树的变量个数为 5 时，能够获得精度较高的随机森林分类器。

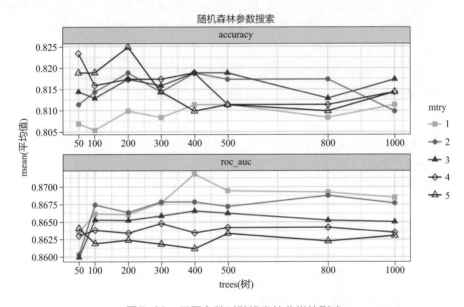

图5-29　不同参数对随机森林分类的影响

下面的程序则是通过 select_best() 函数，找到最优的参数组合，并使用 finalize_workflow() 函数定义最优情况下的工作流，使用 last_fit() 函数进行最终的模型训练，获取在测试数据集上的预测精度，从输出的结果中可知，在测试集上的预测精度为 0.852。

```
## 找到精度最高时使用的参数
best_tree <- rf_tuning %>% select_best("accuracy")
## 定义最终的模型流程
final_rf_workflow <- rf_workflow%>%finalize_workflow(best_tree)
## 6：训练最终的模型，并查看在测试集上的预测效果
rf_fit <- final_rf_workflow%>%last_fit(split = data_split)
rf_metrics <- rf_fit%>%collect_metrics()
```

```
rf_metrics
##   .metric   .estimator .estimate .config
## 1 accuracy binary        0.852 Preprocessor1_Model1
## 2 roc_auc  binary        0.892 Preprocessor1_Model1
```

针对随机森林模型，同样可以可视化出模型中每个变量的重要性，此外，还可利用 roc_curve() 函数可视化模型的 ROC 曲线，运行程序后可获得可视化图像（图 5-30）。从结果中可知较重要的特征为 Sex、Fare 等变量，其中 Fare 变量的重要性和决策树模型中的差异较大。

```
## 查看模型中每个变量的重要性
rf_fit %>%extract_fit_parsnip()%>%vip()+ggtitle(" 随机森林模型中每个特征的重要性
")
## 可视化模型的 ROC 曲线
rf_fit%>%collect_predictions()%>%
   roc_curve(Survived, .pred_0) %>% autoplot()+
   theme_bw(base_family = "STZhongsong")+
   geom_text(aes(x= 0.1,y = 0.92),colour = "red",size = 4,family =
"STZhongsong",
           label = paste(" 精度 :",round(rf_metrics$.estimate[1],4)))+
   labs(title = " 随机森林模型 ROC 曲线（测试集）")
```

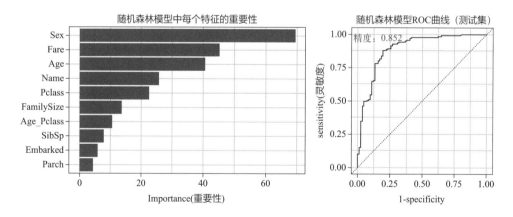

图 5-30 随机森林特征重要性与测试集 ROC 曲线

（3）支持向量机分类

下面使用支持向量机分类算法，对手写字体数据建立分类模型，下面的程序可以总结为如下几个步骤。

① 数据准备，导入手写数字数据，并对其进行预处理操作后，像素值处理到 0 ~ 1 之间，剔除唯一值的特征，将数据切分为训练集和测试集，75% 的数据用于模型训练；

② 定义分类模型的数据预处理过程，使用 step_umap() 函数利用 UMAP 算法，对高维特征进行降维，将数据降维到十维，提取数据中的重要特征；

③ 使用 svm_rbf() 函数定义 RBF 核的支持向量机分类模型；

④ 定义数据分类工作流，并且使用训练数据集训练；

⑤ 计算训练好的 SVM 模型在测试集上的预测精度。

程序和输出的相关结果如下所示。

```
## 1: 数据准备
## 导入待分析的手写数字数据
digit <- read.csv("data/chap05/digit.csv",header = FALSE)
digit$V65 <- as.factor(digit$V65)
digit[,1:64] <- digit[,1:64] / 16 # 像素值转化到 0 ~ 1 之间
## 剔除数据中的 3 个唯一值变量
digit[,c(1,33,40)] <- NULL
## 数据切分为训练集和测试集
set.seed(222)
data_split <- initial_split(digit, prop = 3/4)
train_data <- data_split%>%training()
test_data  <- data_split%>%testing()
## 2: 添加数据特征处理过程，定义模型的形式
digit_rec <- recipe(V65 ~ ., data = train_data)%>%
    step_umap(all_predictors(),neighbors = 15,
            num_comp = 10)  # 使用 umap 提取 10 个特征
## 3: 定义 svm 模型
svm_model <-svm_rbf(cost = 10, rbf_sigma = 5)%>%
    set_mode("classification")%>%set_engine("kernlab")
## 4: 定义 SVM 的工作流程
svm_wflow <- workflow()%>%add_model(svm_model)%>%
    add_recipe(digit_rec)
## 训练模型并计算在测试集上的精度
svm_fit <- fit(svm_wflow, train_data)
## 5: 评估最终的 SVM 分类在测试集上的预测效果
test_pre <- predict(svm_fit, new_data = test_data)%>%
    bind_cols(tibble(true_class = test_data$V65))
## 计算测试集上的绝对值误差
svm_metrics <- accuracy(test_pre, truth = true_class,
                        estimate = .pred_class)
svm_metrics
```

```
## # A tibble: 1 × 3
##   .metric  .estimator .estimate
##   <chr>    <chr>          <dbl>
## 1 accuracy multiclass     0.978
```

运行上面的程序后，可知 SVM 分类器在测试集上的预测精度达到了 0.978。针对分类问题，还可以使用混淆矩阵热力图，可视化模型的预测值和真实值的对比情况，运行下面的程序可获得如图 5-31 所示的图像。

```
## 可视化在测试集上的混淆矩阵
test_pre%>%conf_mat( truth = true_class,estimate = .pred_class)%>%
    autoplot(type = "heatmap")+
    scale_fill_gradient2(low="darkblue", high="lightgreen")+
    ggtitle("SVM 混淆矩阵热力图 ( 测试集 )")
```

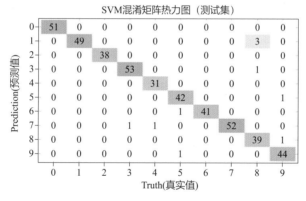

图 5-31　支持向量机混淆矩阵热力图

从图 5-31 中可以发现，只有很少的样本被预测错误，例如部分数字 3 和 4 被错误预测为数字 7，数字 5 被错误预测为 6 或 9，等等。

（4）神经网络分类

针对手写数字数据集，也可以建立全连接神经网络模型进行分类。在下面的程序中首先针对数据的预处理过程，使用 juice() 与 bake() 获取降维后的训练数据和测试数据。

```
## 获取预处理好的训练数据和测试数据
train_prep <- digit_rec%>%prep()%>%juice()
test_prep <- digit_rec%>%prep()%>%bake(new_data = test_data)
```

```
head(test_prep)
## # A tibble: 6 × 11
##    V65   UMAP01 UMAP02 UMAP03 UMAP04  UMAP05 UMAP06  UMAP07  UMAP08  UMAP09
##    <fct>  <dbl>  <dbl>  <dbl>  <dbl>   <dbl>  <dbl>   <dbl>   <dbl>   <dbl>
## 1 3      -2.39 -0.987   2.53   1.37 -0.0204  -2.66   0.896   0.331  -0.240
## 2 4       1.09 -0.789  -9.68  -1.55  -1.09    1.23   0.665  -1.24   0.0499
## 3 8      -2.09 -1.18    0.825 -0.177  0.644  -1.47  -1.24    0.0834 -0.288
## 4 0      12.6  -0.288  -0.712 -0.133  0.272  -0.236 -0.278  -0.848  0.200
## 5 9      -1.92 -1.88    2.50   2.99  -1.94   -2.73   2.02   -0.129  0.0554
## 6 2      -1.37 -0.350   2.91  -7.64  -4.08    1.65   0.502   0.604  1.08
## # … with 1 more variable: UMAP10 <dbl>
```

下面的程序则是利用 brulee 包，利用 mlp() 函数建立多隐藏层的全连接神经网络，包含 3 个隐藏层，每层 30 个神经元。使用训练数据集训练后，计算在测试集上的预测精度，从输出结果中可知模型在测试数据集上的精度为 0.949。

```
## 3: 定义 MLP 模型，并且使用训练数据集进行训练
set.seed(123)
mlp_model <-mlp(epochs = 1000, hidden_units = c(30,30,30), #  3 个隐藏层
                activation = "relu", #激活函数
                learn_rate = 0.05,dropout = 0.1)%>%
    set_mode("classification")%>%set_engine("brulee")%>%
    fit(V65 ~ ., data =train_prep)  # 使用训练数据拟合
## 4: 评估 MLP 分类在测试集上的预测效果
test_pre <- predict(mlp_model, new_data = test_prep)%>%
    bind_cols(tibble(true_class = test_prep$V65))
## 计算测试集上的绝对值误差
mlp_metrics <- accuracy(test_pre, truth = true_class,
                        estimate = .pred_class)
mlp_metrics
## # A tibble: 1 × 3
##    .metric  .estimator .estimate
##    <chr>    <chr>          <dbl>
## 1 accuracy multiclass     0.949
```

使用下面的程序，同样可以将全连接神经网络在测试集上的预测结果使用混淆矩阵可视化，运行程序后可获得图 5-32。

```
## 可视化在测试集上的混淆矩阵
test_pre%>%conf_mat( truth = true_class,estimate = .pred_class)%>%
    autoplot(type = "heatmap")+
    scale_fill_gradient2(low="darkblue", high="lightgreen")+
    ggtitle("MLP 混淆矩阵热力图 ( 测试集 )")
```

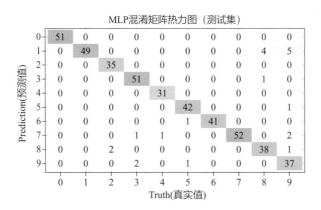

图 5-32　全连接神经网络混淆矩阵热力图

从图 5-32 中可以发现，只有很少的样本被预测错误，例如部分数字 2 被错误预测为数字 8，部分数字 3 被错误预测为数字 9 和 7，部分数字 4 被错误预测为 7，等等。

5.6　聚类

聚类分析是一类将数据所对应研究对象进行分类的统计方法，它是将若干个个体集合，按照某种标准分成若干个簇，并且希望簇内的样本尽可能相似，而簇和簇之间要尽可能不相似。

5.6.1　常用数据聚类算法

（1）系统聚类

系统聚类又叫层次聚类（Hierarchical Cluster），是一种常见的聚类方法，它是在不同层级上对样本进行聚类，逐步形成树状的结构。根据层次分解是自底向上（凝聚）还是自顶向下（分裂）可将其分为两种方式，即凝聚与分裂。

凝聚的层次聚类方法使用自底向上策略。即令每一个对象形成自己的簇，并且迭代地把簇合并成越来越大的簇（每次合并最相似的两个簇），直到所有对象都在一个簇中，或者满足某个终止条件。在合并的过程中，根据指定的距离度量方式，它首先找到两个最接近的簇，然后合并它们，形成一个簇，这样的过程重复多次，直到聚类结束。

分裂的层次聚类算法使用自顶向下的策略。即将所有的对象看作为一个簇，然后将簇划分为多个较小的簇（在每次划分时，将一个簇划分为差异最大的两个簇），并且迭代地把这些簇划分为更小的簇，在划分过程中，直到最底层的簇都足够小或者仅包含一个对象，或者簇内对象彼此足够相似。

层次聚类中可以指定样本间计算距离的方式，也可以指定簇与簇之间计算距离的方式，来影响最终的聚类结果。常用的样本间计算距离的方式有欧氏距离（Euclidean Distance）、曼哈顿距离（Manhattan Distance）、最大距离（Maximu Distance）、肯贝尔距离（Canberra Distance）、二进制距离（Binary Distance）、闵可夫斯基距离（Minkowski Distance），以及三种相关性距离（Pearson Distance、Spearman Distance、Kendall Distance）。常用的簇与簇之间计算距离的方式有Ward 法（ward.D、ward.D2）、最短距离法（single）、最长距离法（complete）、类平均法（average）等。

系统聚类算法在计算样本间的距离后，还需要进一步计算类间距离，因此需要更多的计算量。

（2）k-mean 聚类

k-means 聚类是一种快速聚类算法，它是把样本空间中的 n 个点划分到 k 个簇，需要的计算量较少，且更容易理解，尤其适用于大样本的聚类分析。k-means 聚类是由麦奎因（Mac Queen）在 1967 年提出的，其聚类思想是假设数据中有 p 个变量参与聚类，并且要聚类为 k 个簇，则需要在 p 个变量组成的 p 维空间中，首先选取 k 个不同的样本作为聚类种子，然后根据每个样本到达这 k 个点的距离的大小，将所有样本分为 k 个簇，在每一个簇中，重新计算出簇的中心（每个特征的均值）作为新的种子，再把所有的样本分为 k 类。如此下去，直到种子的位置几乎不发生改变为止。

针对 k-means 聚类应用在不同类型数据的特点，衍生出很多 k-means 变种算法，比如二分 k-means 聚类、k-medians（中位数）聚类、k-medoids（中心点）聚类等。它们可能在初始 k 个平均值的选择、相异度的计算和聚类平均值的策略上有所不同。

在 k-means 聚类中，如何寻找合适的 k 值对聚类的结果很重要，一种常用的方法是，通过观察 k 个簇的组内平方和与组间平方和的变化情况，来确定合适的聚类数目。该方法通过绘制类内部的同质性或类间的差异性随 k 值变化的曲线（形状类似于人的手肘），来确定出最佳的 k 值，而该 k 值点恰好处在手肘曲线的肘部点，因此称这种确定最佳 k 值的方法为肘方法（elbow method）。此外还有其它的统计量可以用来选择合适的聚类数目，例如计算聚类度量的 Gap 统计量、轮廓系数等。通常会选择 Gap 统计量（或轮廓系数）取值最大，而且在其一个标准差之内没有其它点所对应的聚类数目。

k-means 聚类的缺陷之一就是无法聚类那些非凸的数据集，即聚类的形状一般只能是球状的，不能推广到任意的形状。而基于密度的聚类方法，可以聚类任意的形状。

（3）密度聚类

密度聚类也称基于密度的聚类（Density-Based Clustering），其基本出发点是假设聚类结果可以通过样本分布的稠密程度来确定，主要目标是寻找被低密度区域（噪声）分离的高（稠）密度区域。与基于距离的聚类算法不同的是，基于距离的聚类算法的聚类结果是球状的簇，而基于密度的聚类算法可以得出任意形状的簇，所以对于带有噪声数据的处理比较好。

DBSCAN（Density-Based Spatial Clustering of Applications with Noise）是一种典型的基于密度的聚类算法，也是科学文章中最常引用的算法。这类密度聚类算法一般假定类别可以通过样本分布的紧密程度决定。同一类别的样本，它们之间是紧密相连的，也就是说，在该类别任意样本周围不远处一定有同类别的样本存在。通过将紧密相连的样本划为一类，就得到了一个聚类类别。将所有各组紧密相连的样本划为各个不同的类别，这就得到了最终的所有聚类类别结果。那些没有划分为某一簇的数据点，则可看作为数据中的噪声数据。

DBSCAN 密度聚类算法通常将数据点分为 3 种类型：核心点、边界点和噪声点。

• 核心点：如果某个点的邻域内的点个数超过某个阈值，则该点为一个核心点，可以将该点集划分为对应簇的内部。邻域的大小由半径参数 eps 确定，阈值由 MinPts 参数决定。

• 边界点：如果某个点不是核心点，但是它在核心点的邻域内，则可以将该点看作一个边界点。

• 噪声点：既不是核心点也不是边界点的点称为噪声点，噪声点也可以单独看作为一个特殊的簇，只是该类数据可能是随机分布的。

在 DBSCAN 密度聚类算法中，会将所有的点先标记为核心点、边界点或者噪声点，然后将任意两个距离小于半径参数 eps 的点作为同一个簇。任何核心点的边界点也与相应的核心点归为同一个簇，而噪声点不归为任何一个簇，独立对待。

DBSCAN 密度聚类具有如下几个优点。

① 相比 k-means 聚类，DBSCAN 不需要预先声明聚类数量，即数据聚类数量会根据邻域和 MinPts 参数动态确定，从而能够更好地体现数据的簇分布的原

始特点，但是选择不同的邻域和 MinPts 参数往往会得到不同的聚类结果。

②DBSCAN 密度聚类可以找出任何形状的聚类，甚至能找出某个聚类，它包围但不连接另一个聚类，所以该方法更适合于数据分布形状不规则的数据集。

③DBSCAN 密度聚类能分辨出噪声（局外点），所以该算法也可以用于异常值检测等。

下面使用具体的数据集，利用 R 语言中的数据聚类分析包，进行聚类分析的实战演练。

5.6.2　聚类评价指标

聚类评估主要是估计在数据集上进行聚类的可行性和被聚类产生的结果的质量，针对使用的数据集是否已经知道真实标签的情况，可以将聚类的评估方法分为有真实标签的聚类结果评估和无真实标签的聚类结果评估。下面针对这两种方式分别介绍一些常用的评估方式。

（1）有真实标签的聚类结果评价方法

针对聚类的数据集已经知道真实标签的情况，常用的评价方法有同质性、完整性、V 测度等多种方式。

同质性，即度量每个簇只包含单个类成员的指标。

完整性，是度量给定类的所有成员是否都被分配到同一个簇中的指标。

V 测度，则是将同质性和完整性综合考虑的一种综合评价指标。三种指标中 V 测度更常用。

（2）无真实标签的聚类结果评价方法

针对无真实标签情况下的聚类效果评价指标，通常会使用轮廓法。轮廓法即是借助轮廓系数的大小，判断合适的聚类数目。该方法可以产生每个对象在簇内位置的概要图形，用于验证和解释簇的内部一致性。轮廓系数的取值范围在 −1 和 1 之间，而且越接近 1，说明聚类的效果越好。如果轮廓系数小于 0，说明该数据样本不适合划分为相应的簇，反之则表示适合划分为相应的簇。

此外，还可以使用 CH 分数、戴维森堡丁指数等指标进行评价。其中 CH 分数（Calinski Harabasz Score）取值越大则聚类效果越好；戴维森堡丁指数 (DBI)又称为分类适确性指标，取值越小则表示聚类效果越好。

5.6.3　数据聚类实战

下面使用小麦种子数据集，进行系统聚类与 K 均值聚类实战，使用双月数据集进行密度聚类实战。

（1）系统聚类

下面的程序中，首先导入会使用到的 R 包，并且导入待使用的数据集，数据导入后对 7 个数值特征进行标准化处理。

```
library(factoextra);library(cluster);library(tidyverse)
library(patchwork);library(fpc)
## 导入小麦种子数据，并对特征进行标准化处理
df <- read.csv("data/chap04/种子数据.csv")
df_scale <- apply(df[,1:7],2,scale)
head(df)
##      X1    X2     X3     X4    X5    X6    X7 label
## 1 15.26 14.84 0.8710 5.763 3.312 2.221 5.220     1
## 2 14.88 14.57 0.8811 5.554 3.333 1.018 4.956     1
## 3 14.29 14.09 0.9050 5.291 3.337 2.699 4.825     1
## 4 13.84 13.94 0.8955 5.324 3.379 2.259 4.805     1
## 5 16.14 14.99 0.9034 5.658 3.562 1.355 5.175     1
## 6 14.38 14.21 0.8951 5.386 3.312 2.462 4.956     1
```

对数据进行系统聚类分析，可以使用 hcut() 函数，针对聚类的结果可以使用 fviz_cluster() 函数，获取数据降维后的可视化结果，使用 fviz_silhouette() 函数，可视化聚类结果的轮廓系数图。运行下面的程序可获得系统聚类结果的可视化图像（图 5-33）。

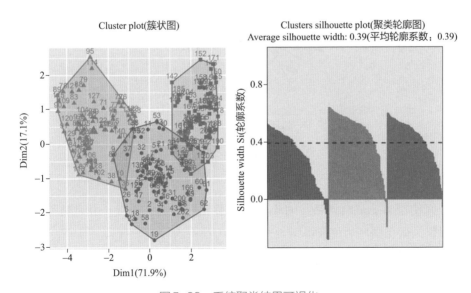

图 5-33　系统聚类结果可视化

```
## 系统聚类及可视化
hc1 <- hcut(df_scale,k = 3,method = "ward.D2")
##  可视化系统聚类的结果
p1 <- fviz_cluster(hc1,data = df_scale,labelsize = 8)+
    theme(legend.position = "none")
sil3 <- silhouette(hc1$cluster, dist(df_scale))
p2 <- fviz_silhouette(sil3)+theme(legend.position = "none")
p1+p2
```

从图 5-33 中可以发现，数据经过系统聚类后，大部分样本的聚类效果较好，平均轮廓系数得分为 0.39，有些样本聚类效果较差（轮廓系数为负值）。

此外系统聚类的结果还通常使用系统聚类树进行数据可视化。下面的程序使用 fviz_dend() 函数，使用网络树连接的方式可视化出系统聚类的结果。运行程序后可获得图 5-34。该图像不仅反映了样本在空间的位置，也反映了进行系统聚类是数据聚集的路径。

```
## 可视化系统聚类树
fviz_dend(hc1,type = "phylogenic",rect = TRUE,cex = 0.5,ggtheme = theme_bw())
```

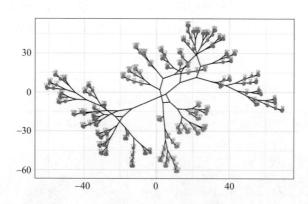

图 5-34　系统聚类树可视化

（2）K 均值聚类

下面使用 kmeans() 函数，对小麦种子数据聚类为 3 个簇，并且将聚类的结果可视化，运行程序后可获得图 5-35。

```
## K 均值聚类将数据聚类为 3 类
kmean3 <- kmeans(df_scale,centers = 3,iter.max = 50)
```

```
##  可视化 K 均值聚类的散点图
p1 <- fviz_cluster(kmean3,data = df_scale,labelsize = 8)+
    ggtitle("K 均值聚类 ")+theme_bw(base_family = "STZhongsong")+
    theme(legend.position = "none")
sil3 <- silhouette(kmean3$cluster, dist(df_scale))
p2 <- fviz_silhouette(sil3)+theme(legend.position = "none")
p1+p2
```

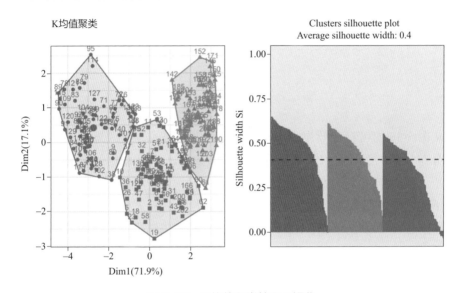

图 5-35　K 均值聚类结果可视化

从图 5-35 的可视化效果中可知，使用 K 均值数据的聚类效果，比使用系统聚类的聚类效果更好，平均轮廓系数得分为 0.4。

（3）密度聚类

下面的程序则是使用 dbscan() 函数，对双月数据集进行密度聚类，并且将聚类的结果可视化，运行程序后可获得可视化图像（图 5-36）。

```
# 读取双月数据集，并对其进行密度聚类分析
moondf <- read.csv("data/chap05/moonsdatas.csv")
model1 <- dbscan(moondf[,1:2],eps=0.2,MinPts=5)
## 可视化聚类结果
p1 <- fviz_cluster(model1,data = moondf[,1:2],labelsize = 8,
                    ellipse = FALSE)+
    ggtitle(" 密度聚类 ")+theme_bw(base_family = "STZhongsong")
p1
```

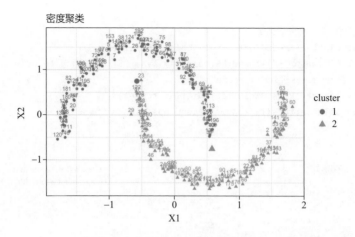

图5-36　密度聚类结果可视化

从图5-36的可视化效果中可知，使用密度数据的聚类效果很好，找到了数据的分布规律，而针对双月数据这样分布的数据，使用K均值聚类、系统聚类等算法，则很难会有符合分布规律的聚类效果。

下面同样使用双月数据，利用K均值聚类、系统聚类算法进行分析，并将聚类结果进行可视化，运行下面的程序后可获得聚类结果可视化图像（图5-37）。

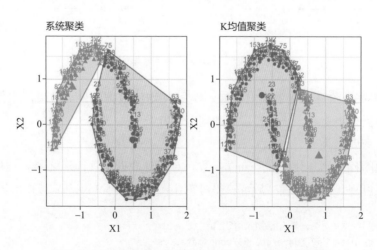

图5-37　双月数据系统聚类与K均值聚类结果可视化

```
## 双月数据集系统聚类与 K 均值聚类
## 系统聚类及可视化
hc1 <- hcut(moondf[,1:2],k = 2,method = "ward.D2")
```

```
##  可视化系统聚类的结果
p1 <- fviz_cluster(hc1,data = moondf[,1:2],labelsize = 8)+
    ggtitle(" 系统聚类 ")+theme_bw(base_family = "STZhongsong")+
    theme(legend.position = "none")
## K 均值聚类将数据聚类为 2 类
kmean2 <- kmeans(moondf[,1:2],centers = 2,iter.max = 50)
##  可视化 K 均值聚类的散点图
p2 <- fviz_cluster(kmean2,data = moondf[,1:2],labelsize = 8)+
    ggtitle("K 均值聚类 ")+theme_bw(base_family = "STZhongsong")+
    theme(legend.position = "none")
p1+p2
```

从图 5-37 中可以发现，系统聚类与 K 均值聚类的结果都没有找到数据的分布规律，对数据的聚类效果较差。

5.7　时间序列预测

时间序列数据是最常见的数据类型之一，时间序列数据主要是根据时间先后，对同样的对象按照等时间间隔收集的数据。比如每日的平均气温、每天的销售额、每月的降水量等。一般地，对任何变量做定期的记录都能构成一个时间序列。时间序列分析是一种基于随机过程理论和数理统计学的方法，研究时间序列数据所遵从的统计规律，常用于系统描述、系统分析、预测未来等。

时间序列的变化可能受一个或多个因素的影响，导致它在不同时间的取值有差异，这些影响因素分别是长期趋势、季节变动、循环波动（周期波动）和不规则波动（随机波动）。时间序列分析主要有确定性变化分析和随机性变化分析。确定性变化分析包括趋势变化分析、周期变化分析、循环变化分析。

对于时间序列的分析，通常假设模型是由长期趋势、季节变动、循环波动和不规则波动这四种因素之和（加法模型）或之积（乘法模型）构成，即

$$x_t = T_t + S_t + C_t + \varepsilon_t \text{ 或 } x_t = T_t \cdot S_t \cdot C_t \cdot \varepsilon_t$$

式中，x_t 是相关变量在时间 t 的观测值；T_t 是长期趋势；S_t 是季节变动；C_t 是循环波动；ε_t 是不规则波动。

5.7.1　时序预测的相关模型

与时间序列相关的预测算法模型有很多，下面主要介绍指数平滑算法、ARMA、ARIMA、SARIMA、Prophet 等几种时间序列预测模型的简单应用。

指数平滑算法：指数平滑算法是一种简单的移动平均算法，常用于时间序列变化趋势的预测与分析。其中，一阶指数平滑可用于预测无明显趋势变化的时间序列；二阶指数平滑是在一阶指数平滑的基础上，再一次进行指数平滑，适用于线性趋势的时间序列；三阶平滑则是在二阶指数平滑的基础上，加入周期性相关的信息，进行时间序列的预测。此外还有对带有周期性预测效果更好的其它指数平滑模型，比如指数平滑状态空间模型 ETS(M,A,M)。ETS(M,A,M) 具有如下所示的建模公式。

$$y_t = (l_{t-1} + b_{t-1}) s_{t-m} (1 + \varepsilon_t)$$
$$l_t = (l_{t-1} + b_{t-1})(1 + \alpha \varepsilon_t)$$
$$b_t = b_{t-1} + \beta (l_{t-1} + b_{t-1}) \varepsilon_t$$
$$s_t = s_{t-m} (1 + \gamma \varepsilon_t)$$

式中，α, β, γ 为三个平滑参数，可以控制模型的预测效果。

ARMA 系列算法：自回归移动平均模型（ARMA）是自回归模型（AR）和移动平均模型（MA）的组合。对于一个时间序列 $\{x_t\}_{t=1}^{T}$，单个模型和组合模型可以使用如下公式表示。

（1）p 阶自回归模型 AR(p) 定义为

$$x_t = a_0 + \sum_{i=1}^{p} a_i x_{t-i} + \varepsilon_t$$

（2）q 阶移动平均模型 MA(q) 定义为

$$x_t = \sum_{i=0}^{q} \beta_i \varepsilon_{t-i}$$

（3）p,q 阶自回归移动平均模型 ARMA(p,q) 定义为

$$x_t = a_0 + \sum_{i=1}^{p} a_i x_{t-i} + \sum_{i=0}^{q} \beta_i \varepsilon_{t-i}$$

上述公式中的系数 β_0 通常会标准化为 1。

如果一个时间序列数据是平稳的，且不是白噪声数据，那么可以使用 ARMA 模型进行预测。ARMA 模型主要针对的是平稳的一元时间序列。对不平稳的一元时间序列数据，可采用差分运算得到平稳的序列，这样的序列称为差分平稳序列。

差分自回归移动平均模型（ARIMA）是差分运算与 ARMA 模型的组合，即任何非平稳序列如果能够通过适当阶数的差分实现平稳，就可以对差分后的序列拟合 ARMA 模型。

对于一个时间序列 $\{x_t\}_{t=1}^{T}$，ARIMA(p,d,q) 模型可以表示为

$$(1-L)^d x_t = \frac{1-\sum_{i=1}^{q}\beta_i L^i}{1-\sum_{i=1}^{p}a_i L^i}\varepsilon_t$$

式中，L 是延迟算子，延迟算子使用 d 阶差分表示时可记为 $\nabla^d x_t = (1-L)^d x_t$；$d$ 是大于等于 0 的整数。若 $d=0$ 时，ARIMA(p,d,q) 模型实际上就是 ARMA(p,q) 模型。

如果差分后平稳的序列同时具有时间周期性的趋势，则可使用季节性差分自回归移动平均模型（SARIMA）来拟合数据。SARIMA 本质是把一个时间序列模型通过 ARIMA(p, d, q) 中的 3 个参数来决定，其中 p 代表自相关（AR）的阶数，d 代表差分的阶数，q 代表滑动平均（MA）的阶数，然后加上季节性的调整。根据季节效应的相关特性，SARIMA 模型可以分为简单（加法）SARIMA 模型和乘积 SARIMA 模型。

简单 SARIMA 模型指的是序列中的季节效应和其它效应之间是加法关系，即

$$x_t=T_t+S_t+\varepsilon_t$$

通常情况下，简单步长的差分即可将序列中的季节信息充分提取，简单的低阶差分可将趋势信息提取充分，提取完季节信息和趋势信息后的残差序列就是一个平稳序列，可以使用 ARMA 模型拟合。

简单步长的差分通常称为 k 步差分，可表示为 $\nabla_k x_t = x_t - x_{t-k}$，延迟算子使用 k 步差分表示时可记为 $\nabla_k x_t = (1-L^k)x_t$。所以简单 SARIMA 模型实际上就是通过季节差分（k 步差分）、趋势差分（p 阶差分）将序列转化为平稳序列再对其进行拟合。它的模型结构可表示为

$$\nabla_k (1-L)^d x_t = \frac{1-\sum_{i=1}^{q}\beta_i L^i}{1-\sum_{i=1}^{p}a_i L^i}\varepsilon_t$$

式中，k 为周期步长；d 为提取趋势信息所用的差分阶数。

当序列具有季节效应，而且季节效应本身还具有相关性时，季节相关性可以使用周期步长为单位。当需要差分平稳时，可以使用 ARIMA(P,D,Q) 模型提取。由于短期相关性和季节效应之间具有乘积关系，所以拟合的模型为 ARIMA(p,d,q) 与 ARIMA(P,D,Q) 的乘积，用 SARIMA(p,d,q)$\times$(P,D,Q)$_{period}$ 表示，其模型结构为

$$\nabla_k \left(1-L\right)^d x_t = \frac{1-\sum_{i=1}^{q}\beta_i L^i}{1-\sum_{i=1}^{p}a_i L^i} \times \frac{1-\sum_{i=1}^{Q}\theta_i L^{Di}}{1-\sum_{i=1}^{P}\varphi_i L^{Di}}\varepsilon_t$$

Prophet 时间序列预测算法：Prophet 是 Facebook 的一款开源的时序预测工具，其基本模型为

$$y=g(t)+s(t)+h(t)+\varepsilon$$

式中，$g(t)$ 为增长函数，用来表示线性或非线性的增长趋势；$s(t)$ 表示周期性变化，变化的周期可以是年、季度、月、天等；$h(t)$ 表示时间序列中那些潜在的具有非固定周期的节假日对预测值造成的影响；最后的 ε 为噪声项，表示随机的无法预测的波动。

与传统的时间序列处理的方式（如 ARIMA 等）不同，使用 Prophet 进行时间序列预测，是将时间序列的预测看作曲线拟合问题，这样在拟合时就有很多传统方法不具备的优点，具体有以下几点。

① 灵活度很高，许多具有不同周期以及不同假设的季节性趋势能很容易地被引入；

② 在建立模型时，无须担心数据存在缺失值带来的影响，因此可以不考虑缺失值的填充问题；

③ 预测模型的参数非常容易解释，因此可以根据经验来设置一些参数。

下面使用 R 对时间序列数据进行分析、建模与预测。

5.7.2　时间序列预测实战

R语言中可以用于时间序列建模的包非常多，这里我们主要介绍使用 modeltime 包的使用，该包和其它包相比有以下几个优势。

① 该包是基于 tidymodels 系列的时间序列拓展包，和 tidymodels 包的使用结合得很好，使用简单；

② 该包可以将多种时间序列模型整合到一起进行模型的评估和预测，使用时更加便捷。

该包中的关键函数和功能，如表 5-2 所示。

下面使用一个带有周期性的时间序列数据为例，解释如何使用 modeltime 包中函数，建立多种时间序列预测模型，对数据进行分析与预测，首先是数据准备工作。

表5-2　modeltime 包中的常用函数和功能

函数	功能
modeltime_table(),as_modeltime_table()	使用 Modeltime 数据表进行规模预测分析
modeltime_calibrate()	模型预测准备
modeltime_forecast()	使用模型预测未来数据
modeltime_accuracy()	计算模型预测准确性
modeltime_refit()	使用新数据重新训练模型
modeltime_fit_workflowset()	使用工作流集对象训练时间序列模型
plot_modeltime_forecast()	可视化交互式预测结果图
plot_modeltime_residuals()	可视化交互式残差图
prophet_reg()	建立 Prophet 预测模型的通用接口
prophet_boost()	建立 Boosted Prophet 预测模型的通用接口
arima_reg()	建立 ARIMA 预测模型的通用接口
arima_boost()	建立 Boosted ARIMA 预测模型的通用接口
exp_smoothing()	建立指数平滑状态空间模型的通用接口
seasonal_reg()	建立多季节性回归模型的通用接口
parallel_start(),parallel_stop()	启动与停止并行集群计算

（1）数据准备

首先导入使用到的 R 包，并且导入 CSV 格式的数据，从导入数据的输出结果中可知，数据一共有两列，一列是（Month）时间数据，一列是（Passengers）数值数据。

```
library(ggplot2);library(tidyverse);library(tidymodels);library(modeltime)
library(lubridate);library(timetk)
## 读取使用的时间序列数据
Airdf <- read_csv("data/chap05/AirPassengers.csv")
## 对数据进行预处理，转化数据中的时间变量
Airdf$Month <- lubridate::ym(Airdf$Month )
head(Airdf)
## # A tibble: 6 × 2
##   Month       Passengers
##   <date>           <dbl>
## 1 1949-01-01         112
## 2 1949-02-01         118
## 3 1949-03-01         132
## 4 1949-04-01         129
## 5 1949-05-01         121
## 6 1949-06-01         135
```

针对导入的数据，可以使用 initial_time_split() 函数，划分为训练数据和测试数据，其中训练数据是时间靠前的样本，测试数据为时间靠后的样本。数据的 144 个样本，前 122 个用于训练集，后 22 个用于测试集。

```
## 将数据切分为训练集和测试集
splits <- initial_time_split(Airdf, prop = 0.85)
train <- training(splits)
test <- testing(splits)
splits
## <Training/Testing/Total>
## <122/22/144>
```

针对数据集的切分，可以将训练集和测试集进行可视化，查看数据的波动情况。下面的可视化程序，通过函数 plot_time_series_cv_plan() 进行可视化，获得图 5-38。可以发现，数据具有明显的周期性和线性增长趋势，而且训练集和测试集的周期性是相似的。

```
## 可视化训练集和测试集
splits %>% tk_time_series_cv_plan() %>%
    plot_time_series_cv_plan(.date_var = Month,.value = Passengers,
                             .line_size = 1, .interactive = FALSE)
```

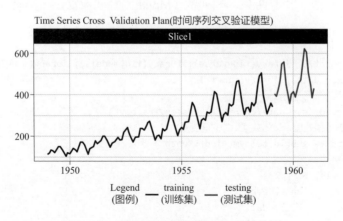

图5-38　时间序列的训练数据和测试数据

（2）自动指数平滑模型应用

下面先以自动指数平滑模型为例，介绍如何使用 modeltime 包中的函数。自动指数平滑时间序列模型可以使用 exp_smoothing() 函数，设置使用 "ets" 建模，则可建立指数平滑状态空间模型 ETS(*M*, *A*, *M*)（指数平滑状态空间模型，会针对不同的数据自动地建立合适的模型，因此 ETS 会有很多种形式），其中参数 seasonal_period 制定数据的周期性，smooth_level、smooth_trend、smooth_seasonal 分别对应着模型中的 α、β、γ 三个平滑参数，如果这些参数不指定，模型会自动选择合适的参数进行建模。定义好模型后，使用 fit() 函数即可对数据进行拟合。针对使用训练数据训练好的模型 exps_mod，需要使用 modeltime_calibrate() 函数将其应用到测试集上，而对在测试集上的预测效果可以使用 modeltime_accuracy() 函数进行计算。

```
## 建立自动指数平滑时间序列模型
exps_mod <- exp_smoothing(seasonal_period = 12,smooth_level = 0.2,
                          smooth_trend = 0.01,smooth_seasonal = 0.7) %>%
    set_engine(engine = "ets") %>% ## 自动指数平滑
    fit(Passengers ~ Month, data = train)
## 准备将模型应用到测试集上
exps_cal <- exps_mod %>% modeltime_calibrate(new_data = test)
## 计算测试集上的预测精度
exps_cal%>% modeltime_accuracy()
## # A tibble: 1 × 9
##   .model_id .model_desc .type    mae  mape  mase smape  rmse   rsq
##       <int> <chr>       <chr>  <dbl> <dbl> <dbl> <dbl> <dbl> <dbl>
## 1         1 ETS(M,A,M)  Test    30.3  6.62 0.666  6.89  33.6 0.957
```

上面的程序会输出在测试集上的多种评价指标，如绝对值误差（mae）、均方根误差（mase）等。从输出的结果中可知，在测试集上的绝对值预测误差为 30.3，模型的预测效果较好。

针对模型的预测效果可以使用 plot_modeltime_forecast() 等函数，获得基于 plotly 的可交互可视化结果，此外还可以使用 ggplot2 包进行结果的可视化。下面使用 modeltime_forecast() 函数对测试集进行预测后，利用 ggplot2 包中的函数进行可视化，运行程序后可获得图 5-39。

```
## 对测试集进行预测并可视化预测结果
exps_test_pre <- exps_cal %>%
    modeltime_forecast(new_data = test, actual_data = Airdf)
## 使用 ggplot2 包可视化预测结果
p1 <- ggplot(exps_test_pre,aes(x = .index,y = .value, group = .model_desc))+
    geom_line(aes(colour = .model_desc))+
    geom_point(aes(colour = .model_desc,shape = .model_desc))+
```

```
        geom_ribbon(aes(ymin = .conf_lo,ymax = .conf_hi, fill = .model_desc),
                    alpha = 0.2)+
        theme(legend.position = c(0.2,0.8))+
        labs(x = "时间",y = "数量",title = "自动指数平滑测试集预测情况")
p1
```

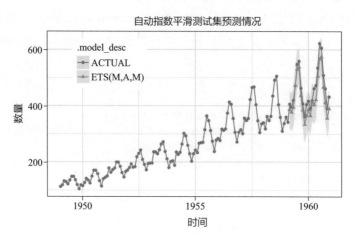

图5-39　自动指数平滑测试集预测效果

图 5-39 中，数据的精确值和模型预测值使用不同的点线图表示，阴影部分表示测试数据的预测区间。从可视化图像中可以知道，自动指数平滑模型的预测效果较好，很好地拟合了数据的周期性、波动性与增长趋势。

（3）ARIMA 系列模型应用

前面介绍过 modeltime 包可以将多个时序模型整合到模型表中，然后同时进行模型测试、预测与可视化等。下面以使用 ARIMA 系列模型为例，介绍如何同时应用多个时间序列模型。首先使用下面的程序，建立 ARMA、ARIMA、SARIMA 以及使用 XGBoost 对 SARIMA 的误差进行建模（将一些时间、日期特征作为 XGBoost 回归的自变量）等模型，一共有 4 个模型。建模时使用 arima_reg() 函数，建立基于 "auto_arima" 的模型，并通过控制相关的参数取值，获得不同的模型，程序如下所示。

```
## 定义自动选择参数的 ARMA 模型
Arma_fit <- arima_reg(seasonal_period =1, # 没有季节周期性
                      non_seasonal_differences = 0)%>%
    set_engine(engine = "auto_arima") %>%
```

```
      fit(Passengers ~ Month, data = train) # 使用训练数据拟合模型
## 定义自动选择参数的 ARIMA 模型
Arima_fit <- arima_reg(seasonal_period =1)%>% # 没有季节周期性
      set_engine(engine = "auto_arima") %>%
      fit(Passengers ~ Month, data = train) # 使用训练数据拟合模型
## 定义所有参数自动选择参数的时序模型
SArima_fit <- arima_reg()%>%
      set_engine(engine = "auto_arima") %>%
      fit(Passengers ~ Month, data = train) # 使用训练数据拟合模型
## 定义 Boosted Auto ARIMA (ARIMA + XGBoost Errors)
BArima_fit <- arima_boost() %>%
      set_engine(engine = "auto_arima_xgboost") %>%
      fit(Passengers ~ Month + as.numeric(Month) +
            factor(month(Month, label = TRUE), ordered = F), data = train)
## 将拟合模型添加到模型表
models_tbl <- modeltime_table(Arma_fit,Arima_fit,SArima_fit,BArima_fit)
## 准备将模型应用到测试集
cal_tbl <- models_tbl %>% modeltime_calibrate(new_data = test)
cal_tbl
## # Modeltime Table
## # A tibble: 4 × 5
##   .model_id .model   .model_desc                     .type .calibration_da...
##       <int> <list>   <chr>                           <chr> <list>
## 1         1 <fit[+]> ARIMA(2,0,1) WITH NON-ZERO MEAN      Test  <tibble>
## 2         2 <fit[+]> ARIMA(2,1,2) WITH DRIFT              Test  <tibble>
## 3         3 <fit[+]> ARIMA(2,0,0)(0,1,0)[12] WITH DRIFT   Test  <tibble>
## 4         4 <fit[+]> ARIMA(2,0,0)(0,1,0)[12] WITH DRIFT … Test  <tibble>
## 计算模型的精度
cal_tbl %>% modeltime_accuracy()%>%
    table_modeltime_accuracy(.interactive = TRUE)
```

↑.model_id	.model_desc	.type	↕ mae	↕ mape	↕ mase	↕ smape	↕ rmse	↕ rsq
1	ARIMA(2,0,1) WITH NON-ZERO MEAN	Test	159.34	32.93	3.5	40.58	177.9	0.06
2	ARIMA(2,1,2) WITH DRIFT	Test	51.4	10.01	1.13	10.88	71.21	0.64
3	ARIMA(2,0,0) (0,1,0)[12] WITH DRIFT	Test	36.1	7.69	0.79	8.05	39.88	0.95
4	ARIMA(2,0,0) (0,1,0)[12] WITH DRIFT W/ XGBOOST ERRORS	Test	32.36	6.89	0.71	7.21	37.64	0.93

上面的程序一共定义了 4 种不同的时间序列预测模型，并且通过 modeltime_table() 函数将 4 个模型添加到模型表 models_tbl 中，这样可以使用 modeltime_calibrate() 直接将 4 个模型应用到测试集上，最后通过 modeltime_accuracy() 计算出 4 个模型在测试集上的预测效果，从输出结果中可知，使用 ARMA 模型 [ARIMA(2,0,1)] 获得的预测效果最差（mae=159.34），使用 XGBoost 对 SARIMA 的误差进行建模获得的预测效果最好 (mae=32.36)。

针对多个模型的预测效果，使用下面的程序可以进行可视化，为了得到更好的可视化效果，在可视化时通过 xlim() 设置了 X 轴的取值范围，因此只可视化出部分训练数据和全部的测试数据，运行程序后可获得图 5-40。

```
p2 <- ggplot(test_pre,aes(x = .index,y = .value,group = .model_desc))+
    geom_line(aes(colour = .model_desc))+
    geom_point(aes(colour = .model_desc,shape = .model_desc))+
    geom_ribbon(aes(ymin = .conf_lo,ymax = .conf_hi, fill = .model_desc),
                alpha = 0.2)+
    theme(legend.position = "top")+
    xlim(as.Date(c('1/10/1957', '1/12/1960'), format="%d/%m/%Y") )+
    labs(x = "时间",y = "数量",title = "不同模型测试集预测情况")+
    guides(colour=guide_legend(nrow = 3))
p2
```

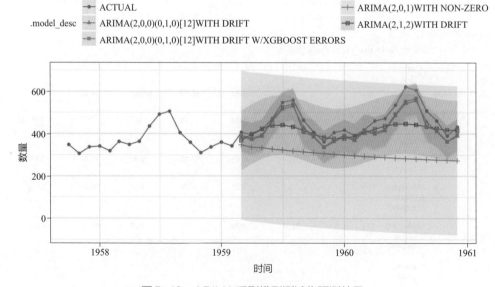

图5-40　ARIMA系列模型测试集预测效果

从图 5-40 中可以发现，ARMA 模型［ARIMA(2,0,1)］的预测效果最差，没有学到数据的周期性和增长趋势，而且置信区间最宽；AIRMA 模型［ARIMA(2,1,2)］学到了部分的周期性；而 SARIMA 系列的模型，其预测值较接近测试集的真实数据。

如果想要使用模型预测未来的数据，可以使用全部的数据（包含训练数据和测试数据）重新拟合模型，然后对未来进行预测。重新建模可以使用 modeltime_refit() 函数进行，注意在重新建模时，由于训练数据的变化，拟合的模型参数可能会发生改变。下面的程序则是在重新建模后，获得预测数据，并对预测数据进行可视化分析，运行程序后输出的结果如图 5-41 所示。

```
## 使用全部的数据重新拟合模型并预测未来
refit_tbl <- cal_tbl %>% modeltime_refit(data = Airdf)
refit_tbl_pre <- refit_tbl %>%    ## 预测未来两年
    modeltime_forecast(h = "2 years", actual_data = Airdf)
p3 <- ggplot(refit_tbl_pre,aes(x = .index,y = .value, group = .model_desc))+
    geom_line(aes(colour = .model_desc))+
    geom_point(aes(colour = .model_desc,shape = .model_desc))+
    geom_ribbon(aes(ymin = .conf_lo,ymax = .conf_hi, fill = .model_desc),
                alpha = 0.2)+
    theme(legend.position = c(0.25,0.8))+
    labs(x = " 时间 ",y = " 数量 ",title = " 不同模型测试集预测情况 ")
p3
```

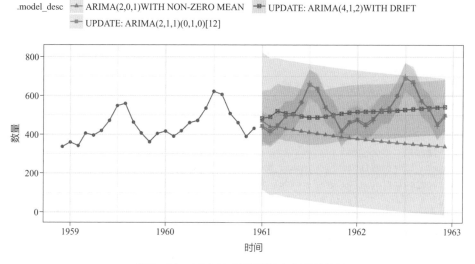

图5-41　ARIMA系列模型未来预测效果

注意，从图 5-41 中可以发现，除了 ARMA 模型没有改变，其余的三个模型都有了变化。即 ARIMA(2,1,2) 转化为了 ARIMA(4,1,2)；ARIMA(2,0,0)(0,1,0)[12] 转化为了 ARIMA(2,1,1)(0,1,0)[12]；XGBoost ARIMA(2,0,0)(0,1,0)[12] 转化为了 XGBoost ARIMA(2,1,1) (0,1,0)[12]。

（4）Prophet 时序预测模型

下面使用 prophet_reg() 函数建立 Prophet 时序预测模型，并且输出在测试集上的预测效果，可以通过调整相关参数的取值，获得不同的模型预测效果。从模型的预测效果中可知，此时模型在测试集上的绝对值误差为 15.3，模型的预测效果较好。

```
## 建立 Prophet 时间序列模型
proh_mod <- prophet_reg(growth = "linear",season = "multiplicative",
                        changepoint_range = 0.6)%>%
    set_engine(engine = "prophet") %>%
    fit(Passengers ~ Month, data = train)
## 准备将模型应用到测试集上
proh_cal <- proh_mod %>% modeltime_calibrate(new_data = test)
## 计算测试集上的预测精度
proh_cal%>% modeltime_accuracy()
## # A tibble: 1 × 9
##   .model_id .model_desc .type    mae  mape mase smape rmse   rsq
##       <int> <chr>       <chr>  <dbl> <dbl> <dbl> <dbl> <dbl> <dbl>
## 1         1 PROPHET     Test    15.3  3.22 0.337  3.25  19.1 0.952
```

同样可以计算出 Prophet 时序模型对测试集的预测值，并对结果进行可视化分析。运行下面的程序可获得可视化结果（图 5-42）。从输出的结果中可知，模型的预测效果很好，而且置信区间较窄。

```
## 对测试集进行预测并可视化预测结果
proh_test_pre <- proh_cal %>%
    modeltime_forecast(new_data = test, actual_data = Airdf)
## 使用 ggplot2 可视化预测结果
p1 <- ggplot(proh_test_pre,aes(x = .index,y = .value,group = .model_desc))+
    geom_line(aes(colour = .model_desc))+
    geom_point(aes(colour = .model_desc,shape = .model_desc))+
    geom_ribbon(aes(ymin = .conf_lo,ymax = .conf_hi, fill = .model_desc),
                alpha = 0.2)+
    theme(legend.position = c(0.2,0.8))+
    labs(x = " 时间 ",y = " 数量 ",title = "prophet 测试集预测情况 ")
p1
```

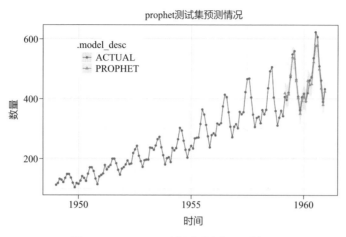

图5-42　Prophet模型测试集预测效果

　　下面将上面介绍的所有模型的预测效果进行总结，综合对比它们对使用的数据建模与预测的能力。结果如表 5-3 所示。

表5-3　多个时序模型的预测效果

模型	绝对值误差	均方根误差
ETS(M,A,M)	30.3	0.666
ARMA(2,1)	159.3	3.500
ARIMA(2,1,2)	51.4	1.130
SARIMA(2,0,0)(0,1,0)[12]	36.1	0.793
XGBoost SARIMA(2,0,0)(0,1,0)[12]	32.4	0.711
Prophet	15.3	0.337

5.8　本章小结

　　本章主要介绍了如何使用 R 中的包进行数据分析，以及这些数据分析方法在数据集上的应用方式。介绍了相关性分析，方差分析中的单因素方差分析与多因素方差分析，数据降维中的主成分分析、多维尺度分析、t-SNE 以及 UMAP 算法，回归分析中的多元线性回归、逐步回归与 Lasso 回归分析等，分类算法中的决策树算法、随机森林算法、支持向量机与神经网络等，数据聚类算法中的系统聚类、K 均值聚类与密度聚类等，以及时间序列预测中的指数平滑、ARIMA、SARIMA、Prophet 等相关算法的应用。

第 **6** 章

综合案例 1：中药材鉴别

R 语言是非常擅长进行数据统计分析的编程语言之一，其就是为了数据分析而诞生的，在前几章中介绍了 R 语言的编程语法、数据操作、数据可视化、数据分析方法的基础使用等方面的内容，本章将使用一个具体问题的数据集，介绍如何使用 R 语言对其进行分析，并解决相应的问题，进一步提升 R 语言使用水平的同时，加深对数据分析方法的理解和应用。

该问题来自 2021 年高教社杯全国大学生数学建模竞赛题目 E。本章将会尽可能地使用简单的数据分析方法，从数据分析的视角，对其中的几个问题进行求解与分析，从而避免较复杂的数据建模流程，同样该数据虽然来自医学和药物相关的实验，但是读懂本章的数据分析方法，不需要过多的医学或者药物知识。下面先对问题进行简单的介绍。

（1）问题描述

不同中药材表现的光谱特征差异较大，即使是来自不同产地的同一药材，因其无机元素的化学成分、有机物等存在差异性，在近红外、中红外光谱的照射下也会表现出不同的光谱特征，因此可以利用这些特征来鉴别中药材的种类及产地。

中药材的道地性以产地为主要指标，产地的鉴别对于药材品质鉴别尤为重要。然而，不同产地的同一种药材在同一波段内的光谱比较接近，使得光谱鉴别的误差较大。另外，有些中药材的近红外区别比较明显，而有些药材的中红外区别比较明显，当样本量不够充足时，我们可以通过近红外和中红外的光谱数据相互验证来对中药材产地进行综合鉴别。

（2）数据描述

附件 1 至附件 4（见前言中的下载方式）是一些中药材的近红外或中红外光谱数据，其中 No 列为药材的编号，Class 列表示中药材的类别，OP 列表示该种药材的产地，其余各列第一行的数据为光谱的波数（单位 cm^{-1}）、第二行以后的数据表示该行编号的药材在对应波段光谱照射下的吸光度（该吸光度为仪器矫正后的值，可能存在负值）。本章将使用给定的数据集，以数据可视化分析的方式，对以下几个问题进行分析和研究。

（3）待解决问题

问题 1：根据附件 1 中几种药材的中红外光谱数据，研究不同种类药材的特征和差异性，并鉴别药材的种类。

问题 2：根据附件 2 中某一种药材的中红外光谱数据，分析不同产地药材的特征和差异性，试鉴别药材的产地并将下表中所给出编号的药材产地的鉴别结果填入表格中。

No	3	14	38	48	58	71	79	86	89	110	134	152	227	331	618
OP															

问题 3：附件 4 给出了几种药材的近红外光谱数据，试鉴别药材的类别与产地，并将下表中所给出编号的药材类别与产地的鉴别结果填入表格中。

No	94	109	140	278	308	330	347
Class							
OP							

针对上面的问题和提供的数据，以纯粹的数据可视化分析的形式进行建模分析，不涉及药物相关的知识。而且鉴于有些问题的相似性，只提供一些有代表性的分析方式。

6.1　聚类算法鉴别药材种类

针对问题 1，本节将主要介绍如何使用无监督学习算法，对药材的种类进行鉴别。使用的数据为"附件 1.xlsx"，在该数据中有 425 个样本，3000 多个特征，结合数据和解题的目标，可以知道这是一个无监督的学习问题，可以使用聚类分析对数据进行种类的鉴别。

针对该数据集和待分析的问题，将采用下面几个步骤对数据进行可视化与聚类分析。

① 数据可视化探索分析：通过数据的可视化探索分析，对数据进行准备与预处理操作，可视化时利用数据平行坐标图查看数据；

② 数据降维与特征提取：对于数据原始的 3000 多个特征，采用降维算法对数据进行降维，将数据投影到更低的维度，便于数据可视化分析，数据降维将会采用 UMAP 算法；

③ 降维后的特征进行聚类：使用降维后的数据特征，进行聚类分析，对数据样本进行区分，聚类会采用密度聚类算法。

6.1.1　数据探索与可视化

下面的程序是导入会使用到的相关 R 包，并且导入待分析的数据集，程序和结果如下所示。

```
library(ggplot2);library(readxl);library(GGally);library(uwot)
library(gridExtra);library(Rtsne);library(psych);library(factoextra)
library(cluster);library(patchwork);library(tidymodels); library(fpc)
library(tidyverse);library(vip);library(caret);library(discrim)
## 导入数据，数据有425个样本，3349列数据
df1 <- read_excel("data/chap06/ 附件 1.xlsx")
dim(df1)
## [1] 425 3349
```

该数据是有 3000 多个特征的高维数据，所以在分析数据的特征差异时，逐个地分析每个特征是不现实的，可以对数据进行降维或者特征的提取，然后比较所提取特征的差异等。并且该数据中还可能存在异常值，因此在聚类之前，需要先对数据进行异常值的检测和剔除等操作。

针对该高维的数据，可以通过平行坐标图对其可视化分析，更容易观察数据样本的变化趋势以及分布情况。下面的程序是利用 ggparcoord() 函数，可视化平行坐标图，运行程序后可获得可视化图像（图 6-1）。从平行坐标图上可以发现，有三个样本的特征波动情况和其它特征的取值差异很大，因此，可以将这三个样本作为异常值剔除。

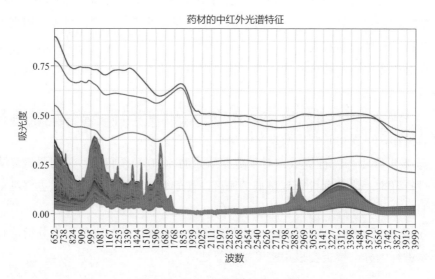

图 6-1　特征平行坐标图可视化

```
## 数据特征可视化探索，使用平行坐标图进行数据可视化
boshu <- as.integer(colnames(df1)[-1])
```

```
boshu <- round(seq(min(boshu),max(boshu),length.out = 40))
p1 <- ggparcoord(df1,columns = 2:ncol(df1),groupColumn = "No",
                 scale = "globalminmax", showPoints = FALSE,
                 alphaLines = 0.8)+
    scale_x_discrete(breaks = boshu)+  ## 设置 X 轴刻度
    theme(legend.position = "none",
          axis.text.x = element_text(angle = 90,vjust = 0.5))+
    labs(x = " 波数 ",y = " 吸光度 ",title = " 药材的中红外光谱特征 ")
p1
```

在图 6-1 中，横坐标表示数据中的每个特征，代表使用的波数，每条线是每个样本在不同特征下的取值情况。

下面的程序是剔除数据中的异常样本后，再次对数据利用平行坐标图可视化，运行程序后可获得可视化图像（图 6-2），此时的平行坐标图中，不同数据样本的波动情况较相似。

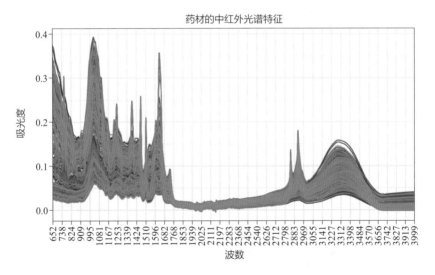

图6-2　剔除异常样本后平行坐标图可视化

```
## 可以发现数据中有几个样本可以看作是缺失值，因此将其剔除
df2 <- df1[df1$`652` < 0.5,]
## 数据特征可视化探索，使用平行坐标图进行数据可视化
p2 <- ggparcoord(df2,columns = 2:ncol(df2),groupColumn = "No",
                 scale = "globalminmax", showPoints = FALSE,
                 alphaLines = 0.8)+
    scale_x_discrete(breaks = boshu)+  ## 设置 X 轴刻度
```

```
    theme(legend.position = "none",
        axis.text.x = element_text(angle = 90,vjust = 0.5))+
    labs(x = " 波数 ",y = " 吸光度 ",title = " 药材的中红外光谱特征 ")
p2
```

6.1.2　数据降维与特征提取

　　针对高维数据集，无法直观地观察每个样本在空间中的分布情况，但是针对数据聚类结果，查看数据的分布情况很重要。因此，为了更好地观察每个样本在空间中的分布情况，可以先把药材的数据特征降维到三维空间，对数据的分布进行可视化分析。并且针对降维后的数据特征，可以继续对其进行聚类分析。下面的程序是利用 UMAP 算法，将高维数据降维到三维空间中，并且将降维后的特征使用可视化的方式进行分析，运行程序后可获得可视化图像（图 6-3）。

```
## 对数据使用 UMAP 降维
set.seed(123)
df2_umap<- umap(df2[,2:ncol(df2)],n_neighbors = 7,n_components = 3)
## 可视化降维后的数据分布
df2_umap <- as.data.frame(df2_umap)
ggpairs(df2_umap,columns = 1:3,upper = list(continuous = "density"))+
  ggtitle(" 药材的中红外光谱特征 UMAP 降维 ")
```

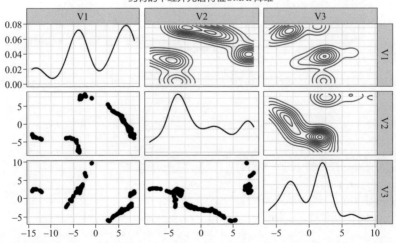

图6-3　特征UMAP降维可视化

从图 6-3 中可以发现，数据的分布情况并没有明显的规律，而且其分布并不属于球形分布，而是呈现出不规则的带状，针对这样的数据分布，显然利用密度聚类可能更合适。

6.1.3 数据聚类

在进行密度聚类之前，可以先使用 fviz_nbclust() 函数，探索进行密度聚类时合适的聚类数目，判断时会基于 Gap 统计量进行判断，Gap 统计量值越大，说明此时对应的簇数目越合适，运行下面的程序可获得可视化图像（图 6-4）。从图像的输出中可以发现，随着聚类簇数的增加，Gap 统计量先迅速增加，然后逐渐减小到 0，并且将数据聚类为 3 个簇较合适。

```
## 利用 Gap 统计量判断密度聚类的合适聚类数目
p1<-fviz_nbclust(df2_umap,FUNcluster = dbscan, # 密度聚类
                 method = "gap_stat", # 利用 Gap 统计量判断
                 k.max = 15)           # 数据的最大的聚类数目
p1
```

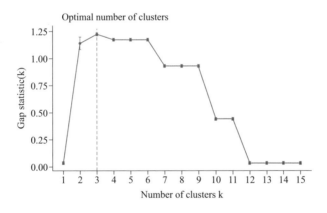

图6-4　Gap 统计量判断聚类的合适聚类数目

下面使用密度聚类算法，将数据聚类为 3 个簇，并且根据聚类的类别标签，可视化出在空间中的数据集分布散点图，运行程序后可获得可视化图像（图 6-5）。

```
## 密度聚类将数据聚类
dbscan1 <- dbscan(df2_umap,eps=7,MinPts=5)
## 可视化密度聚类的散点图
df2_umap_db <- df2_umap
```

```
df2_umap_db$class <- as.factor(dbscan1$cluster)
p1 <- ggpairs(df2_umap_db,columns = 1:3,
              aes(colour=class,shape = class,alpha = 0.5),
              upper = list(continuous = "points"))+
      scale_shape_manual(values = c(15,16,17))+
      ggtitle(" 密度聚类结果 ")
p1
```

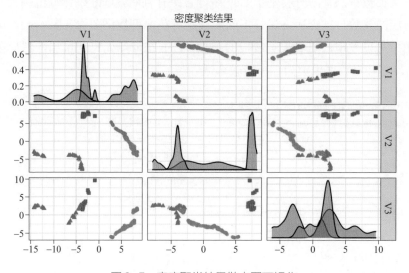

图6-5 密度聚类结果散点图可视化

图 6-5 是根据 UMAP 降维特征，利用密度聚类的结果，可视化出矩阵散点图，展示不同簇在空间中的分布情况。

下面的程序是将密度聚类的结果，在二维空间中利用主成分降维分布，可视化出聚类散点图，并且可视化出密度聚类结果的聚类轮廓图，运行程序可获得图 6-6。从图像中可以发现，使用密度聚类对数据的聚类效果较好。

```
## 在二维空间可视化密度聚类的散点图
p1 <- fviz_cluster(dbscan1,data = df2_umap,geom = "point")+
    ggtitle(" 密度聚类 ")+theme_bw(base_family = "STZhongsong")+
    theme(legend.position = "none")
## 可视化密度聚类轮廓系数
sil1 <- silhouette(dbscan1$cluster, dist(df2_umap))
p2 <- fviz_silhouette(sil1)+theme(legend.position = "none")
p1+p2
```

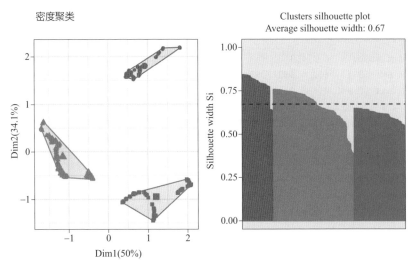

图6-6　密度聚类结果可视化

　　在提供的程序中，还包含其它聚类算法的程序与聚类分析可视化结果，由于它们的使用方式相似，这里就不再一一展示了，读者可以通过程序进行对比分析。

　　并且在前面的分析中，数据降维和聚类分析之前，并没有对数据特征进行标准化预处理操作，这是因为虽然数据的特征较多，而且有些特征的取值范围较大，有些较小，但是考虑到这些数据特征是同一属性（吸光度）的值，并且相差的数量级很小，所以不对其进行数据的标准化操作，仍然是合适的。读者也可以自行添加数据标准化操作，将分析结果与书中的分析结果进行对比分析。

6.2　分类算法鉴别药材的产地

　　下面针对问题 2 进行数据分析，需要使用有监督的数据分类算法，鉴别药材的产地。待使用的数据"附件 2.xlsx"，有 673 个样本，每个样本有 3400 多个特征。

6.2.1　数据导入与探索

　　首先使用下面的程序导入数据，该数据集中需要预测的数据为 OP 列，表示数据的类别。No 特征表示样本编号，类别 OP 中的缺失值数据表示需要预测类别的样本。

```
df <- read_excel("data/chap06/ 附件 2.xlsx")
```

```
df$OP <- as.factor(df$OP)
head(df)
## # A tibble: 6 × 3,450
##  No OP  `551` `552` `553` `554` `555` `556` `557` `558` `559` `560` `561`
## 1  1 11  0.338 0.338 0.340 0.340 0.341 0.341 0.342 0.342 0.343 0.343 0.344
## 2  2 1   0.312 0.312 0.312 0.312 0.313 0.313 0.313 0.313 0.314 0.314 0.314
## 3  3<NA> 0.376 0.376 0.376 0.376 0.377 0.377 0.378 0.378 0.380 0.380 0.380
## 4  4 6   0.357 0.357 0.357 0.357 0.358 0.358 0.359 0.359 0.359 0.359 0.359
...
```

数据读取后，通过 OP 列是否为缺失值，将数据切分为训练数据集与待预测数据集，并且针对训练数据集中的每类样本数量，可以使用条形图进行可视化，运行下面的程序可获得图 6-7。可以发现虽然有些类别的样本数量多，有些类别的样本数量较少，但是 11 类样本数量的差距并不大。

```
## 将数据切分为训练集和待预测的数据集
df_train <- df[!is.na(df$OP),]  # 训练数据
df_test <- df[is.na(df$OP),]    # 待预测数据
## 可视化数据中的产地类别数据，查看数据分布
p1 <- df_train%>%ggplot(aes(OP))+geom_bar(stat = "count",fill = "tomato")+
    labs(title = " 每类样本的数量 ")
p1
```

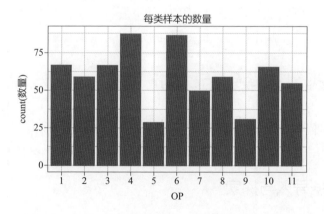

图6-7　每类样本的数量多少情况

针对高维的数据，同样可以使用平行坐标图进行可视化，观察数据特征的波动情况，运行下面的程序可获得图 6-8。从图像中并不能很好地分辨出不同类别数据之间的差异，但是可以帮助分析数据样本的波动情况，查看数据的整体情

况，而且数据中并没有分布异常的数据样本。同样由于数据特征的取值范围差异较小，不再对其进行数据标准化预处理。

```
## 数据特征可视化探索，使用平行坐标图进行数据可视化
boshu <- as.integer(colnames(df_train)[c(-1,-2)])
boshu <- round(seq(min(boshu),max(boshu),length.out = 40))
p2 <- ggparcoord(df_train,columns = 3:ncol(df_train),
                 groupColumn = "OP",scale = "globalminmax",
                 showPoints = FALSE,alphaLines = 0.8)+
    scale_x_discrete(breaks = boshu)+  ## 设置 X 轴刻度
    theme(legend.position = "none",
          axis.text.x = element_text(angle = 90,vjust = 0.5))+
    labs(x = " 波数 ",y = " 吸光度 ",title = " 不同产地药材光谱特征 ")
p2
```

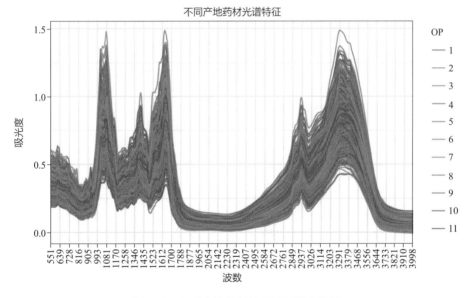

图 6-8　不同产地药材特征的平行坐标图

6.2.2　选择数据中的重要特征

预测数据中 OP 的类别，需要对数据建立有监督的分类模型，由于数据的特征较多，为了降低计算的复杂度，可使用递归特征消除法，进行特征重要性选择，选择出更重要的特征用于分类模型的建立。首先将训练数据集随机地切分为两个部分，其中一部分用于模型的训练，另一部分用于模型的验证。并且添加数

据的特征预处理过程，将数据中的 No 列定义为 ID 变量，不参与分类模型的建立，程序如下所示。

```
## 1: 将数据切分为训练数据和验证数据
set.seed(123)
data_split <- initial_split(df_train, prop = 4/5)
train_data <- data_split%>%training()
val_data   <- data_split%>%testing()
## 2: 添加数据特征处理过程，定义模型的形式
df_rec <- recipe(OP ~ ., data = train_data)%>%
    update_role(No, new_role = "id variable") #No 变量设置为 ID 列
```

接下来，通过并行计算的方式（利用 doParallel 并行计算 R 包），基于 LDA 判别模型（ldaFuncs），利用 rfe() 函数进行特征的重要性选择，该函数是基于递归特征消除算法。并且在进行特征重要性选择时，利用 5 折交叉验证的方式，该过程是使用 R 的 caret 包完成。从输出的结果中可以知道，随着使用重要特征的增减，模型的预测精度会迅速地增减，当从模型中筛选出 500 个特征时，能够获得较高的预测精度，精度可达到 0.9832，表示此时的模型较好。

```
## 3: 使用递归特征消除 (RFE) 进行特征选择
library(doParallel)
cl <- makeCluster(detectCores())
registerDoParallel(cl)
set.seed(123)  # 利用随机森林算法
control <- rfeControl(functions=ldaFuncs,method="repeatedcv",number = 5,
                      allowParallel = TRUE)
results <- rfe(df_rec,data = train_data,
               ## 设置保留的特征的数量
               sizes=c(10,20,50,100,200,500,800,1000),
               metric = "Accuracy",  # 使用预测精度进行判断
               rfeControl=control)
## 输出被选择的特征名称
rfe_feature <- predictors(results)
## 输出总结信息
print(results)
## Recursive feature selection
## Outer resampling method: Cross-Validated (5 fold, repeated 1 times)
## Resampling performance over subset size:
##  Variables Accuracy  Kappa AccuracySD  KappaSD Num_Resamples Selected
##         10   0.3699 0.2930   0.051156 0.059049             5
##         20   0.4764 0.4163   0.058480 0.065421             5
##         50   0.6973 0.6631   0.038946 0.042698             5
```

```
##        100   0.8513 0.8347   0.050199 0.056003        5
##        200   0.9541 0.9490   0.021174 0.023578        5
##        500   0.9849 0.9832   0.010567 0.011739        5           *
##        800   0.9829 0.9810   0.004199 0.004661        5
##       1000   0.9828 0.9809   0.012602 0.014019        5
##       3448   0.9848 0.9832   0.005021 0.005569        5
## The top 5 variables (out of 500):
##    1045, 1046, 1044, 1043, 1047
```

　　注意：我们为何基于 LDA 判别模型进行特征的筛选，而不基于其它的模型进行特征选择与建模［例如：rfFuncs（随机森林）、lmFuncs（线性回归），nbFuncs（朴素贝叶斯，只能用于分类）、treebagFuncs（装袋决策树）等］，这是因为我们经过多次尝试，发现该数据集更适合建立 LDA 判别模型。

　　针对筛选出的这 500 个重要特征，可以针对它们的波数多少，利用直方图进行可视化，分析重要特征的波数的分布情况，运行下面的程序，可获得图 6-9。可以发现，重要的特征波数在 1000 ~ 1200、3000、3400 ~ 3500 附近。

```
## 可视化较重要变量所表示光谱波数的分布情况
tibble(rfe_feature = as.numeric(rfe_feature))%>%
    ggplot(aes(rfe_feature))+
    geom_histogram(bins = 100,colour = "black")+
    scale_x_continuous(breaks = seq(600,3600,by = 200))+
    labs(x = " 光谱的波数 ",title = " 重要光谱特征的分布情况 ")
```

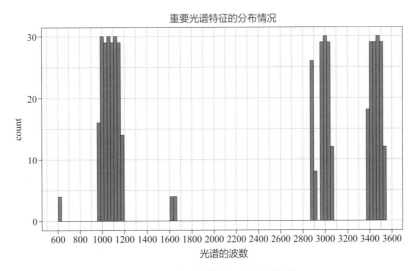

图 6-9　重要光谱特征的分布情况

经过前面的分析已经对数据有更加直观的认识，并且知道了数据中的哪些特征更重要，接下来即可利用分析的结果，建立分类模型鉴别药材的产地。

6.2.3　鉴别药材的产地

在获取重要的特征名称后，为数据预处理操作添加特征选择步骤，使用 step_select() 函数，然后可以获取预处理后用于训练和验证的数据集（train_data_pre 与 val_data_pre），以及未来需要预测的测试集（test_data_pre），程序如下所示。

```
## 4: 获取数据中的重要特征
df_rec <- df_rec%>%step_select(OP,all_of(rfe_feature))%>%prep()
train_data_pre <- df_rec%>%juice()
val_data_pre <- df_rec%>%bake(new_data = val_data)
test_data_pre <- df_rec%>%bake(new_data = df_test)
```

针对获得的数据集，可以使用下面的程序，利用交叉验证的方式建立 LDA 分类器（通过 caret 包的机器学习建模方式，使用 train() 函数），并且从输出的结果中可知，其在训练集上的预测精度超过 97%，在验证集上的预测精度超过 99%，模型对数据的预测精度非常高。

```
## 5: 建立线性判别分析 LDA 模型
lda_fit = train(OP ~ ., data=train_data_pre, method="lda",
                trControl = trainControl(method = "repeatedcv",number = 10))
lda_fit
## Linear Discriminant Analysis
## 526 samples
## 500 predictors
##  11 classes: '1', '2', '3', '4', '5', '6', '7', '8', '9', '10', '11'
##   Accuracy   Kappa
##   0.9788755  0.9764766
## 计算在验证集上的精度
val_pre <- predict(lda_fit, val_data_pre)
val_pre <- tibble(.pred_class = val_pre,true_class = val_data_pre$OP)
val_acc <- accuracy(val_pre, truth = true_class,estimate = .pred_class)
val_acc
## # A tibble: 1 × 3
##   .metric  .estimator .estimate
##   <chr>    <chr>          <dbl>
## 1 accuracy multiclass     0.992
```

针对 LDA 分类器在验证集上的预测效果，还可以使用混淆矩阵热力图进行可视化分析，运行下面的程序可获得可视化图像（图 6-10）。

```
val_pre%>%conf_mat(truth = true_class,estimate = .pred_class)%>%
    autoplot(type = "heatmap")+
    scale_fill_gradient2(low="darkblue", high="lightgreen")+
    ggtitle(paste("LDA 验证集混淆矩阵热力图 Accuracy:",
                  round(val_acc$.estimate,4)))
```

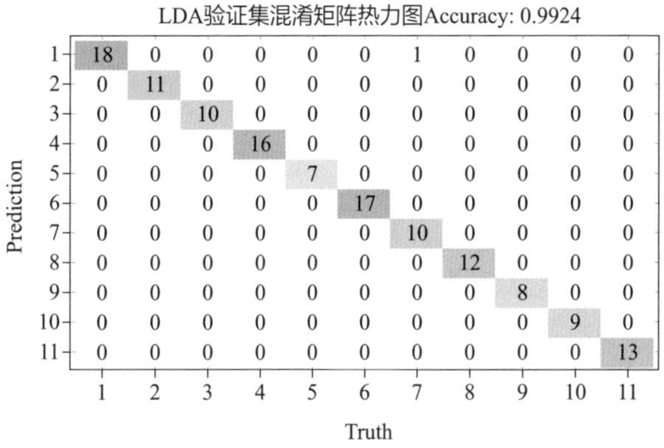

LDA验证集混淆矩阵热力图Accuracy: 0.9924

Prediction \ Truth	1	2	3	4	5	6	7	8	9	10	11
1	18	0	0	0	0	0	1	0	0	0	0
2	0	11	0	0	0	0	0	0	0	0	0
3	0	0	10	0	0	0	0	0	0	0	0
4	0	0	0	16	0	0	0	0	0	0	0
5	0	0	0	0	7	0	0	0	0	0	0
6	0	0	0	0	0	17	0	0	0	0	0
7	0	0	0	0	0	0	10	0	0	0	0
8	0	0	0	0	0	0	0	12	0	0	0
9	0	0	0	0	0	0	0	0	8	0	0
10	0	0	0	0	0	0	0	0	0	9	0
11	0	0	0	0	0	0	0	0	0	0	13

图6-10　LDA分类模型混淆矩阵热力图

针对训练好的模型，可以直接对待预测的数据样本进行预测，并获得每个样本的预测类别，程序与结果如下所示。

```
## 6: 预测测试集的结果
test_pre <- predict(lda_fit, test_data_pre)
test_pre
## [1] 6  1  4  7  10 6  9  11 3  4  9  2  5  8  3
## Levels: 1 2 3 4 5 6 7 8 9 10 11
```

通过上面的预测结果，可以将带预测样本的预测结果，整理到问题 2 的表格。

No	3	14	38	48	58	71	79	86	89	110	134	152	227	331	618
OP	6	1	4	7	10	6	9	11	3	4	9	2	5	8	3

注意：上面的程序为了方便，只使用了训练数据集训练的模型进行预测，实际应用中，可以使用训练数据与验证数据样本的总和，重新训练新的 LDA 分类模型，再对待预测的样本进行预测分析。

6.3 分类算法鉴别药材的类别

针对问题 3，会利用附件 4 给出的几种药材的近红外光谱数据，基于有监督的分类模型，鉴别药材的类别。需要注意的是，针对该问题，官方给出的解决方案中，基于有标签的样本只占全部数据的三分之二左右，所以建议使用半监督学习算法，建立分类模型。但是经过我们的分析，针对该数据，有监督的机器学习算法也是适用的，而且获得的预测精度更稳定、更高。因此下面的解决方案，会使用有监督的分类算法进行药材类别的鉴别。

6.3.1 数据导入与探索

使用下面的程序导入数据，并且根据 Class 的取值是否为缺失值，将数据集切分为训练数据和待预测数据，数据集一共有 5900 多个特征，训练数据有 256 个样本，待预测数据有 143 个样本。

```
## 读取数据
df <- read_excel("data/chap06/ 附件 4.xlsx")
## 特征名称取整数
colnames(df)[c(-1,-2,-3)] <- as.integer(colnames(df)[c(-1,-2,-3)])
df$OP <- NULL
df$Class <- as.factor(df$Class)
## 将数据切分为训练集和待预测的数据集
df_train <- df[!is.na(df$Class),]    # 训练数据
df_test <- df[is.na(df$Class),]      # 待预测数据
dim(df_train)
## [1]  256 5998
dim(df_test)
## [1]  143 5998
```

针对训练数据集中每类数据的样本数量，可以使用条形图可视化，运行下面的程序可获得图 6-11。从图中可知，3 个类别的数据样本数量差异较小，数据不存在不平衡的问题。

```
## 可视化数据中的产地类别数据，查看数据分布
p1 <- df_train%>%ggplot(aes(Class))+geom_bar(stat = "count",fill = "tomato")+
    labs(title = " 每类样本的数量 ")
p1
```

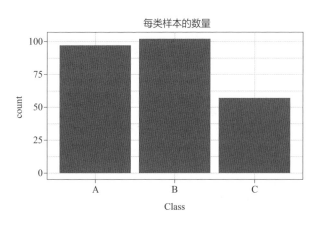

图6-11　每类样本的数量

　　同样该数据集是一个高维的数据，而且有5900多个特征。针对该高维数据，仍然利用平行坐标图可视化数据的特征分布情况，运行下面的程序可获得图6-12。从图中可以发现，不同类别的数据差异较明显。差异较明显说明数据集较容易分类，这也是为何使用有监督的分类算法建模与分析，预测精度更高、更稳定。

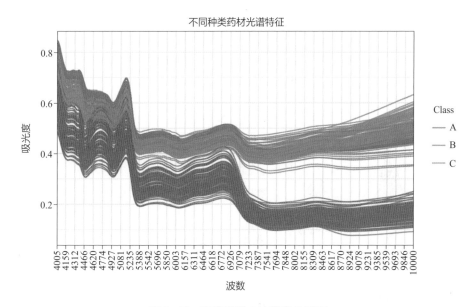

图6-12　不同类样本的平行坐标图

```
## 数据特征可视化探索，使用平行坐标图进行数据可视化
boshu <- as.integer(colnames(df_train)[c(-1,-2,-3)])
```

```
boshu <- round(seq(min(boshu),max(boshu),length.out = 40))
p2 <- ggparcoord(df_train,columns = 3:ncol(df_train),
                 groupColumn = "Class",scale = "globalminmax",
                 showPoints = FALSE,alphaLines = 0.8)+
    scale_x_discrete(breaks = boshu)+  ## 设置 X 轴刻度
    theme(axis.text.x = element_text(angle = 90,vjust = 0.5))+
    labs(x = " 波数 ",y = " 吸光度 ",title = " 不同种类药材光谱特征 ")
p2
```

该高维数据不同类别的差异较明显，因此可以对数据利用降维的方式进行特征提取，在减小数据特征数量的同时，还能突出不同类别数据之间的差异。因此下面会利用降维的特征，建立分类模型。

6.3.2　数据特征降维

针对高维数据可以使用数据降维算法，对数据进行降维，从而方便对数据的观察和分析。下面的程序中首先将训练数据切分为训练数据和验证数据，接着添加数据的预处理过程，利用主成分分析对数据进行降维（step_pca() 函数），提取数据中的 3 个主成分，最后针对训练数据集，进行数据预处理操作，并且可视化数据降维后的数据分布情况，运行程序后可获得图 6-13。通过该图像可以更方便地分析不同类别数据的分布的情况，而且不同种类的数据在数据分布上有较大的差异。

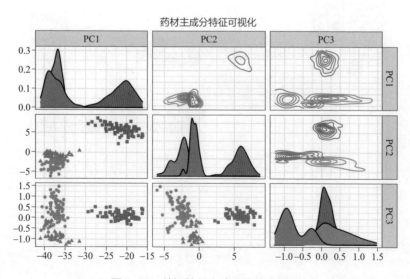

图6-13　数据特征主成分降维可视化

```
## 1: 将数据切分为训练数据和验证数据
set.seed(123)
data_split <- initial_split(df_train, prop = 4/5)
train_data <- data_split%>%training()
val_data   <- data_split%>%testing()
## 2: 添加数据特征处理过程，定义模型的形式
df_rec <- recipe(Class ~ ., data = train_data)%>%
    update_role(No, new_role = "id variable")%>%
    step_pca(all_predictors(),num_comp = 3)
## 可视化训练数据的降维后分布情况
df_rec%>%prep()%>%juice()%>%
    ggpairs(columns = 3:5,upper = list(continuous = "density"),
            aes(colour=Class,shape = Class))+
    scale_shape_manual(values = c(15,16,17))+
    ggtitle(" 药材主成分特征可视化 ")
```

从图 6-13 可以发现，红色矩形的点在多个特征上和其它两类的数据有较大的差异，而且绿色圆点与蓝色三角形代表的数据类别，在主成分 2 和主成分 3 特征上的差异也较明显。

6.3.3　预测药材的类别

对数据进行降维后，可以使用有监督的分类算法，进行分类模型的建立。但是我们知道分类算法有很多种，选择哪种方法较好呢？幸运的是，使用基于 tidymodels 的数据建模与分析方法，可以很方便地同时使用多种算法，作用到数据集上进行参数搜索，便于对比不同算法的性能。

下面的程序则是同时评估了 7 种分类算法在待分析数据上的分类性能，程序主要分为下面几个步骤。

① 定义待使用的机器学习分类算法，如线性判别（discrim_linear() 函数）、全连接神经网络（mlp() 函数）、线性支持向量机（svm_linear() 函数）、RBF 核支持向量机（svm_rbf() 函数）、K 近邻（nearest_neighbor() 函数）、随机森林（rand_forest() 函数）以及 xgboost 分类（boost_tree() 函数）等模型。

② 使用 workflow_set() 函数创建工作流，并且为工作流添加数据预处理过程和待使用的分类模型，使用列表的方式可以添加多种模型。

③ 定义模型参数搜索的网格，并采取基于并行运算的方式，使用 workflow_map() 进行多模型的参数网格搜索，这里为了节省运行时间，采用了 bootstraps 形式的数据抽样方式。

④ 最后针对模型参数搜索的结果进行可视化分析，运行程序后可获得图6-14。整个过程的程序和输出的结果如下所示。

```
## 3: 定义机器学习算法，利用主成分特征进行数据分类
lda_spec <-      # 线性判别分类模型
    discrim_linear(penalty = tune()) %>%
    set_engine("MASS")%>% set_mode("classification")
nnet_spec <-     # 全连接神经网络分类模型
    mlp(hidden_units = 20, penalty = tune(), epochs = 100) %>%
    set_engine("nnet") %>% set_mode("classification")
svm_l_spec <-    # 线性支持向量机分类模型
    svm_linear(cost = tune()) %>%
    set_engine("kernlab") %>% set_mode("classification")
svm_r_spec <- # RBF 核支持向量机分类模型
    svm_rbf(cost = tune(), rbf_sigma = tune()) %>%
    set_engine("kernlab") %>% set_mode("classification")
knn_spec <- # K 近邻分类模型
    nearest_neighbor(neighbors = tune()) %>%
    set_engine("kknn") %>% set_mode("classification")
rf_spec <-   # 随机森林分类模型
    rand_forest(mtry = tune(),trees = 100) %>%
    set_engine("ranger") %>% set_mode("classification")
xgb_spec <-   # xgboost 分类模型
    boost_tree(tree_depth = tune(), trees = 100) %>%
    set_engine("xgboost") %>% set_mode("classification")
## 4: 创建工作流
model_wfl <-
    workflow_set(
        preproc = list(PCA = df_rec),    # 数据预处理过程
        models = list(LDA = lda_spec,neural_network = nnet_spec,
                      SVM_linear = svm_l_spec, SVM_rbf = svm_r_spec,
                      KNN = knn_spec,RF = rf_spec,XGB = xgb_spec
                      )
    )
## 5: 模型参数网格
library(doParallel)
cl <- makeCluster(detectCores())
registerDoParallel(cl)
grid_ctrl <-control_grid(
    save_pred = TRUE,parallel_over = "everything",save_workflow = TRUE)
grid_results <- model_wfl %>%
    workflow_map(seed = 1234,
        resamples = bootstraps(train_data, times = 10), # 数据抽样方法
        grid = 15,control = grid_ctrl # 每个方法搜索的参数有 15 种值
    )
```

```
## 可视化不同模型的参数搜索的结果
autoplot(grid_results,rank_metric = "accuracy", metric = "accuracy",
         select_best = TRUE) +
    geom_text(aes(y = mean - 0.02,label = wflow_id),angle = 90,hjust = 1)+
    ylim(c(0.92,1))+theme(legend.position = "none")+
    ggtitle(" 不同模型的预测效果 ")
```

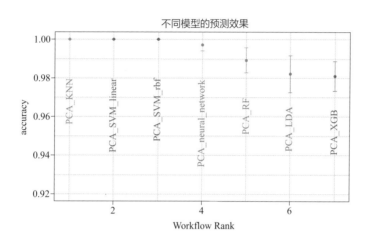

图 6-14　不同算法的分类精度对比

从图 6-14 中可以发现，KNN、线性支持向量机以及 RBF 核支持向量机，都能获得较高的精度，精度达到 100%。针对这些算法下的参数搜索结果，可以使用下面的程序进行可视化，运行程序后可获得可视化图像（图 6-15）。

```
## 可视化不同模型在不同参数下的结果
p1 <- autoplot(grid_results, id = "PCA_KNN", metric = "accuracy")+
    ggtitle("K 近邻算法 ")
p2 <- autoplot(grid_results, id = "PCA_SVM_linear", metric = "accuracy")+
    ggtitle(" 线性支持向量机 ")
p3 <- autoplot(grid_results, id = "PCA_SVM_rbf", metric = "accuracy")+
    ggtitle("RBF 支持向量机 ")
p1+p2+p3+plot_layout(ncol = 1)
```

从图 6-15 中可以发现，在 K 近邻分类算法中，使用 2 ～ 7 个近邻都能获得 100% 的预测精度；使用线性支持向量机分类器时，随着 Cost 参数取值的增加，模型的预测精度逐渐增加到 100%；而且在 RBF 核支持向量机分类器中，不同的参数组合也能达到 100% 的预测精度。

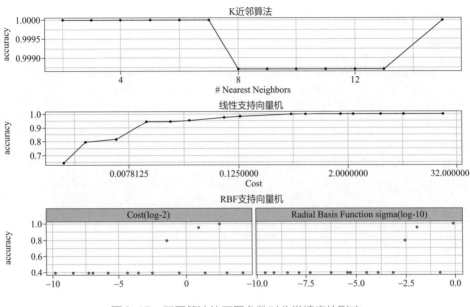

图6-15　不同算法的不同参数对分类精度的影响

下面我们使用 KNN 算法，建立分类模型，对待预测的样本进行预测。下面使用的程序主要有以下几个步骤。

① 定义分类效果最好的 KNN 分类模型，使用近邻数量等于 5；

② 定义 KNN 数据分类工作流，为工作流添加分类模型和数据预处理操作；

③ 使用训练数据训练模型，并且计算在验证集上的预测精度；

④ 对待预测的样本进行预测，获得预测标签。

完整的程序和输出如下所示。

```
## 6: 使用 KNN 算法建立分类模型
knn_model <- nearest_neighbor(neighbors = 5) %>%
    set_engine("kknn") %>% set_mode("classification")
## 7: 定义 KNN 的工作流程
knn_wflow <- workflow()%>%add_model(knn_model)%>%
    add_recipe(df_rec)
## 8: 训练模型并计算在验证集上的精度
knn_fit <- knn_wflow%>%fit(train_data)
## 评估最终的 KNN 分类在验证集上的预测效果
val_pre <- predict(knn_fit, new_data = val_data)%>%
    bind_cols(tibble(true_class = val_data$Class))
## 计算验证集上的预测精度
knn_metrics <- accuracy(val_pre, truth = true_class,
```

```
                              estimate = .pred_class)
knn_metrics   # 预测精度为1
##    .metric  .estimator .estimate
##    <chr>    <chr>          <dbl>
## 1 accuracy multiclass         1
## 对测试集进行预测
test_pre <- predict(knn_fit, new_data = df_test)%>%
    bind_cols(tibble(true_class = df_test$Class,No = df_test$No))
test_pre
## # A tibble: 143 × 3
##    .pred_class true_class    No
##    <fct>       <fct>      <dbl>
##  1 B           <NA>          3
##  2 C           <NA>          5
##  3 B           <NA>          6
##  4 B           <NA>         11
##  5 A           <NA>         16
##  6 B           <NA>         18
##  7 C           <NA>         20
##  8 B           <NA>         21
##  9 C           <NA>         22
## 10 C           <NA>         30
## # ... with 133 more rows
```

从输出的结果中可知，KNN 算法在验证集上的预测精度达到了100%，模型的预测效果较好。这也验证了我们最初的判断，虽然带标签的样本占比较少，但是数据之间的分布差异较大，所以使用有监督的分类模型，即可获得较好的预测结果。

针对 KNN 的预测结果，可以将训练数据和预测数据共同可视化，查看数据的分布和预测情况。下面的程序中，将获取训练数据与预测数据的降维数据，然后进行数据拼接，最后进行矩阵分组散点图可视化，运行程序后可获得图6-16。

```
## 可视化全部数据的分布情况数据
train_prep <- df_rec%>%prep()%>%bake(new_data = df_train)
test_prep <- df_rec%>%prep()%>%bake(new_data = df_test)
test_prep$Class <- test_pre$.pred_class # 数据添加预测的类别
## 为数据添加分组变量，并合并数据集
train_prep$Group <- "训练数据"
test_prep$Group <- "预测数据"
df_pre <- rbind(train_prep,test_prep)
## 数据可视化
```

```
ggpairs(df_pre,columns = 3:5, upper = list(continuous = "points"),
        aes(colour=Class,shape = Group),legend = 2)+
    scale_shape_manual(values = c(16,17))+
    ggtitle(" 训练数据与预测数据可视化 ")
```

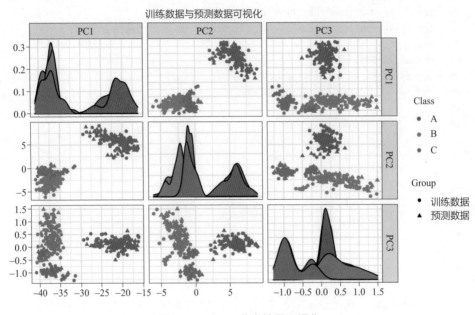

图6-16　KNN分类结果可视化

在图 6-16 中，圆点表示训练数据，三角形表示测试数据，不同的颜色表示不同类别的数据。从可视化的结果中也可以看出，测试数据的样本预测效果很好。

6.4　分类算法预测药材的产地

针对问题 3 中药材产地的预测，需要利用附件 4 给出的几种药材产地的近红外光谱数据，基于有监督的分类模型，鉴别药材的产地。针对产地的预测，同样会使用主成分分析进行特征提取与降维，然后使用经典的分类算法进行预测，并对比不同算法的精度。

6.4.1　数据导入与探索

使用下面的程序导入数据，并且根据 OP（药材的产地）的取值是否为缺失

值，将数据集切分为训练数据和待预测数据，数据集一共有 5900 多个特征，训
练数据有 349 个样本，待预测数据有 50 个样本。

```
## 读取数据，提取数据的特征
df <- read_excel("data/chap06/ 附件 4.xlsx")
## 特征名称取整数
colnames(df)[c(-1,-2,-3)] <- as.integer(colnames(df)[c(-1,-2,-3)])
df$Class <- NULL    # 删除不需要变量
df$OP <- as.factor(df$OP)
## 将数据切分为训练集和待预测的数据集
df_train <- df[!is.na(df$OP),]    # 训练数据
df_test <- df[is.na(df$OP),]      # 待预测数据
dim(df_train)
## [1]  349 5998
dim(df_test)
## [1]  50 5998
```

　　针对训练数据集中每类数据的样本数量，可以使用条形图可视化，运行下面
的程序可获得图 6-17。从图中可知，数据类别 6 ~ 16 的数据样本数量特别少，
可能会导致数据分类时较困难。

```
## 可视化数据中的产地类别数据，查看数据分布
p1 <- df%>%ggplot(aes(OP))+geom_bar(stat = "count",fill = "tomato")+
    labs(title = " 每类样本的数量 ")
p1
```

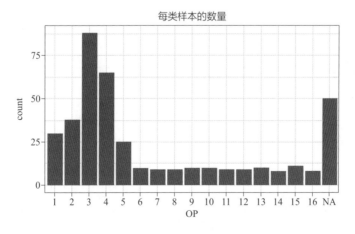

图6-17　药材不同产地样本的数量

同样该数据集是一个高维的数据，而且有 5900 多个特征。因此下面利用降维的特征，建立分类模型。

6.4.2　数据特征降维

同样由于数据维度较高，可以使用数据降维算法，对数据进行特征提取与降维，从而方便对数据的观察和分析。由于该数据的类别更多，经过多次尝试，发现使用主成分降维前 30 个主成分，就可获得较好的分类效果。

下面的程序中首先将数据切分为训练数据和验证数据，由于某些类别的样本量较少，所以使用 25% 的数据进行验证，尽可能地保证验证集中每类样本量大于等于 1。并且在数据预处理操作中，先对数据特征进行标准化操作（step_normalize() 函数），接着利用主成分分析对数据进行降维（step_pca() 函数），提取数据中的 30 个主成分，最后针对所有的训练数据集，进行数据预处理操作，并且可视化数据降维后的数据平行坐标图，用于观察数据样本在每个主成分上的分布情况。运行下面程序后可获得图 6-18。

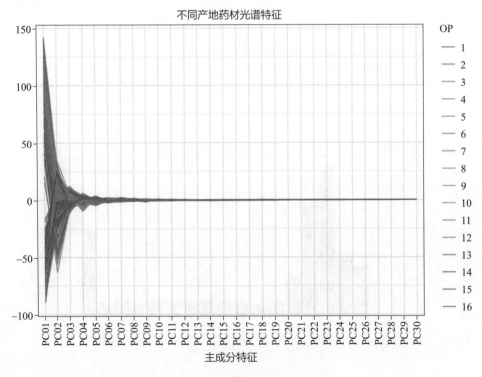

图6-18　不同产地药材的主成分特征

```
## 1: 将数据切分为训练数据和验证数据
set.seed(123)
data_split <- initial_split(df_train, prop = 3/4)
train_data <- data_split%>%training()
val_data  <- data_split%>%testing()
## 2: 添加数据特征处理过程, 定义模型的形式
df_rec <- recipe(OP ~ ., data = train_data)%>%
    update_role(No, new_role = "id variable")%>%
    ## 添加数据标准化过程
    step_normalize(-c(No,OP))%>%
    ## 获取数据中的 30 个主成分
    step_pca(all_predictors(),num_comp = 30)
## 可视化训练数据的降维后的平行坐标图
df_train_plot <- df_rec%>%prep()%>%bake(new_data = df_train)
p2 <- ggparcoord(df_train_plot,columns = 3:ncol(df_train_plot),
                 groupColumn = "OP",scale = "globalminmax",
                 showPoints = FALSE,alphaLines = 0.8)+
    theme(axis.text.x = element_text(angle = 90,vjust = 0.5))+
    labs(x = " 主成分特征 ",y = "",title = " 不同产地药材光谱特征 ")
p2
```

通过图 6-18 可以更方便地分析数据的特征, 可以发现, 数据的类别有很多, 而且并不能明显地区分出不同类别数据的差异, 但是针对不同的主成分特征, 数据的取值范围是有差异的, 其取值范围在逐渐地变小。

针对主成分降维提取的特征, 还可以利用矩阵散点图的形式, 观察数据的分布, 但是由于特征较多, 因此下面的程序中, 只可视化出了数据中的前 6 个主成分的分布情况, 运行程序可获得可视化图像 (图 6-19)。

```
## 可视化主成分的特征散点图
ggpairs(df_train_plot,columns = 3:8, upper = list(continuous = "points"),
        aes(shape = OP,colour=OP),legend = 2)+
    scale_shape_manual(values = seq(1:16))+
    theme(strip.text = element_text(size = 8))+
    ggtitle(" 不同产地药材主成分特征可视化 ")
```

从图 6-19 可以发现, 在不同的主成分特征下, 数据的分布差异并不是非常明显, 这也为后面的数据分类精度带来新的挑战。

6.4.3 预测药材的产地

对数据进行降维后, 可以使用有监督的分类算法, 进行分类模型的建立。经

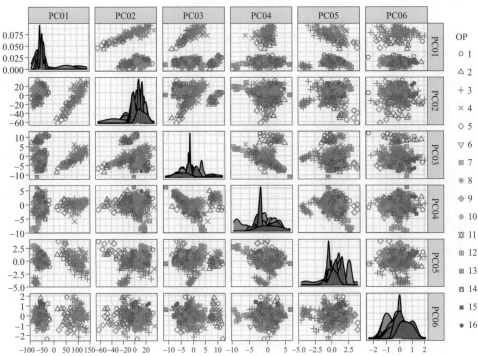

图6-19　数据特征主成分降维可视化

过前面的分析我们已经知道，有多个类别的数据样本量较少，如果像 6.3.3 小节中，使用 tidymodels 同时将多种算法建模，并作用到数据集上进行参数搜索，然后对比不同算法的性能。此时，由于样本量的差异，可能并不适用。这是因为，在进行多种参数搜索时，需要利用到数据的随机抽样或者 K 折交叉验证，此时不能保证每次抽样的数据样本都包含所有的类别数据，会造成程序出错，而无法得到多种模型的参数搜索结果。下面使用一种更稳定的建模方式，单独为待使用的分类算法使用训练数据集进行建模，使用验证数据集进行验证，最后挑选出性能较好的模型用于待预测数据的预测。

下面将使用 LDA 判别分类、K 近邻分类、线性 SVM 分类、RBF 核 SVM 分类以及随机森林分类等算法进行分析。

（1）LDA 判别分类器

首先建立 LDA 判别分析模型，用于预测药材的产地。下面的程序建模后，使用训练集训练模型，对验证集进行预测，并计算出预测精度。从输出结果中可知，在验证集上的预测精度达到 88.6%，模型的预测效果较好。

```
## 3: 创建 LDA 判别分析模型工作流
lda_spec <- discrim_linear() %>%set_engine("MASS")%>%
    set_mode("classification")
lda_wfl <- workflow()%>%add_recipe(df_rec)%>% add_model(lda_spec)
## LDA 判别分析进行模型训练
lda_fit <- lda_wfl %>% fit(data = train_data)
## 查看在验证集上的预测精度
val_pre <- predict(lda_fit,val_data)%>%bind_cols(val_data[,"OP"])
val_acc <- accuracy(val_pre,truth = OP,estimate = .pred_class)
print(val_acc)
##   .metric  .estimator .estimate
## 1 accuracy multiclass    0.886
```

（2）K 近邻分类器

下面的程序是使用 K 近邻（KNN）分类算法，进行药材产地的预测。程序中使用训练集训练模型，对验证集进行预测，并计算出预测精度。从输出结果中可知，在验证集上的预测精度达到 85.2%，模型的预测效果较好。

```
## 4: 使用 KNN 算法建立分类模型
knn_model <- nearest_neighbor(neighbors = 3) %>%
    set_engine("kknn") %>% set_mode("classification")
## 定义 KNN 的工作流程
knn_wflow <- workflow()%>%add_model(knn_model)%>%
    add_recipe(df_rec)
## 训练模型并计算在验证集上的精度
knn_fit <- knn_wflow%>%fit(train_data)
## 评估最终的 KNN 分类在验证集上的预测效果
val_pre <- predict(knn_fit, new_data = val_data)%>%
    bind_cols(tibble(true_class = val_data$OP))
## 计算验证集上的预测精度
val_acc <- accuracy(val_pre, truth = true_class,
                    estimate = .pred_class)
val_acc
##   .metric  .estimator .estimate
## 1 accuracy multiclass    0.852
```

（3）线性 SVM 分类器

下面的程序是使用线性支持向量机分类算法，进行药材产地的预测。程序中使用训练集训练模型，对验证集进行预测，并计算出预测精度。从输出结果中可知，在验证集上的预测精度达到 88.6%，模型的预测效果较好。

```
## 5: 使用线性 SVM 算法建立分类模型
svm_l_spec <- svm_linear(cost = 5) %>%
    set_engine("kernlab") %>% set_mode("classification")
## 定义线性 SVM 的工作流程
svml_wfl <- workflow()%>%add_model(svm_l_spec)%>%
    add_recipe(df_rec)
## 训练模型并计算在验证集上的精度
svml_fit <- svml_wfl%>%fit(train_data)
## 评估最终在验证集上的预测效果
val_pre <- predict(svml_fit, new_data = val_data)%>%
    bind_cols(tibble(true_class = val_data$OP))
## 计算验证集上的预测精度
val_acc <- accuracy(val_pre, truth = true_class,
                     estimate = .pred_class)
val_acc
##    .metric  .estimator .estimate
## 1 accuracy multiclass     0.886
```

（4）RBF 核 SVM 分类器

下面的程序是使用 RBF 核支持向量机分类算法，进行药材产地的预测。程序中使用训练集训练模型，对验证集进行预测，并计算出预测精度。从输出结果中可知，在验证集上的预测精度达到 86.4%，模型的预测效果较好。

```
## 6: 使用 RBF 核 SVM 算法建立分类模型
svm_r_spec <- svm_rbf(cost = 5, rbf_sigma = 0.02) %>%
    set_engine("kernlab") %>% set_mode("classification")
## 定义 RBF 核 SVM 的工作流程
svmr_wfl <- workflow()%>%add_model(svm_r_spec)%>%
    add_recipe(df_rec)
## 训练模型并计算在验证集上的精度
svmr_fit <- svmr_wfl%>%fit(train_data)
## 评估最终在验证集上的预测效果
val_pre <- predict(svmr_fit, new_data = val_data)%>%
    bind_cols(tibble(true_class = val_data$OP))
## 计算验证集上的预测精度
val_acc <- accuracy(val_pre, truth = true_class,
                     estimate = .pred_class)
val_acc
##    .metric  .estimator .estimate
## 1 accuracy multiclass     0.864
```

（5）随机森林分类器

下面的程序是使用随机森林分类算法，进行药材产地的预测。程序中使用训练集训练模型，对验证集进行预测，并计算出预测精度。从输出结果中可知，在验证集上的预测精度达到 80.7%，模型的预测效果较好。

```
## 7：使用随机森林分类模型
rf_spec <- rand_forest(mtry = 5,trees = 200) %>%
    set_engine("ranger") %>% set_mode("classification")
## 定义全连接神经网络的工作流程
rf_wfl <- workflow()%>%add_model(rf_spec)%>%
    add_recipe(df_rec)
## 训练模型并计算在验证集上的精度
rf_fit <- rf_wfl%>%fit(train_data)
## 评估最终在验证集上的预测效果
val_pre <- predict(rf_fit, new_data = val_data)%>%
    bind_cols(tibble(true_class = val_data$OP))
## 计算验证集上的预测精度
val_acc <- accuracy(val_pre, truth = true_class,
                     estimate = .pred_class)
val_acc
##   .metric  .estimator .estimate
## 1 accuracy multiclass    0.807
```

经过上面几种分类模型的尝试，可以发现预测效果最好的算法是 LDA 判别分类器与线性 SVM 分类器。几种算法的预测精度可以总结为表 6-1。

表6-1 不同算法的预测精度

分类算法	验证集精度	分类算法	验证集精度
LDA 判别分析	88.6%	RBF 核支持向量机	86.4%
K 近邻	85.2%	随机森林	80.7%
线性支持向量机	88.6%		

（6）使用最优的模型进行预测

在知道两种最优的分类器后，下面分别使用全部的带标签训练数据，进行模型的重新训练与预测。下面的程序是使用 LDA 判别分析模型，进行建模和预测。从输出的结果中可以发现，在所有训练数据集上重新训练后，对训练数据的预测精度达到了 96.6%，预测精度较高。此外还可视化出了在训练数据集上的混淆矩阵热力图，运行程序后可获得图 6-20。

```
## 8：使用预测效果最好的分类算法对测试集进行预测
lda_fit <- lda_wfl%>%fit(df_train)
```

```
## 评估最终在训练集上的预测效果
train_pre <- predict(lda_fit, new_data = df_train)%>%
    bind_cols(tibble(true_class = df_train$OP))
## 计算验证集上的预测精度
train_acc <- accuracy(train_pre, truth = true_class,
                       estimate = .pred_class)
train_acc
##   .metric  .estimator .estimate
## 1 accuracy multiclass      0.966
## 可视化在训练集上的混淆矩阵
train_pre%>%conf_mat(truth = true_class,estimate = .pred_class)%>%
    autoplot(type = "heatmap")+
    scale_fill_gradient2(low="darkblue", high="lightgreen")+
    ggtitle("LDA 混淆矩阵热力图（训练集）")
```

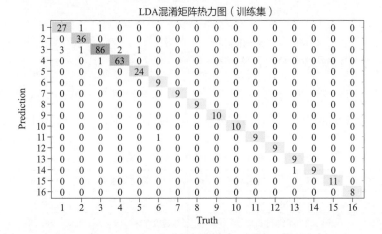

图6-20　LDA模型在全部训练数据集上预测结果的混淆矩阵

最后使用重新训练好的 LDA 判别分析模型，对待预测样本进行预测，程序和输出的结果如下所示。

```
## 对测试集进行预测
test_pre <- predict(lda_fit, new_data = df_test)%>%
    bind_cols(tibble(true_class = df_test$OP,No = df_test$No))
test_pre
## # A tibble: 50 × 3
##   .pred_class true_class     No
##   <fct>       <fct>       <dbl>
```

```
## 1 4          NA          2
## 2 2          NA          4
## 3 7          NA          9
## 4 2          NA          10
## 5 16         NA          12
## 6 3          NA          14
## 7 4          NA          27
## 8 11         NA          39
## 9 2          NA          42
## 10 1         NA          52
## # … with 40 more rows
```

下面的程序是使用线性 SVM 分类器，进行重新建模和预测。从输出的结果中可以发现，在所有训练数据集上重新训练后，对训练数据的预测精度达到了100%，预测精度达到最高。此外还可视化出了在训练数据集上的混淆矩阵热力图，运行程序后可获得图 6-21，可以发现，所有的样本都能预测正确。

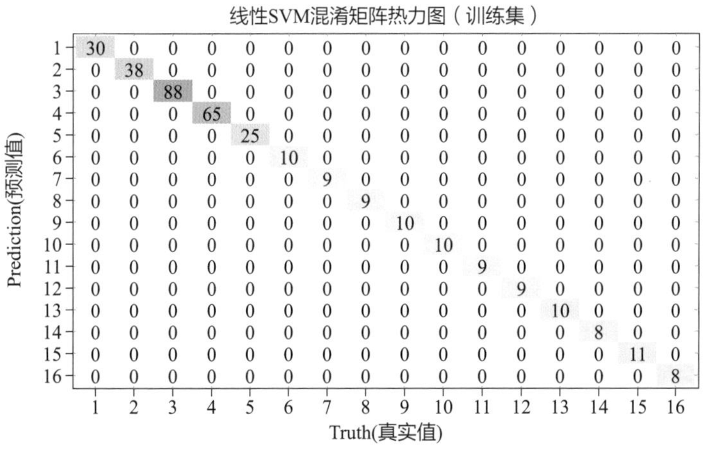

图6-21 线性SVM模型在全部训练数据集上预测结果的混淆矩阵

```
## 8: 使用预测效果最好的分类算法对测试集进行预测
svml_fit <- svml_wfl%>%fit(df_train)
## 评估最终在训练集上的预测效果
train_pre <- predict(svml_fit, new_data = df_train)%>%
    bind_cols(tibble(true_class = df_train$OP))
## 计算验证集上的预测精度
train_acc <- accuracy(train_pre, truth = true_class,
                      estimate = .pred_class)
```

```
train_acc
##   .metric  .estimator .estimate
## 1 accuracy multiclass          1
## 可视化在训练集上的混淆矩阵
train_pre%>%conf_mat(truth = true_class,estimate = .pred_class)%>%
    autoplot(type = "heatmap")+
    scale_fill_gradient2(low="darkblue", high="lightgreen")+
    ggtitle("线性 SVM 混淆矩阵热力图（训练集）")
```

最后使用重新训练好的线性 SVM 分类器，对待预测样本进行预测，程序和输出的结果如下所示。

```
## 对测试集进行预测
test_pre <- predict(svml_fit, new_data = df_test)%>%
    bind_cols(tibble(true_class = df_test$OP,No = df_test$No))
test_pre
## # A tibble: 50 × 3
##    .pred_class true_class    No
##    <fct>       <fct>      <dbl>
## 1 4            <NA>           2
## 2 5            <NA>           4
## 3 7            <NA>           9
## 4 2            <NA>          10
## 5 13           <NA>          12
## 6 3            <NA>          14
## 7 4            <NA>          27
## 8 6            <NA>          39
## 9 2            <NA>          42
## 10 2           <NA>          52
## # … with 40 more rows
```

6.5　本章小结

本章使用了一个实际的数据分析案例，介绍了如何将数据可视化、数据分析、机器学习算法相结合，对中药材鉴别中的相关问题进行解决。该章的内容除了数据的可视化分析之外，还包含了数据分析中常用方法的使用，即无监督学习与有监督学习。在无监督学习中，主要使用聚类算法对数据进行聚类分析，使用数据降维算法对数据进行降维分析；在有监督学习中，主要以特征选择、数据降维与分类算法相结合的方式，对数据进行分类。

第 **7** 章

综合案例 2：抗乳腺癌候选药物分析

该问题来自 2021 年中国研究生数学建模竞赛 D 题，虽然该问题来自研究生数学建模，但是本章将尽可能地使用简单的数据分析方法，从数据分析的视角，对其中的几个问题进行分析，尽可能地避免较复杂的数据建模流程。该数据虽然来自医学和药物相关的实验，但是读懂本章的数据分析内容，不需要过多的医学或者药物知识。下面先对问题进行简单的介绍。

（1）问题背景介绍

乳腺癌是目前世界上最常见、致死率较高的癌症之一。乳腺癌的发展与雌激素受体密切相关，有研究发现，雌激素受体 α 亚型（estrogen receptors alpha, ERα）在不超过 10% 的正常乳腺上皮细胞中表达，但在 50% ～ 80% 的乳腺肿瘤细胞中表达；而对 ERα 基因缺失小鼠的实验结果表明，ERα 确实在乳腺发育过程中扮演了十分重要的角色。目前，抗激素治疗常用于 ERα 表达的乳腺癌患者，其通过调节雌激素受体活性来控制体内雌激素水平。因此，ERα 被认为是治疗乳腺癌的重要靶标，能够拮抗 ERα 活性的化合物可能是治疗乳腺癌的候选药物。比如，临床治疗乳腺癌的经典药物他莫昔芬和雷洛昔芬就是 ERα 拮抗剂。

目前，在药物研发中，为了节约时间和成本，通常采用建立化合物活性预测模型的方法来筛选潜在活性化合物。具体做法是针对与疾病相关的某个靶标（此处为 ERα），收集一系列作用于该靶标的化合物及其生物活性数据，然后以一系列分子结构描述符作为自变量，化合物的生物活性值作为因变量，构建化合物的定量结构 - 活性关系（Quantitative Structure-Activity Relationship, QSAR）模型，然后使用该模型预测具有更好生物活性的新化合物分子，或者指导已有活性化合物的结构优化。

一个化合物想要成为候选药物，除了需要具备良好的生物活性（此处指抗乳腺癌活性）外，还需要在人体内具备良好的药物代谢动力学性质和安全性，合称为 ADMET（Absorption 吸收、Distribution 分布、Metabolism 代谢、Excretion 排泄、Toxicity 毒性）性质。其中，ADME 主要指化合物的药物代谢动力学性质，描述了化合物在生物体内的浓度随时间变化的规律，T 主要指化合物可能在人体内产生的毒副作用。一个化合物的活性再好，如果其 ADMET 性质不佳，比如很难被人体吸收，或者体内代谢速度太快，或者具有某种毒性，那么其仍然难以成为药物，因而还需要进行 ADMET 性质优化。为了方便建模，本问题仅考虑化合物的 5 种 ADMET 性质，分别是：①小肠上皮细胞渗透性（Caco-2），可度量化合物被人体吸收的能力；②细胞色素 P450 酶（Cytochrome P450, CYP）3A4 亚型（CYP3A4），这是人体内的主要代谢酶，可度量化合物的代谢稳定性；③化合物心脏安全性评价（human Ether-a-go-go Related Gene, hERG），可度量化合物的心脏毒性；④人体口服生物利用度（Human Oral Bioavailability, HOB），可度量药物进入人体后被吸收进入人体血液循环的药量比例；⑤微核试验（Micronucleus, MN），是检测化合物是否具有遗传毒性的一种方法。

（2）数据集介绍及建模目标

本问题针对乳腺癌治疗靶标 ERα，首先提供了 1974 个化合物对 ERα 的生物活性数据。这些数据包含在文件"ERα_activity.xlsx"的 training 表（训练集）中。training 表包含 3 列，第一列提供了 1974 个化合物的结构式，用一维线性表达式 SMILES（Simplified Molecular Input Line Entry System）表示；第二列是化合物对 ERα 的生物活性值（用 IC50 表示，为实验测定值，单位是 nM，值越小代表生物活性越大，对抑制 ERα 活性越有效）；第三列是将第二列 IC50 值转化而得的 pIC50（即 IC50 值的负对数，该值通常与生物活性具有正相关性，即 pIC50 值越大表明生物活性越高。实际 QSAR 建模中，一般采用 pIC50 来表示生物活性值）。该文件另有一个 test 表（测试集），里面提供有 50 个化合物的 SMILES 式。

其次，在文件"Molecular_Descriptor.xlsx"的 training 表（训练集）中，给出了上述 1974 个化合物的 729 个分子描述符信息（即自变量）。其中第一列也是化合物的 SMILES 式（编号顺序与上表一样），其后共有 729 列，每列代表化合物的一个分子描述符（即一个自变量）。化合物的分子描述符是一系列用于描述化合物的结构和性质特征的参数，包括物理化学性质（如分子量、LogP 等），拓扑结构特征（如氢键供体数量、氢键受体数量等），等等。关于每个分子描述符的具体含义，请参见文件"分子描述符含义解释 .xlsx"。同样地，该文件也有一个 test 表，里面给出了上述 50 个测试集化合物的 729 个分子描述符。

最后，在关注化合物生物活性的同时，还需要考虑其 ADMET 性质。因此，在文件"ADMET.xlsx"的 training 表（训练集）中，提供了上述 1974 个化合物的 5 种 ADMET 性质的数据。其中第一列也是表示化合物结构的 SMILES 式（编号顺序与前面一样），其后 5 列分别对应每个化合物的 ADMET 性质，采用二分类法提供相应的取值。Caco-2：'1'代表该化合物的小肠上皮细胞渗透性较好，'0'代表该化合物的小肠上皮细胞渗透性较差。CYP3A4：'1'代表该化合物能够被 CYP3A4 代谢，'0'代表该化合物不能被 CYP3A4 代谢。hERG：'1'代表该化合物具有心脏毒性，'0'代表该化合物不具有心脏毒性。HOB：'1'代表该化合物的口服生物利用度较好，'0'代表该化合物的口服生物利用度较差。MN：'1'代表该化合物具有遗传毒性，'0'代表该化合物不具有遗传毒性。同样地，该文

件也有一个 test 表，里面提供有上述 50 个化合物的 SMILES 式（编号顺序同上）。

建模目标：根据提供的 ERα 拮抗剂信息（1974 个化合物样本，每个样本都有 729 个分子描述符变量，1 个生物活性数据，5 个 ADMET 性质数据），构建化合物生物活性的定量预测模型和 ADMET 性质的分类预测模型，从而为同时优化 ERα 拮抗剂的生物活性和 ADMET 性质提供预测服务。

针对该问题与数据主要会探索分析以下几个目标。

目标 1：根据文件"Molecular_Descriptor.xlsx"和"ERα_activity.xlsx"提供的数据，针对 1974 个化合物的 729 个分子描述符进行变量选择，根据变量对生物活性影响的重要性进行排序，并给出前 20 个对生物活性影响最显著的分子描述符（即变量），并请详细说明分子描述符筛选过程及其合理性。

目标 2：结合目标 1，选择不超过 20 个分子描述符变量，构建化合物对 ERα 生物活性的定量预测模型，请叙述建模过程。然后使用构建的预测模型，对文件"ERα_activity.xlsx"的 test 表中的 50 个化合物进行 IC50 值和对应的 pIC50 值预测，并将结果分别填入"ERα_activity.xlsx"的 test 表中的 IC50_nM 列及对应的 pIC50 列。

目标 3：利用文件"Molecular_Descriptor.xlsx"提供的 729 个分子描述符，针对文件"ADMET.xlsx"中提供的 1974 个化合物的 ADMET 数据，分别构建化合物的 Caco-2、CYP3A4、hERG、HOB、MN 的分类预测模型，并简要叙述建模过程。然后使用所构建的 5 个分类预测模型，对文件"ADMET.xlsx"的 test 表中的 50 个化合物进行相应的预测，并将结果填入"ADMET.xlsx"的 test 表中对应的 Caco-2、CYP3A4、hERG、HOB、MN 列。

针对上面的问题和提供的数据，本书会利用数据分析的方法进行建模与分析，不会涉及相关的药物相关的知识。而且鉴于有些目标的子问题具有一定的相似性，因此只提供一些有代表性的分析方式，尤其对于目标 3 中多个二分类变量的预测。

综上所述，本章将会主要包含以下几个主要的分析节：①针对目标 1，通过特征提取与选择的方法，对数据进行可视化分析；②针对目标 2，介绍几种回归模型的应用，用于数值变量的预测；③针对目标 3，介绍分类模型的使用，用于二分类变量的预测。

7.1　数据特征提取

针对目标 1，介绍如何使用 R 语言对数据进行特征选择。

7.1.1　数据可视化探索

首先导入待使用的 R 包以及会使用的数据集，程序如下所示。

```
library(ggplot2);library(readxl);library(GGally);library(patchwork);
library(tidymodels);library(tidyverse);library(vip);library(pheatmap)
library(plotly);library(embed);library(caret);library(doParallel)
## 读取数据
desdf <- read_excel("data/chap07/Molecular_Descriptor.xlsx",
                    sheet = "training")
desdf$SMILES <- NULL
head(desdf)
## # A tibble: 6 × 729
## nAcid  ALogP ALogp2   AMR  apol naAromAtom nAromBond nAtom nHeavyAtom  nH
## 1    0 -0.286 0.0818  126.  74.2         12        12    64         31  33
## 2    0 -0.862 0.743   132.  80.4         12        12    70         33  37
## 3    0  0.730 0.532   140.  74.1         18        18    62         33  29
## 4    0 -0.318 0.101   133.  80.4         12        12    70         33  37
...
actdf <- read_excel("data/chap07/ERα_activity.xlsx",sheet = "training")
actdf$SMILES <- NULL
head(actdf)
## # A tibble: 6 × 2
##   IC50_nM pIC50
## 1     2.5  8.60
## 2     7.5  8.12
## 3     3.1  8.51
...
```

导入的数据集中，"Molecular_Descriptor.xlsx"数据有 729 个分子描述符信息（即自变量），属于典型的高维数据。针对该数据可以使用数据的相关系数热力图可视化自变量之间的关系，分析数据特征之间的关系。运行下面的程序可获得图 7-1。

```
## 1: 相关系数热力图可视化变量之间的相关性
descor <- cor(desdf)
fig <- plot_ly(x = colnames(descor),y = colnames(descor),
               z = descor, type = "heatmap")
fig
```

从图 7-1 中可以发现，很多相关性之间的值为缺失值，原因是一些变量的取值是唯一值，因此可以将这些特征先从数据中剔除，一共会剔除 225（729−504=225）个特征，程序如下所示。

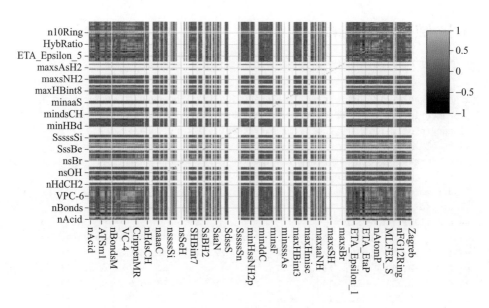

图7-1　数据特征相关系数热力图可视化

```
## 剔除具有唯一值的特征
index <- apply(desdf,2, function(x) {length(unique(x))}) > 1
desdf <- desdf[,index]
```

　　针对待预测的变量 pIC50，可使用直方图查看其数据分布情况，运行下面的程序可获得图 7-2。可以发现变量 pIC50 的分布接近于正态分布的情况，而且取值范围合适，因此不再对其进行进一步的数据变换，可直接用于数据的预测。

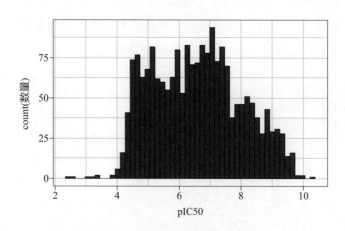

图7-2　待预测特征数据分布情况

```
## 2: 使用直方图查看待预测变量 pIC50 的数据分布情况
actdf%>%ggplot(aes(pIC50))+
    geom_histogram(colour = "black",fill = "blue",bins = 50)
```

经过剔除唯一值后的自变量仍然有很多，观察每个自变量和待预测变量之间的关系时，很不方便。下面随机抽取一些自变量，通过散点图可视化自变量和因变量之间的关系，对数据进行观察与分析。运行程序后可获得可视化图像（图 7-3）。

```
## 3: 散点图可视化自变量和待预测变量之间的关系
set.seed(123)
index <- sample(ncol(desdf),25)
cbind(actdf[,"pIC50"],desdf[,index])%>% # 数据组合
    ## 宽数据转化为长数据
    pivot_longer(!pIC50,names_to = "varname", values_to = "value")%>%
    ggplot(aes(x = value,y = pIC50))+  # 可视化
    geom_point(size = 0.5)+geom_smooth(method = "lm")+
    facet_wrap(vars(varname),scales = "free",nrow = 5)+
    theme(strip.text = element_text(size = 6))
```

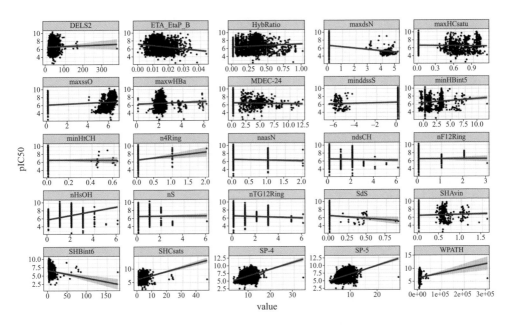

图 7-3　部分自变量与因变量之间关系可视化

227

7.1.2 特征选择

我们需要从数据剩余的 504 个特征中，通过合适的方法，筛选出比较重要的 20 个特征。而特征选择的方法有很多种，我们知道针对回归问题，Lasso 回归模型具有特征筛选的功能，随机森林回归能够计算每个特征的重要性。因此，下面将会主要介绍两种特征选择的方法，使用随机森林回归模型和 Lasso 回归模型，选择对生物活性影响最显著的分子描述符（自变量）。

（1）利用随机森林回归筛选

在使用随机森林回归模型，选择对生物活性影响最显著的分子描述符之前，需要先对数据中的自变量特征进行标准化处理，然后使用 rand_forest() 函数定义包含 500 棵树的随机森林模型，并使用数据进行模型的拟合，输出随机森林模型的绝对值预测。程序如下所示。

```
## 数据标准化预处理
desdf_s <- as_tibble(apply(desdf, 2, scale))
## 1: 建立随机森林回归模型
rf_model <- rand_forest(trees = 500)%>%
    set_engine("ranger",importance = "impurity") %>%
    set_mode("regression")
rf_fit <- rf_model%>%fit_xy(x = desdf_s,y = actdf$pIC50)
## 计算预测误差
sprintf(" 随机森林绝对值误差 :%.4f",
        metric_mae(actdf$pIC50,rf_fit$fit$predictions))
## [1] " 随机森林绝对值误差 :0.5074"
```

从输出的结果中可知，利用 504 个特征的随机森林模型，对预测值的绝对值误差为 0.5074。

（2）利用 Lasso 回归筛选

下面同样利用 linear_reg() 函数对标准化后的数据建立 Lasso 回归模型，并输出模型预测值的绝对值误差。从下面程序的输出结果中可知，Lasso 回归绝对值误差为 0.5163，回归效果和随机森林回归相差不大。

```
## 2: 使用 lasso 回归模型计算模型中的重要特征
lasso_model <- linear_reg(penalty = 0.0005, mixture = 1)%>%
    set_engine("glmnet")
lasso_fit <- lasso_model%>%fit_xy(x = desdf_s,y = actdf$pIC50)
lasso_pre <- predict(lasso_fit, desdf_s)
sprintf("Lasso 回归绝对值误差 :%.4f",
```

```
        metric_mae(actdf$pIC50,lasso_pre$.pred))
## [1] "Lasso 回归绝对值误差 :0.5163"
```

（3）获取两种方法下的重要特征

在建立好随机森林与 Lasso 回归模型后，针对模型中每个特征的重要性，可以通过 vip() 函数进行可视化。下面的程序则是可视化出每个模型前 30 个重要的特征，运行程序可获得图 7-4。从图像中可以发现，两种方法得到的重要变量差异较大，后面将使用不同的方式对两种算法得到的重要特征进行建模和预测。

```
## 计算每个特征的重要性
p1 <- vip(rf_fit,num_features = 30)+ ggtitle(" 随机森林回归 ")
## 计算每个特征的重要性
p2 <- vip(lasso_fit,num_features = 30)+ ggtitle("Lasso 回归 ")
p1+p2
```

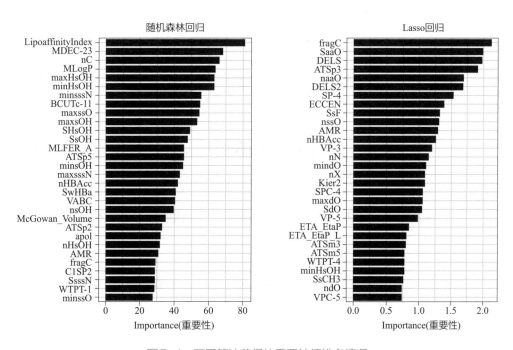

图7-4　不同算法获得的重要特征排名情况

使用下面的程序可以获得随机森林回归与 Lasso 回归中前 20 个重要特征，程序和结果如下所示。

```
## 获取两种方法的前 20 个重要特征名称
rf_vip <- vi(rf_fit)
rf_vip_20 <- rf_vip$Variable[1:20]
lasso_vip <- vi(lasso_fit)
lasso_vip_20 <- lasso_vip$Variable[1:20]
rf_vip_20
##  [1] "LipoaffinityIndex" "MDEC-23"  "nC"   "MLogP"    "maxHsOH"  "minHsOH"
##  [7] "minsssN" "BCUTc-1l"  "maxssO"  "maxsOH"  "SHsOH"   "SsOH"  "MLFER_A"
## [14] "ATSp5"  "minsOH"  "maxsssN"  "nHBAcc"   "SwHBa"  "VABC"  "nsOH"
lasso_vip_20
##  [1] "fragC"  "SaaO"   "DELS"   "ATSp3"   "naaO"   "DELS2"  "SP-4"  "ECCEN"
##  [9] "SsF"   "nssO"    "AMR"    "nHBAcc"  "VP-3"  "nN"    "mindO"  "nX"
## [17] "Kier2"  "SPC-4"  "maxdO"  "SdO"
```

在获取每种算法的前 20 个重要特征后，下面的程序是通过散点图的方式，可视化随机森林回归中重要特征与待预测特征的关系，运行程序可获得图 7-5。从图像中可以发现，筛选出的自变量和待预测变量之间的关系都很明显，而且被筛选出的特征在分布上也有差异。

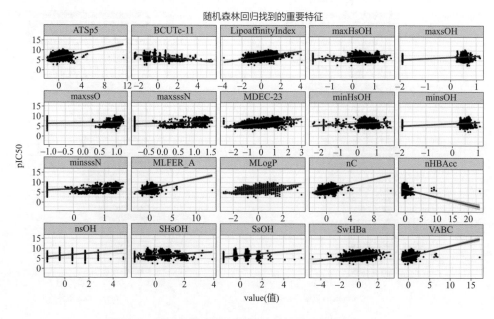

图7-5 随机森林回归中重要特征与待预测特征的关系

```
## 可视化两种方法和因变量的数据分布情况
cbind(actdf[,"pIC50"],desdf_s[,rf_vip_20])%>% # 数据组合
```

```
## 宽数据转化为长数据
pivot_longer(!pIC50,names_to = "varname", values_to = "value")%>%
ggplot(aes(x = value,y = pIC50))+  # 可视化
geom_point(size = 0.5)+geom_smooth(method = "lm")+
facet_wrap(vars(varname),scales = "free_x",nrow = 4)+
ggtitle(" 随机森林回归找到的重要特征 ")
```

　　下面的程序是可视化 Lasso 回归的重要特征与待预测特征的关系，运行程序可获得图 7-6。

```
cbind(actdf[,"pIC50"],desdf_s[,lasso_vip_20 ])%>% # 数据组合
  ## 宽数据转化为长数据
  pivot_longer(!pIC50,names_to = "varname", values_to = "value")%>%
  ggplot(aes(x = value,y = pIC50))+  # 可视化
  geom_point(size = 0.5)+geom_smooth(method = "lm")+
  facet_wrap(vars(varname),scales = "free_x",nrow = 4)+
  ggtitle("Lasso 回归找到的重要特征 ")
```

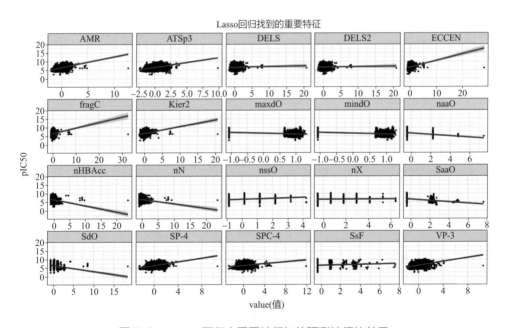

图 7-6　Lasso 回归中重要特征与待预测特征的关系

　　从图 7-5 和图 7-6 中可以发现，两种算法挑选出来的自变量差异较大。下面将使用筛选出的重要自变量特征，建立回归分析模型。

7.2 回归模型预测生物活性

本节针对目标 2，建立回归模型预测生物活性。

前面的小节中，利用两种方式获取了待预测变量的重要特征，因此下面将使用获取的重要特征，进行数据的预测。

7.2.1 利用随机森林提取的特征建立回归模型

为了更好地同时评估多个回归模型的性能，下面仍然使用基于 tidymodels 包的数据建模方式（即基于并行工作流的方式），利用随机森林提取的前 20 个重要特征，基于多种回归模型的参数搜索方式，建立回归模型。

下面的程序一共包含以下几个步骤。

① 数据准备工作，即获取随机森林的重要特征数据，与 Lasso 回归模型的重要特征数据（注意：这里对 Lasoo 回归特征准备后，会方便 7.2.2 小节的使用）；

② 利用数据预处理定义模型的回归形式，定义多种待使用的回归模型，包括 Lasso 回归、RBF 核支持向量机回归、线性支持向量机回归、K 近邻回归、决策树回归、随机森林回归以及 xgb 回归等，并且这些模型会利用参数搜索的方式，选择最优的模型参数组合；

③ 创建一个工作流，包含数据的预处理过程和待使用的多种回归模型；

④ 对定义好的工作流，进行模型的参数网格搜索，并将搜索的结果整理后输出。

```
## 1: 数据准备
rfdata <- desdf_s[,rf_vip_20]
rfdata$pIC50 <- actdf$pIC50
lassodata <- desdf_s[,lasso_vip_20]
lassodata$pIC50 <- actdf$pIC50
## 2: 定义回归模型
df_rec <- recipe(pIC50 ~ ., data = rfdata)%>%prep()
linear_reg_spec <-  # Lasso 多元回归模型
    linear_reg(penalty = tune(), mixture = 1) %>%
    set_engine("glmnet") %>% set_mode("regression")
svm_r_spec <-  # RBF 核 SVM 回归
    svm_rbf(cost = tune(), rbf_sigma = tune()) %>%
    set_engine("kernlab") %>% set_mode("regression")
svm_l_spec <-  # 线性 SVM 回归
```

```
        svm_linear(cost = tune()) %>%
        set_engine("kernlab") %>% set_mode("regression")
knn_spec <-  # K 近邻回归
        nearest_neighbor(neighbors = tune()) %>%
        set_engine("kknn") %>% set_mode("regression")
cart_spec <-  # 决策树回归
        decision_tree(cost_complexity = tune()) %>%
        set_engine("rpart") %>% set_mode("regression")
rf_spec <-  # 随机森林回归
        rand_forest(mtry = tune(), trees = 500) %>%
        set_engine("ranger") %>% set_mode("regression")
xgb_spec <- # xgb 回归
        boost_tree(tree_depth = tune(), trees = tune()) %>%
        set_engine("xgboost") %>% set_mode("regression")
## 3: 创建工作流
model_wfl <- workflow_set(
        preproc = list(DF = df_rec),    # 数据预处理过程
        models = list(Lasso = linear_reg_spec,
                      SVM_linear = svm_l_spec,SVM_rbf = svm_r_spec,
                      KNN = knn_spec,Cart_tree = cart_spec,
                      RF = rf_spec,XGB = xgb_spec))
model_wfl
## # A workflow set/tibble: 7 × 4
##   wflow_id         info               option        result
##   <chr>            <list>             <list>        <list>
## 1 DF_Lasso         <tibble [1 × 4]> <opts[0]> <list [0]>
## 2 DF_SVM_linear <tibble [1 × 4]> <opts[0]> <list [0]>
## 3 DF_SVM_rbf       <tibble [1 × 4]> <opts[0]> <list [0]>
## 4 DF_KNN           <tibble [1 × 4]> <opts[0]> <list [0]>
## 5 DF_Cart_tree   <tibble [1 × 4]> <opts[0]> <list [0]>
## 6 DF_RF            <tibble [1 × 4]> <opts[0]> <list [0]>
## 7 DF_XGB           <tibble [1 × 4]> <opts[0]> <list [0]>
## 4: 模型的参数网格搜索
cl <- makeCluster(detectCores())
registerDoParallel(cl)
grid_ctrl <-control_grid(
    save_pred = TRUE,parallel_over = "everything",save_workflow = TRUE)
## 针对随机森林提取的特征进行模型的参数网格搜索
rf_grid_results <- model_wfl %>%
    workflow_map(seed = 1234,
        resamples = bootstraps(rfdata, times = 10), #数据抽样方法
        grid = 10,control = grid_ctrl, # 每个方法搜索的参数有 10 种值
        metrics = metric_set(rmse, mae)
    )
## 处理模型的名称
rf_grid_results <- rf_grid_results%>%
```

```
    mutate(wflow_id = gsub("DF_", "", wflow_id))
rf_grid_results%>%collect_metrics()
## # A tibble: 140 × 9
##   wflow_id .config      preproc model .metric .estimator  mean    n std_err
##   <chr>    <chr>        <chr>   <chr> <chr>   <chr>       <dbl> <int>  <dbl>
## 1 Lasso    Preprocessor1_… recipe  line… mae   standard   0.764   10  0.00487
## 2 Lasso    Preprocessor1_… recipe  line… rmse  standard   0.971   10  0.00607
## 3 Lasso    Preprocessor1_… recipe  line… mae   standard   0.764   10  0.00487
## # … with 130 more rows
```

　　上面的程序是以数据表格的形式给出不同模型的参数网格搜索结果，此外还可以使用下面的程序，可视化输出每种回归模型下的最优输出预测效果，运行程序后可获得图7-7。

```
## 可视化不同模型的参数搜索的结果
p1 <- autoplot(rf_grid_results,rank_metric = "mae", metric = "mae",
               select_best = TRUE) +
    geom_text(aes(y = mean-0.02,label = wflow_id),angle = 90,hjust = 1)+
    ylim(c(0.45,0.8))+ggtitle(" 随机森林提取的特征 ")+ylab(" 绝对值误差 ")
p1
```

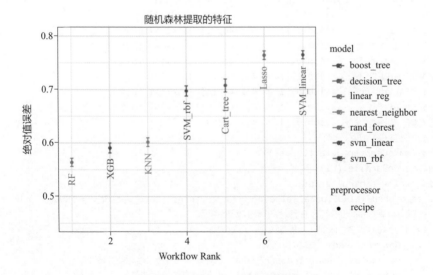

图7-7　不同算法下的预测误差

　　从图7-7中可知，使用随机森林模型得到的预测误差最小，即针对随机森林算法提取的重要特征，使用随机森林回归能获得较好的预测结果。

7.2.2　利用 Lasso 回归提取的特征建立回归模型

下面继续使用 Lasso 回归提取的重要特征评估不同回归模型下的预测效果，由于前面定义的数据预处理步骤、定义模型步骤可以重复使用，因此在下面的程序中，只需要更新工作流的数据预处理过程，即可对多种回归模型，使用 Lasso 回归提取的重要特征进行参数搜索，运行下面的程序后，会输出不同模型下的参数搜索结果。

```
## 5: 针对 Lasso 提取的特征进行模型的参数网格搜索
df_rec <- recipe(pIC50 ~ ., data = lassodata)%>%prep()
## 创建工作流
model_wfl <- workflow_set(
    preproc = list(DF = df_rec),    # 数据预处理过程
    models = list(Lasso = linear_reg_spec,
                  SVM_linear = svm_l_spec,SVM_rbf = svm_r_spec,
                  KNN = knn_spec,Cart_tree = cart_spec,
                  RF = rf_spec,XGB = xgb_spec))
## 对不同的模型进行参数搜索
la_grid_results <- model_wfl %>%
    workflow_map(seed = 1234,
        resamples = bootstraps(lassodata, times = 5),
        grid = 10,control = grid_ctrl,
        metrics = metric_set(rmse, mae))
## 处理模型的名称
la_grid_results <- la_grid_results%>%
    mutate(wflow_id = gsub("DF_", "", wflow_id))
la_grid_results%>%collect_metrics()
## # A tibble: 140 × 9
## wflow_id .config   preproc model .metric .estimator   mean   n std_err
## 1 Lasso  Preprocessor1_… recipe  line… mae  standard  0.782  5 0.00908
## 2 Lasso  Preprocessor1_… recipe  line… rmse  standard  1.00  5 0.0139
## 3 Lasso  Preprocessor1_… recipe  line… mae  standard  0.782  5 0.00908
## # … with 130 more rows
```

同样针对上面的参数搜索结果，可以使用下面的程序进行可视化分析，运行程序可获得图 7-8。从图 7-8 中可知，针对 Lasso 回归搜索到的特征，仍然是随机森林回归模型获得的绝对值误差最小，模型的预测效果最好。

```
## 可视化不同模型的参数搜索的结果
p1 <- autoplot(la_grid_results,rank_metric = "mae", metric = "mae",
               select_best = TRUE) +
```

```
geom_text(aes(y = mean-0.03,label = wflow_id),angle = 90,hjust = 1)+
ylim(c(0.5,0.8))+ggtitle("Lasso 回归提取的特征 ")+ylab(" 绝对值误差 ")
p1
```

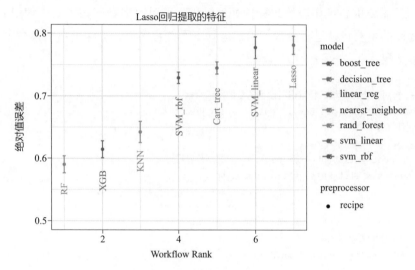

图 7-8　不同算法下的预测误差

经过上面的分析，对比图 7-7 与图 7-8 中的结果，可以发现，使用随机森林回归算法筛选出的重要特征建立的回归模型的预测误差更低。

7.3　分类模型预测二分类变量

针对目标 3，由于化合物的 Caco-2、CYP3A4、hERG、HOB、MN 的分类预测都属于二分类预测模型，具有一定的相似性，因此以其中的 hERG 为例，介绍 R 中相关数据的分类方法的应用。

7.3.1　通过递归特征消除提取特征建立分类模型

首先导入待使用的"ADMET.xlsx"数据，需要使用该数据集的 hERG，进行数据分类模型的建立，导入的数据如下所示。

```
## 读取数据
admetdf <- read_excel("data/chap07/ADMET.xlsx")
admetdf$SMILES <- NULL
```

```
head(admetdf)
## # A tibble: 6 × 5
##   `Caco-2` CYP3A4  hERG   HOB    MN
## 1       0      1     1     0     0
## 2       0      1     1     0     0
## 3       0      1     1     0     1
## 4       0      1     1     0     0
## 5       0      1     1     0     0
## 6       0      1     1     0     1
```

待预测的二分类变量导入后，对数据进行预处理操作，使用数据特征标准化后的 504 个特征，并且将数据集随机地切分为训练集和测试集，程序如下所示。

```
## 1: 数据准备并且进行数据切分
desdf_sc <- desdf_s
desdf_sc$hERG <- as.factor(admetdf$hERG)
set.seed(123)
data_split <- initial_split(desdf_sc, prop = 4/5)
train_data <- data_split%>%training()
test_data  <- data_split%>%testing()
```

同样由于数据的特征维度较高，下面将会利用随机森林分类器（rfFuncs），基于递归特征消除法，筛选数据中的重要特征。程序如下所示。

```
## 2: 使用随机森林分类器，提取数据的重要特征
set.seed(123)    # 利用随机森林算法进行重要特征提取
control <- rfeControl(functions=rfFuncs,method="repeatedcv",number = 10,
                      allowParallel = TRUE)
results <- rfe(hERG~.,data = train_data,
               ## 设置保留的特征的数量
               sizes=c(5,10,20,50,100,200,300,400),
               metric = "Accuracy",  # 使用预测精度进行判断
               rfeControl=control)
## 提取前 50 个重要特征名称
rfe_feature <- predictors(results)[1:50]
rfe_feature <- str_remove_all(rfe_feature,"`")
## 输出总结信息
print(results)
## Recursive feature selection
## Outer resampling method: Cross-Validated (10 fold, repeated 1 times)
## Resampling performance over subset size:
##  Variables Accuracy  Kappa AccuracySD KappaSD Selected
```

```
##        5    0.8765 0.7474    0.02342 0.04922
##       10    0.8866 0.7686    0.02344 0.04775
##       20    0.8898 0.7752    0.02022 0.04087
##       50    0.8930 0.7813    0.01905 0.03927
##      100    0.8993 0.7939    0.02009 0.04205
##      200    0.9044 0.8043    0.01896 0.03942      *
##      300    0.8980 0.7915    0.02159 0.04508
##      400    0.9000 0.7953    0.01900 0.03906
##      504    0.8974 0.7901    0.02131_0.04411
## The top 5 variables (out of 200):
##    bpol, `MDEO-11`, `VP-0`, ECCEN, minaasC
```

　　从上面程序的输出中可知，从使用数据中选择 200 个特征能够获得最高的分类精度，但是从分析精度的变化趋势可知，使用数据的 20 ～ 50 个特征就能够获得和 200 个特征差异很小的精度，因此我们最终选择了数据中的 50 个重要特征用于后面分类模型的建立。针对重要特征的搜索结果，还可以使用下面的程序进行可视化，运行程序可获得图 7-9。

```
results$results%>%ggplot(aes(x = Variables,y = Accuracy))+
    geom_point(colour = "red")+geom_line(colour = "red")+
    scale_x_continuous(breaks = c(5,20,50,100,200,300,400,504))+
    ggtitle(" 重要特征的搜索情况 ")+xlab("Variables numbers")
```

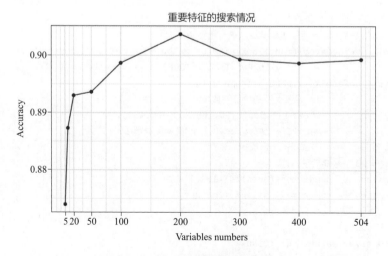

图7-9　不同数量特征的预测精度

　　在获取需要选择的重要特征名称 rfe_feature 后，使用下面的程序对多个分类模型的效果进行对比分析，程序包含下面几个步骤。

① 定义数据的特征预处理过程，利用 step_select() 函数从数据中只选择需要的特征；

② 定义多个分类算法模型，包括全连接神经网络、线性支持向量机、RBF 核支持向量机、K 近邻、随机森林以及 xgboost 分类模型等；

③ 创建工作流，为其添加数据预处理过程和使用的分类算法模型；

④ 对工作流中的不同算法使用参数搜索，并输出不同参数、不同模型下的分类的预测精度。

```
## 3: 添加数据特征处理过程，定义模型的形式
rfe_fs <- recipe(hERG ~ ., data = train_data)%>%
    step_select(all_outcomes(),all_of(rfe_feature))%>%prep() # 挑选重要特征
## 4: 定义机器学习算法，利用特征进行数据分类
nnet_spec <-    # 全连接神经网络分类模型
    mlp(hidden_units = tune(), penalty = tune(),epochs = 500) %>%
    set_engine("nnet") %>% set_mode("classification")
svm_l_spec <-   # 线性支持向量机分类模型
    svm_linear(cost = tune()) %>%
    set_engine("kernlab") %>% set_mode("classification")
svm_r_spec <- # RBF 核支持向量机分类模型
    svm_rbf(cost = tune(), rbf_sigma = tune()) %>%
    set_engine("kernlab") %>% set_mode("classification")
knn_spec <- # K 近邻分类模型
    nearest_neighbor(neighbors = tune()) %>%
    set_engine("kknn") %>% set_mode("classification")
rf_spec <-   # 随机森林分类模型
    rand_forest(mtry = tune(),trees = 100) %>%
    set_engine("ranger") %>% set_mode("classification")
xgb_spec <-   # xgboost 分类模型
    boost_tree(tree_depth = tune(), trees = 100) %>%
    set_engine("xgboost") %>% set_mode("classification")
## 5: 创建工作流
model_wfl <-
    workflow_set(
        preproc = list(RFE50 = rfe_fs),    # 数据预处理过程
        models = list(Neural_network = nnet_spec,
                      SVM_linear = svm_l_spec, SVM_rbf = svm_r_spec,
                      KNN = knn_spec,RF = rf_spec,XGB = xgb_spec))
## 6: 模型参数网格搜索
grid_ctrl <-control_grid(
    save_pred = TRUE,parallel_over = "everything",save_workflow = TRUE)
grid_results <- model_wfl %>%
```

```
    workflow_map(seed = 1234,
        resamples = bootstraps(train_data, times = 10), # 数据抽样方法
        grid = 20,control = grid_ctrl # 每个方法搜索的参数有 20 种值
    )
## 查看参数搜索结果
grid_results%>%collect_metrics()
## # A tibble: 220 × 9
##   wflow_id      .config preproc model .metric .estimator  mean     n std_err
##   <chr>         <chr>   <chr>   <chr> <chr>   <chr>       <dbl> <int>  <dbl>
## 1 RFE50_Neural_ne… Prepro… recipe  mlp   accura… binary     0.858    10 0.00575
## 2 RFE50_Neural_ne… Prepro… recipe  mlp   roc_auc binary     0.907    10 0.00672
## 3 RFE50_Neural_ne… Prepro… recipe  mlp   accura… binary     0.869    10 0.00506
## 4 RFE50_Neural_ne… Prepro… recipe  mlp   roc_auc binary     0.930    10 0.00329
## # … with 210 more rows
```

同样针对参数的搜索结果，可以使用下面的程序可视化，运行程序后可获得图 7-10。从图像中可以发现使用 xgboost 分类模型能够获得较高的分类精度，分类预测精度接近 90%。

```
## 可视化不同模型的参数搜索的结果
autoplot(grid_results,rank_metric = "accuracy", metric = "accuracy",
        select_best = TRUE) +
    geom_text(aes(y = mean - 0.02,label = wflow_id),angle = 90,hjust = 1)+
    ylim(c(0.8,0.9))+ggtitle(" 不同模型的预测效果 ")
```

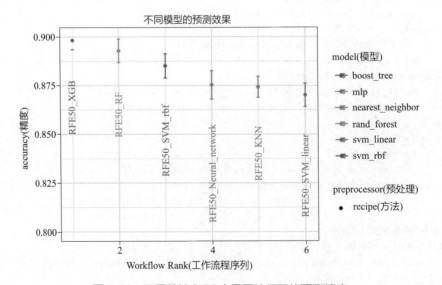

图7-10　不同算法在50个重要特征下的预测精度

下面的程序则是获取最优模型所对应的参数，然后重新将其加入到工作流中，得到最终的数据分类模型，对数据集重新训练并计算其分类性能。从程序的输出结果中可知，最优的 xgboost 分类模型在测试集上的预测精度为 90.6%。

```
## 获取最优模型所对应的参数
best_results <- grid_results %>%
    extract_workflow_set_result(id = "RFE50_XGB")%>%
    select_best(metric = "accuracy")
## 获取最优模型
XGB_test_results <- grid_results%>%extract_workflow("RFE50_XGB")%>%
    finalize_workflow(best_results) %>%  # 为最优模型重新定义参数
    last_fit(split = data_split)  # 对模型进行最终的拟合与评估
collect_metrics(XGB_test_results)
## # A tibble: 2 × 4
##   .metric   .estimator .estimate .config
##   <chr>     <chr>           <dbl> <chr>
## 1 accuracy  binary          0.906 Preprocessor1_Model1
## 2 roc_auc   binary          0.971 Preprocessor1_Model1
```

7.3.2　通过主成分降维提取特征建立分类模型

前面使用了重要特征选择的方式，下面以 hERG 为例，通过特征降维建立分类模型。本小节会利用主成分分析，将数据特征降维到 50 维，然后评估各种分类模型的预测精度。

首先使用下面的程序定义数据预处理过程，程序如下所示。同时针对训练数据集的预处理结果，使用了矩阵散点图的形式进行可视化，运行程序后可获得图 7-11。

```
## 2: 添加数据特征处理过程，定义模型的形式
desdf_rec <- recipe(hERG ~ ., data = train_data)%>%
    step_pca(all_predictors(),num_comp = 50)%>%prep()
## 可视化训练数据的降维后分布情况
desdf_rec%>%juice()%>%
    ggpairs(columns = 2:6,upper = list(continuous = "density"),
            aes(colour=hERG,shape = hERG,alpha = 0.8))+
    scale_shape_manual(values = c(15,16))+
    ggtitle(" 数据特征降维可视化 ")
```

通过图 7-11 可以查看数据主成分降维后，前几个主成分在空间中的分布情况。可以发现，两类数据在不同的主成分上分布差异有区别，并且前三个主成分的差异较大，后面主成分的差异较小。而且通过散点图和密度曲线图，也能发现数据

数据特征降维可视化

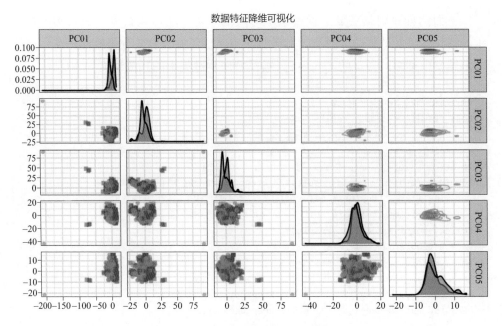

图7-11 数据特征主成分降维

特征的分布有差异。

　　下面基于前面定义的模型更新新的模型工作流程，并且对不同模型在五十维主成分特征下进行参数搜索，并输出相应的结果，程序如下所示。程序中只需要使用 workflow_set() 重新定义模型的工作流，并且使用 workflow_map() 对模型重新进行参数搜索即可。

```
## 3: 基于前面定义的模型更新新的工作流程
model_wfl <-
    workflow_set(
        preproc = list(PCA50 = desdf_rec),   # 数据预处理过程
        models = list(Neural_network = nnet_spec,
                      SVM_linear = svm_l_spec, SVM_rbf = svm_r_spec,
                      KNN = knn_spec,RF = rf_spec,XGB = xgb_spec))
## 4: 模型参数网格搜索
grid_results <- model_wfl %>%
    workflow_map(seed = 1234,
        resamples = bootstraps(train_data, times = 10), # 数据抽样方法
        grid = 20,control = grid_ctrl # 每个方法搜索的参数有 20 种值
    )
## 查看参数搜索结果
grid_results%>%collect_metrics()
```

```
## # A tibble: 220 × 9
##   wflow_id      .config preproc model .metric .estimator  mean   n std_err
##  1 PCA50_Neural_ne… Prepro… recipe  mlp accura… binary    0.864  10 0.00390
##  2 PCA50_Neural_ne… Prepro… recipe  mlp roc_auc binary    0.922  10 0.00455
##  3 PCA50_Neural_ne… Prepro… recipe  mlp accura… binary    0.862  10 0.00684
##  4 PCA50_Neural_ne… Prepro… recipe  mlp roc_auc binary    0.917  10 0.00359
## # … with 210 more rows
```

针对参数搜索的输出结果，可以可视化出不同模型的最优预测精度，用于对比分析不同分类模型之间的差异。运行下面的程序可获得可视化图像（图 7-12）。从图 7-12 可知，针对主成分特征，仍然是使用 xgboost 分类器能获得较高的预测精度，而且分类精度在 87.5% 左右。

```
## 可视化不同模型的参数搜索的结果
autoplot(grid_results,rank_metric = "accuracy", metric = "accuracy",
         select_best = TRUE) +
    geom_text(aes(y = mean - 0.01,label = wflow_id),angle = 90,hjust = 1)+
    ylim(c(0.81,0.89))+ggtitle(" 不同模型的预测效果 ")
```

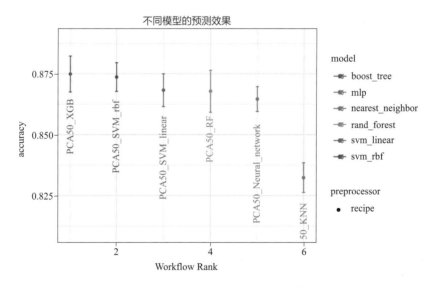

图 7-12　不同算法在主成分特征下的预测精度

针对几个分类模型的参数搜索结果，下面获取最优模型的参数，并更新最终的工作流程，重新对数据进行拟合与评估，从输出的结果中可知，最终的模型在测试数据集上的预测精度为 0.889，与特征选择的结果有微小的差异。

```
## 5: 使用较优的参数建立最终的预测模型
best_results <- grid_results %>%
    extract_workflow_set_result(id = "PCA50_XGB")%>%
    select_best(metric = "accuracy")
XGB_test_results <- grid_results%>%extract_workflow("PCA50_XGB")%>%
    finalize_workflow(best_results) %>%   # 为最优模型重新定义参数
    last_fit(split = data_split)   # 对模型进行最终的拟合与评估
collect_metrics(XGB_test_results)
## # A tibble: 2 × 4
##   .metric  .estimator .estimate .config
##   <chr>    <chr>          <dbl> <chr>
## 1 accuracy binary         0.889 Preprocessor1_Model1
## 2 roc_auc  binary         0.963 Preprocessor1_Model1
```

7.4 本章小结

　　本章使用了一个抗乳腺癌候选药物数据分析案例，介绍了针对具体数据，面对待分析的目标时，所进行的数据分析与建模过程。针对该数据以及目标，主要介绍了以下几点内容。①对待使用的数据进行可视化探索分析，并对数据进行了简单的预处理操作，针对选择出对生物活性影响最显著分子的变量这一目标，介绍了获得通过相关的算法选择出合适的 20 个变量，并对结果进行可视化分析；②针对预测生物活性的目标，利用前面选择的特征，评估了多种数据回归算法，并使用最好的算法进行预测；③针对二分类变量的预测，以其中的 1 个二分类变量为例，介绍了递归特征消除与主成分分析两种数据降维算法下，不同分类方法的预测精度。

第 **8** 章

综合案例 3：文本内容数据分析

文本数据是最常见的非结构化数据类型之一，文本数据分析就是从文本数据中获取有用的信息的方法，然后利用这些信息进行数据的分类和预测等。

针对已经收集好的文本数据，对其进行数据分析通常可以有以下几个部分。

（1）文本数据预处理

在文本数据预处理阶段根据文本语言的不同，处理方式也会有些差异。针对英文文本，通常会包括剔除文本中的数字、标点符号、剔除多余的空格；将所有的字母都转化为小写字母；剔除不能有效表达信息甚至会对分析起干扰作用的停用词；对文本进行词干化处理，只保留词语的词干；针对语料库获取所有文本的特征。针对中文文本，除了要剔除不需要的字符外，还需要先对文本进行分词操作，然后剔除数据中的停用词，最后是从语料库中获取特征。

（2）特征提取与可视化

针对文本数据的可视化方式通常是可视化词语出现的频次，如使用词语、频数条形图、词云等方式。数据可视化也是为了能够快速地从大量的文本数据中，对数据进行一些概括性的了解，帮助后面的数据挖掘的过程。同时文本数据的常用特征通常会使用词频（TF）特征、TF-IDF 特征等。

（3）文本数据聚类

使用一些无监督的数据分析算法，从文本中获取更深层次的信息，发现数据的聚集方式，帮助自己的研究内容。比如，使用无监督的主题模型来分析文本中的包含的主题；使用 K 均值聚类算法分析数据之间的相似性；等等。

（4）文本数据分类

针对有标签的文本数据，通常还可以使用有监督的数据分析方法，对其建立数据分类模型，从而可以预测未知标签文本数据的类别。例如，使用朴素贝叶斯、支持向量机等算法对数据进行分类等。

针对文本数据分析的常见内容与分析流程，我们可使用图 8-1 进行总结。

本章将以新闻文本数据与《三国演义》文本数据为例，介绍如何对文本进行数据分析。使用的新闻数据为 BBC 的 5 种英文文本数据，包括 business、entertainment、politics、sport、tech 种类的新闻文本。针对该数据主要进行以下几种经典的数据分析应用。

① 对英文、中文文本数据分别进行预处理，获取干净的、可以方便使用的文本数据；

② 从文本数据中提取待使用的特征，并且利用词云等方式，对文本数据进行可视化探索分析；

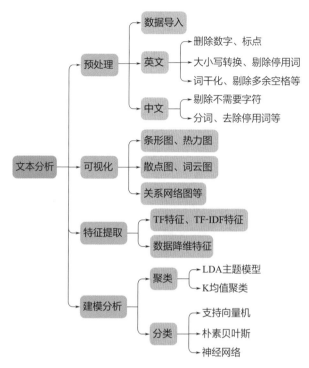

图 8-1　文本数据分析所包含的基础内容

③ 文本数据聚类，使用 LDA 主题模型与 K 均值聚类，对文本数据进行聚类分析；

④ 文本数据分类，使用朴素贝叶斯分类与支持向量机分类等算法，对文本数据进行分类。

下面首先导入本章会使用到的 R 包。

```
## 导入包
library(tm);library(stringr);library(readtext);library(tidyverse)
library(wordcloud2);library(plotly);library(text2vec);library(ldatuning)
library(factoextra);library(uwot);library(patchwork);library(clevr)
library(e1071);library(caret);library(kernlab);library(tidymodels)
library(jiebaR); library(tmcn);library(wordcloud)
```

在导入的 R 包中，readtext、tm、tmcn、stringr、jiebaR 等包，主要用于文本数据预处理以及特征提取等任务；wordcloud2、plotly、patchwork、wordcloud 等包，主要用于文本数据可视化等任务；factoextra、text2vec、ldatuning、e1071、caret、kernlab、tidymodels 等包，主要用于文本数据的聚类与分类任务。

8.1　文本预处理

文本预处理是进行文本数据分析的前提，本节将会以英文文本数据为例，介绍对数据的读取和清洗。

8.1.1　读取文本数据

在很多情况下，每一个文本资料的原始数据，会使用一个单独的 txt 文件进行保存。例如，待分析的 BBC 英文文本数据中，会有 5 类数据，每类数据单独保存为一个文件夹，每个文件夹中都包含很多个独立的 txt 文件，如图 8-2 所示。下面将介绍如何使用 R 语言读取该数据。

图8-2　文本数据保存形式

针对图 8-2 所示形式保存的文本数据，导入时通常需要针对每一个文件夹中的每个文本数据，分别导入到 R 中，而逐个文本的导入是非常繁琐的过程（通过自定义函数的方式，在提供的程序中有给出，便于读者对程序的对比分析）。幸运的是 readtext 包中的 readtext() 函数可以自动地读取文件夹下的所有文本数据，而且同时还会保存读取文本文件时，其所对应的文件路径，而针对该路径，经过简单的字符串提取，就可以获取每个文本所在的子文件夹，即每个文本所属的类别（business、entertainment、politics、sport、tech）。可以使用的程序如下所示。

```
## 使用 readtext() 函数自动读取文件夹下的所有 txt 文件
bbc <- readtext("data/chap08/bbc",encoding = "UTF-8")
bbc$label <- sapply(bbc$doc_id,function(x){
    unlist(str_split(x,pattern = "/"))[1]
    })
```

```
head(bbc)
## readtext object consisting of 6 documents and 1 docvar.
## # Description: df [6 × 3]
##   doc_id                         text                  label
##   <chr>                          <chr>                 <chr>
## 1 business/001.txt/001.txt "\"Ad sales b\"..." business
## 2 business/002.txt/002.txt "\"Dollar gai\"..." business
## 3 business/003.txt/003.txt "\"Yukos unit\"..." business
## 4 business/004.txt/004.txt "\"High fuel \"..." business
## 5 business/005.txt/005.txt "\"Pernod tak\"..." business
## 6 business/006.txt/006.txt "\"Japan narr\"..." business
```

文本经过读取和处理后，有三列数据，分别是 doc_id（文件路径）、text（文本内容）、label（文本对应的类别）。后面的分析将主要以这些数据为主。

8.1.2　文本数据清洗

针对读取的英文文本数据集，可使用 tm 包中相关函数对文本进行预处理，如去除不需要的字符和停用词、大写字母变化为小写、提取词干等操作。

而利用 tm 包对文本数据进行上述的操作前，需要先将数据转化为语料库的形式，可以使用 VCorpus() 函数将数据表中的文本内容列 text，创建为一个语料库，程序如下所示。

```
## 使用 tm 包构建语料库并对文本进行预处理
bbc_cp <- VCorpus(VectorSource(bbc$text))
## 输出语料库的内容
print(bbc_cp)
## <<VCorpus>>
## Metadata:  corpus specific: 0, document level (indexed): 0
## Content:  documents: 2225
## 查看语料库中的内容
content(bbc_cp[[1]])
## [1] "Ad sales boost Time Warner profit\n\nQuarterly profits at US media giant
TimeWarner jumped 76% to $1.13bn (￡600m) for the three months to December, from
$639m year-earlier.\n\nThe firm, which is now one of the biggest investors in
Google, benefited from sales of high-speed internet connections and higher advert
sales. TimeWarner said fourth quarter sales rose 2% to $11.1bn from $10.9bn. Its
profits were buoyed by one-off gains which offset a profit dip at Warner Bros,
and less users for AOL.\n\nTime Warner said on Friday that it now owns 8% of
search-engine Google. But its own internet business, AOL, had has mixed fortunes.
It lost 464,000 subscribers in the fourth quarter profits were lower than in
the preceding three quarters. However, the company said AOL's underlying profit
before exceptional items rose 8% on the back of ...
```

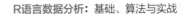

上面的程序是将文本转化为便于分析处理的语料库。针对创建语料库 bbc_cp，可以使用 print() 函数对语料库的内容进行输出，从 bbc_cp 的输出中可以发现，该语料库一共包含 2225 个文档。针对语料库中的内容，可以使用 content() 函数或者 inspect() 函数查看，content(bbc_cp[[1]]) 表示输出语料库中第一个文档所包含的文本内容（上面输出为了节省空间只包含部分内容）。

使用 tm 包中针对语料库的函数对数据进行预处理、建立模型等操作会更加方便。尤其是可以使用 tm_map() 函数，该函数的用法和 lapply() 函数相似，可以将指定的操作作用于语料库上每一个文档，并且处理速度非常迅速。

针对数据清洗通常会包含以下几种形式。

① 无用字符清洗：文本数据中通常会包含很多对后续分析无用，而且会起到干扰作用的字符，通常需要将这些字符剔除，例如标点符号、数字、数学符号等内容。针对这些情况使用 tm 包中的 tm_map() 函数，调用相关预处理函数，对其进行剔除即可。例如使用 removePunctuation() 函数，剔除文本数据中常用的标点符号，使用 removeNumbers() 函数，剔除文本数据中的数字等。

② 英文字母的大小写转化：在英文语句中，相同的词使用大小写的意思几乎是一致的，如 Hello、hello、HELLO 它们表示着相同的意思，但是在计算机中会被当作不同的词语来表示，针对这种情况，通常会将语料库中的所有文档都转化为小写字母，这样更有利于后续的分析。针对英文字符的字母转化为小写，可以使用 tm_map() 函数调用 tolower() 函数来完成。

③ 英文词干化处理：主要包括将名词的复数变为单数，将动词的其它形态变为基本形态等操作。可以使用 tm_map() 函数调用 stemDocument() 函数来完成。

④ 停用词的去除：停用词是通常会在文本表达中出现很多次，但是对文本分析模型并没有帮助的词语，如 "i" "me" "my" "myself" "we" "our" 等。tm 包中的 stopwords() 函数中包含着一些常用的英文停用词，使用 tm_map() 函数调用 removeWords() 函数可以去除语料库中的停用词。

⑤ 多余空格的剔除：经过上述的一些操作，通常会引入一些多余的空格，可以利用 tm_map() 函数调用 stripWhitespace() 函数来去除语料库中多余的空格。

下面针对生成的语料库 bbc_cp，对其进行预处理操作，主要包含删除标点符号、将所有的字母转化为小写、去除语料库中的数字、去除停用词、去除额外的空格等。使用的程序以及处理干净的文本示例如下所示。

```
##  tm_map() 作用于语料库上的转换函数对文本进行清洗
## 从文本文档中删除标点符号
bbc_clearn <- tm_map(bbc_cp,removePunctuation)
## 将所有的字母均转化为小写
bbc_clearn <- tm_map(bbc_clearn,tolower)
## 去除语料库中的所有数字
bbc_clearn <- tm_map(bbc_clearn,removeNumbers)
## 去除停用词
bbc_clearn <- tm_map(bbc_clearn,removeWords,stopwords())
## 去除额外的空格
bbc_clearn <- tm_map(bbc_clearn,stripWhitespace)
## 查看清洗好的语料库样本
inspect(bbc_clearn[1])
## <<VCorpus>>
## Metadata:  corpus specific: 0, document level (indexed): 0
## Content:  documents: 1
## [[1]]
## [1] ad sales boost time warner profit quarterly profits us media giant
timewarner jumped bn £m three months december m yearearlier firm now one biggest
investors google benefited sales highspeed internet connections higher advert
sales timewarner said fourth quarter sales rose bn bn profits buoyed oneoff
gains offset profit dip warner bros less users aol time warner said friday now
owns searchengine google internet business aol mixed fortunes lost subscribers
fourth quarter profits lower preceding three quarters however company said
aols underlying profit exceptional items rose back ...
```

针对预处理好的英文文本数据，可以使用下面的程序将其处理为数据表格，并且保存，方便后面分析过程中的使用。数据表 bbcdf 的前几行如图 8-3 所示。

	text	label
1	ad sales boost time warner profit quarterly profits us ...	business
2	dollar gains greenspan speech dollar hit highest level ...	business
3	yukos unit buyer faces loan claim owners embattled r...	business
4	high fuel prices hit bas profits british airways blamed ...	business
5	pernod takeover talk lifts domecq shares uk drinks fo...	business
6	japan narrowly escapes recession japans economy tee...	business
7	jobs growth still slow us us created fewer jobs expect...	business
8	india calls fair trade rules india attends g meeting sev...	business
9	ethiopias crop production ethiopia produced million t...	business

图 8-3　数据表 bbcdf 的前几行

```
## 将文本数据从语料库转化为数据表格
bbcdf <- data.frame(text=unlist(content(bbc_clearn)),stringsAsFactors=F)
bbcdf$label <- bbc$label
## 保存清洗好的数据
save(bbcdf,file = "data/chap08/bbcdf.RData")
```

8.2 特征提取与可视化

文本特征通常会利用 n-gram 模型来提取特征词项，然后计算"文档 - 词项"的 TF 或 TF-IDF 矩阵特征。

其中 n-gram 也称为 n 元语法，其基本思想是将文本内容按照字节进行大小为 n 的滑动窗口操作，形成了长度是 n 的字节片段序列。每一个字节片段称为 gram，对所有 gram 的出现频率进行统计，并且按照事先设定好的阈值进行过滤，形成关键 gram 列表（语料库的向量特征空间），列表中的每一种 gram 就是一个特征向量维度。通常使用的方式有，1-gram 就是将一个单词作为一个词项，2-gram 就是将两个相邻的单词作为一个词项。

词频（term frequency，TF）指的是某一个给定的词语在文件中出现的频率。这个数字是对词数（term count）的归一化，以防止它偏向长的文件。对于一特定文件中的词语来说，词频可记为

$$tf_{i,j} = \frac{n_{i,j}}{\sum_k n_{k,j}}$$

式中，n_{ij} 表示词语 $term_i$ 出现的次数；而分母则表示所有词项出现的次数之和。

TF-IDF 常用于评估一个词项对于一个语料库的重要程度。其会同时考虑词频（TF）和逆向文件频率（IDF）。其中词的重要性随着它在文件中出现的次数成正比增加，但会随着它在语料库中出现的频率成反比下降。

逆向文件频率（IDF）是对一个词语普遍重要性的度量。某一特定词语的 IDF，可以由总文件数目除以包含该词语文件的数目，再将得到的商取以 10 为底的对数得到：

$$idf_i = \lg \frac{|D|}{\left|\left\{ j : term_i \in d_j \right\}\right|}$$

式中，$|D|$ 表示语料库中所有的文档数量；$|\{j:term_i \in d_j\}|$ 表示包含词语 $term_i$

的文档数量。

综上所述，TF-IDF 的取值是 TF 和 IDF 的乘积，即

$$tfidf_{i,j} = tf_{i,j} \times idf_i$$

TF 或 TF-IDF 特征矩阵同样可以利用 tm 包进行计算。

8.2.1　TF 特征

下面继续使用前面预处理好的文本数据，计算文本数据的 TF 特征矩阵。首先使用 load() 导入"bbcdf.RData"数据。

```
## 导入待处理的数据表格
load("data/chap08/bbcdf.RData")
```

针对导入数据中的文本数据 text 列，可以使用下面的程序计算文档 - 词项频数 (TF) 矩阵特征。在程序中，首先将数据 text 列处理为语料库，然后使用 DocumentTermMatrix() 函数计算文档 - 词项频数 (TF) 矩阵，但是由于词项会很多，所以获得的矩阵是非常稀疏的，针对这种情况可以使用 removeSparseTerms() 函数去除数据中的稀疏性，即删除一些不重要的词项。

```
## 构建文档 - 词项频数 (TF) 矩阵
bbcdf_cp <- VCorpus(VectorSource(bbcdf$text))
bbc_dtm <- DocumentTermMatrix(bbcdf_cp)
## 剔除不重要的词减轻矩阵的稀疏性
bbc_dtm <- removeSparseTerms(bbc_dtm,0.99)
bbc_dtm
## <<DocumentTermMatrix (documents: 2225, terms: 2897)>>
## Non-/sparse entries: 240668/6205157
## Sparsity            : 96%
## Maximal term length: 15
## Weighting           : term frequency (tf)
```

运行上面的程序后，最终还会剩下 2897 个高频词项。在获得 TF 矩阵后，还可以计算每个词语在语料库中的频率，使用的程序如下所示。

```
## 计算每个词语的词频
word_freq <- sort(colSums(as.matrix(bbc_dtm)),decreasing = TRUE)
word_freq <- data.frame(word = names(word_freq),freq=word_freq,
                        row.names = NULL)
head(word_freq)
```

```
##      word freq
## 1    said 7253
## 2    will 4472
## 3    also 2156
## 4     new 1970
## 5  people 1969
## 6     one 1739
```

针对计算出的每个词频是数据表的形式，可以运行下面的程序使用条形图，将高频词进行可视化，运行程序后可获得可视化图像（图 8-4）。可以发现，出现频率最高的词语是 said、will 等单词。

```
## 使用条形图可视化高频词
num <- 50
ggplot(word_freq[1:num,],aes(x= reorder(word,-freq),y = freq))+
    geom_bar(stat = "identity",fill = "red",alpha = 0.7)+
    theme(axis.text.x = element_text(angle = 90,hjust = 1,vjust = 0.5))+
    labs(x = "",y = " 词频 ",title = " 新闻数据高频词 ")
```

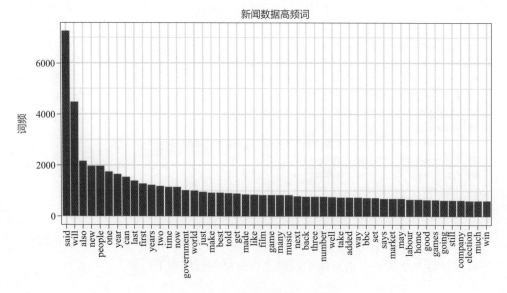

图 8-4　高频词条形图可视化

8.2.2　TF-IDF 特征

针对文档 - 词项的 TF-IDF 特征矩阵，同样可以使用 DocumentTermMatrix()

函数计算，需要制定计算权重的参数 weighting = weightTfIdf，运行下面的程序，可获得剔除不重要词后的 TF-IDF 特征矩阵，一共保留了 1604 个较重要的词项。

```
## 构建文档 - 词项的 TF-IDF 矩阵
bbcdf_cp <- VCorpus(VectorSource(bbcdf$text))
bbc_dtm2 <- DocumentTermMatrix(bbcdf_cp,
                               control = list(weighting = weightTfIdf))
## 剔除不重要的词减轻矩阵的稀疏性
bbc_dtm2 <- removeSparseTerms(bbc_dtm2,0.98)
bbc_dtm2
## <<DocumentTermMatrix (documents: 2225, terms: 1604)>>
## Non-/sparse entries: 200142/3368758
## Sparsity              : 94%
## Maximal term length: 14
## Weighting :term frequency-inverse document frequency (normalized)(tf-idf)
```

8.2.3　词云可视化

针对文本中的词频特征，还可以使用词云对其进行可视化，在词云图中会以词的大小表示其出现的频率，词越大表示其出现的次数越多，越小说明其出现的次数越少。针对词云的可视化除了可以使用 wordcloud 包可视化，还可以使用 wordcloud2 包中的函数可视化可交互的词云。下面的程序就是对前面计算出的高频词，绘制可交互的词云图，运行程序后可获得图 8-5。针对该图像，读者可以通过鼠标选择对应的词，查看其出现的频率等内容。

图8-5　可交互词云可视化

```
## 可视化一些高频词的词云，并设置形状为菱形
wordcloud2(word_freq[1:400,],size = 1, ## 字体大小
           fontFamily = "Segoe UI", fontWeight = "bold",## 设置字体
           ## 设置颜色和背景颜色
           color = "random-light", backgroundColor = "white",
           ## 设置形状，默认圆形
           shape = "diamond")+WCtheme(2)
```

8.3　文本聚类

文本数据聚类是对文本数据进行无监督学习的常见形式。除了常用的 K 均值聚类、系统聚类等聚类方式，文本聚类中的 LDA 主题模型聚类更加常用。

LDA（Latent Dirichlet Allocation，隐含狄利克雷分布）是一种文档主题生成模型，包含词、主题和文档三层结构，可用来识别文档集或语料库中潜藏的主题信息，是一种无监督的机器学习技术。它通过自动分析每个文档，统计文档内的词语出现特性，根据统计的信息来断定当前文档含有哪个或者哪些主题，以及每个主题所占的比例。它把每一篇文档视为一个词频向量，从而将文本信息转化为了易于建模的数字信息。每一篇文档代表了一些主题所构成的一个概率分布，而每一个主题又代表了很多单词所构成的一个概率分布。图 8-6 给出了 LDA 文档主题和特征词的结构。

图 8-6 中，LDA 模型定义每篇文档均为隐含主题集的随机混合，从而可将整个文档集特征化成隐含主题的集合。LDA 模型的层次结构可分为文档集层、隐含主题层及特征词层。

下面将介绍如何利用 R 语言中的包，对前面的 bbc 英文文本数据，进行 LDA 主题模型与 K 均值聚类算法的应用，对每个文本数据进行聚类，并且和真实的文本类别进行比较。

8.3.1　LDA 主题模型聚类

前面已经使用 tm 包计算了新闻文本数据的 TF 特征矩阵，下面利用该特征矩阵，使用 text2vec 包的函数建立 LDA 主题模型，对文本数据进行聚类分析。下面的程序主要包含以下几个步骤。

① 将 tm 包中的文档 - 词项频数矩阵（bbc_dtm），利用 Matrix 包中的 sparseMatrix() 函数，转化为 text2vec 包中可以使用的 dgcMatrix 形式；

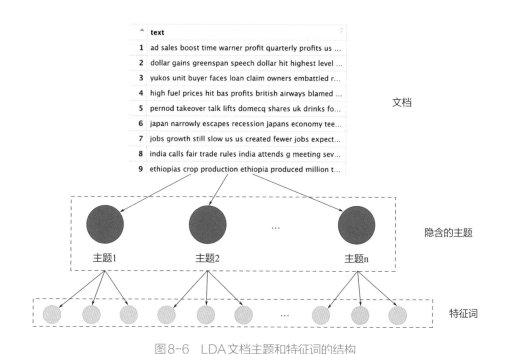

图 8-6 LDA 文档主题和特征词的结构

② 使用 LDA$new() 建立一个新的 LDA 主题模型 lda_model，并且设置主题的个数为 5（因为新闻数据有 5 类），可以更方便地借助数据真实标签，分析算法的聚类效果；

③ 使用文档 - 词项频数矩阵训练建立 LDA 主题模型，并且计算每个样本可能属于的主题，并与原始的类别进行比较。

```
# 将 tm 包中的 DTM 矩阵转化为 text2vec 包中可以使用的 dgcMatrix 形式
bbc_dtm2 <- Matrix::sparseMatrix(i=bbc_dtm$i, j=bbc_dtm$j, x=bbc_dtm$v,
                                 dims=c(bbc_dtm$nrow, bbc_dtm$ncol),
                                 dimnames = bbc_dtm$dimnames)
## 建立 LDA 主题模型
set.seed(6567)
lda_model <- LDA$new(n_topics = 5, doc_topic_prior = 0.1,
                     topic_word_prior = 0.01)
bbc_lda <- lda_model$fit_transform(x = bbc_dtm2, n_iter = 1000)
## 计算每个样本可能属的主题，并与原始的类别进行比较
doc_topic <- as.data.frame(apply(bbc_lda,1,which.max))
colnames(doc_topic) <- "topic"
sprintf(" 主题模型聚类效果 :%.4f",v_measure(bbcdf$label,doc_topic$topic))
## [1] " 主题模型聚类效果 :0.7782"
```

在度量 LDA 主题模型的聚类效果时，由于知道原始文本中每个文本的类别标签，因此可以使用 V 测度得分，评价 LDA 主题模型的聚类效果。可以使用 clevr 包中的 v_measure() 函数计算，该得分越接近于 1，说明数据的聚类效果越好。从上面的输出结果中，可知使用 LDA 主题模型获得了较好的数据聚类效果。

针对训练好的 LDA 主题模型，还可以借助 LDAvis 包对模型结果进行可视化，运行下面的程序可获得图 8-7。

```
## 借助 LDAvis 包可视化 LDA 主题模型
lda_model$plot()
```

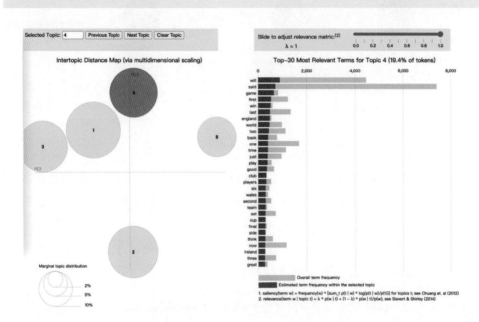

图8-7　LDA主题模型可视化

图 8-7 是 LDA 主题模型可视化交互图像中的一张截图，左图为 5 个主题经过数据降维后在空间中的分布情况，圆圈大小表示所包含的文档的多少，右图为所选中的主题中关键词在所有词语中所占的比例。通过该交互图可以方便地分析每个主题所包含的关键词。

针对每个主题，可以计算出该主题下的关键词和对应的权重，然后对其进行可视化分析。下面的程序中，先计算出每个主题下关键词的权重，然后只保留最重要的 30 个关键词，最后使用条形图可视化每个主题和对应的关键词，运行程序后可获得图 8-8。

```
## 计算每个主题下面关键词和权重
lda_word <- as.data.frame(lda_model$topic_word_distribution)
lda_word$topic <- 1:nrow(lda_word)
## 数据转换，每个主题只保留可能性权重较大的 30 个词
lda_word_long <- gather(lda_word,key = "name",value = "pro",-topic)%>%
    ## 计算每个词最可能的主题
    group_by(name)%>%top_n(1,wt =pro)%>%
    ## 计算每个主题权重较大的 30 个词
    group_by(topic)%>%top_n(30,wt =pro)
## 直方图可视化属于相应主题的可能性
ggplot(lda_word_long,aes(x = reorder(name, pro),y = pro))+
    geom_bar(aes(fill = factor(topic)),stat = "identity",
            show.legend = FALSE)+
    facet_wrap(~topic,scales = "free",nrow = 1)+coord_flip()+
    theme(axis.text.x = element_text(size = 6,angle = 45))+
    labs(x = "",y = "",title = " 新闻数据 ")
```

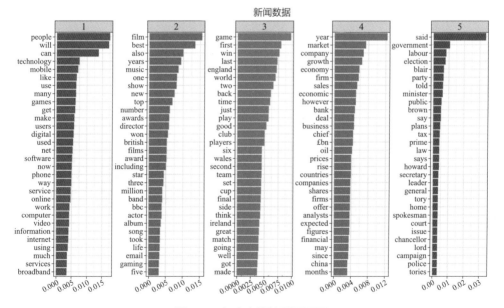

图8-8　每个主题的重要词语

　　通过图 8-8 也可以方便地分析每个主题的关键词，从而可以分析主题所表示的内容。

　　为了更方便地查看 LDA 主题模型的聚类效果，和原始类别的数据分布情况的差异，下面将文档 - 词项频率矩阵，使用 umap 算法降维到二维空间中，然后

可视化文本原始标签和 LDA 主题模型聚类标签下数据分布的差异情况，运行下面的程序可获得如图 8-9 所示的散点图。

```
## 将文档词项矩阵降维
bbc_umap<- umap(as.matrix(bbc_dtm),n_neighbors = 10,n_components = 2,
                scale = TRUE)
## 可视化降维后的数据分布
bbc_umap <- as.data.frame(bbc_umap)
bbc_umap$topic <- as.factor(doc_topic$topic)
bbc_umap$label <- as.factor(bbcdf$label)
## 可视化降维散点图
p1 <- ggplot(bbc_umap,aes(x = V1,y = V2))+
    geom_point(aes(colour = topic,shape = topic))+
    ggtitle("LDA 主题模型 ")+theme(legend.position = "top")
p2 <- ggplot(bbc_umap,aes(x = V1,y = V2))+
    geom_point(aes(colour = label,shape = label))+
    ggtitle(" 数据的原始类别分布 ")+theme(legend.position = "top")
p1+p2
```

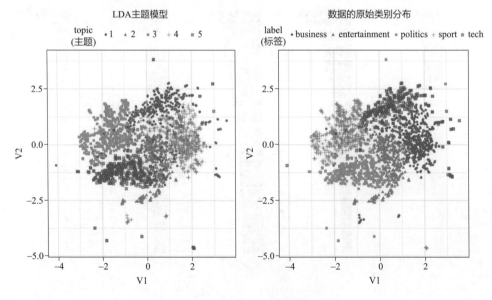

图8-9　LDA主题模型的聚类效果

从图 8-9 中可以发现，使用 LDA 主题模型聚类，大部分的 business、entertainment、politics 以及 sport 类别的新闻文本，都能聚类正确，而文本中的 tech 类别的文本较容易聚类错误。

8.3.2 K 均值聚类

为了对比分析 LDA 主题模型的文本聚类效果，以及和其它聚类算法在文本聚类上的差异，下面介绍使用数据的 TF 特征与 TF-IDF 特征，利用 K 均值算法进行聚类分析，查看聚类分析算法对数据的聚类效果。

（1）TF 特征下的 K 均值聚类

下面利用前面计算得到的 TF 特征矩阵，使用 K 均值聚类算法聚类为 5 类，并且计算聚类结果的 V 测度得分。从输出的结果中可知，TF 特征下的 K 均值聚类 V 测度得分只有 0.3266，聚类效果并没有 LDA 主题模型好。

```
## 转化为矩阵
bbc_dtm <- as.matrix(bbc_dtm)
## 进行 K 均值聚类，同样数据聚类为 5 个类别
set.seed(234)
bbc_kmean <- kmeans(bbc_dtm,centers = 5,iter.max = 50)
sprintf("K 均值聚类效果 :%.4f",v_measure(bbcdf$label,bbc_kmean$cluster))
## [1] "K 均值聚类效果 :0.3266"
```

针对 K 均值聚类的结果，同样使用 umap 算法降维到二维空间中，可视化文本原始标签和 K 均值聚类标签下数据分布的差异情况，运行下面的程序可获得如图 8-10 所示的散点图。从图像中也可以发现，此时的聚类效果并不好，

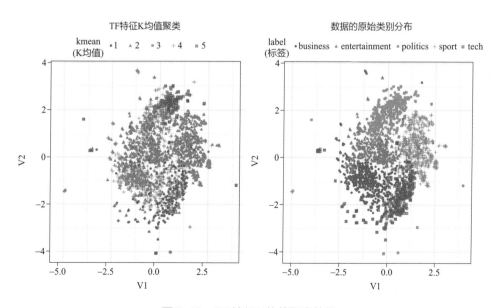

图 8-10 TF 特征 K 均值聚类效果

entertainment、politics 类别的文本更容易被聚类错误。

```
## 将 TF 矩阵降维
bbc_umap<- umap(bbc_dtm,n_neighbors = 10,n_components = 2,scale = TRUE)
bbc_umap <- as.data.frame(bbc_umap)
bbc_umap$kmean <- as.factor(bbc_kmean$cluster)
bbc_umap$label <- as.factor(bbcdf$label)
## 可视化聚类标签和真实标签之间的差异
p1 <- ggplot(bbc_umap,aes(x = V1,y = V2))+
    geom_point(aes(colour = kmean,shape = kmean))+
    ggtitle("TF 特征 K 均值聚类 ")+theme(legend.position = "top")
p2 <- ggplot(bbc_umap,aes(x = V1,y = V2))+
    geom_point(aes(colour = label,shape = label))+
    ggtitle(" 数据的原始类别分布 ")+theme(legend.position = "top")
p1+p2
```

（2）TF-IDF 特征下的 K 均值聚类

前面使用 TF 特征进行 K 均值聚类的效果并不好，下面使用 TF-IDF 特征进行 K 均值聚类分析，与前面的聚类分析结果进行对比。首先计算文本数据的文档 - 词项的 TF-IDF 矩阵，并且对其稀疏性进行处理，程序如下所示，最终筛选出了 1604 个较重要的词。

```
## 导入待处理的数据表格
load("data/chap08/bbcdf.RData")
## 构建文档 - 词项的 TF-IDF 矩阵
bbcdf_cp <- VCorpus(VectorSource(bbcdf$text))
bbc_dtm <- DocumentTermMatrix(bbcdf_cp,
                                control = list(weighting = weightTfIdf))
## 剔除不重要的词减轻矩阵的稀疏性
bbc_dtm <- removeSparseTerms(bbc_dtm,0.98)
bbc_dtm
## <<DocumentTermMatrix (documents: 2225, terms: 1604)>>
## Non-/sparse entries: 200142/3368758
## Sparsity           : 94%
## Maximal term length: 14
## Weighting :term frequency-inverse document frequency(normalized)(tf-idf)
```

下面将获得的 TF-IDF 矩阵使用 K 均值聚类算法聚类为 5 类，并且计算聚类结果的 V 测度得分。从聚类结果中可以发现，此时的聚类效果和 LDA 主题的模型的聚类效果相仿，比 TF 特征下的 K 均值聚类效果好，聚类结果的 V 测度得分达到 0.7147。

```
## 转化为矩阵
bbc_dtm <- as.matrix(bbc_dtm)
## 进行 K 均值聚类，同样数据聚类为 5 个类别
set.seed(2345)
bbc_kmean <- kmeans(bbc_dtm,centers = 5,iter.max = 50)
sprintf("K 均值聚类效果 :%.4f",v_measure(bbcdf$label,bbc_kmean$cluster))
## [1] "K 均值聚类效果 :0.7147"
```

　　针对 TF-IDF 特征下的 K 均值聚类的效果，同样使用散点图可视化到二维空间中，运行下面的程序可获得如图 8-11 所示的散点图。从图像中也可以发现，此时的聚类效果较好，有更多的样本能够聚类正确。

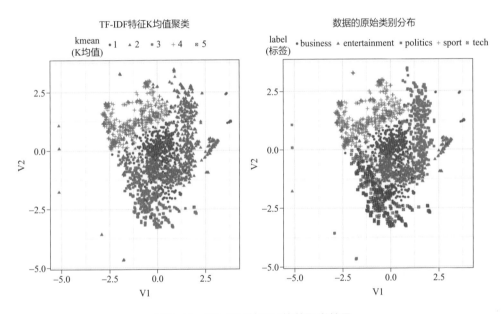

图 8-11　TF-IDF 特征 K 均值聚类效果

```
## 将 TF-IDF 矩阵降维
bbc_umap<- umap(bbc_dtm,n_neighbors = 10,n_components = 2,scale = TRUE)
bbc_umap <- as.data.frame(bbc_umap)
bbc_umap$kmean <- as.factor(bbc_kmean$cluster)
bbc_umap$label <- as.factor(bbcdf$label)
## 可视化聚类标签和真实标签之间的差异
p1 <- ggplot(bbc_umap,aes(x = V1,y = V2))+
    geom_point(aes(colour = kmean,shape = kmean))+
    ggtitle("TF-IDF 特征 K 均值聚类 ")+theme(legend.position = "top")
```

```
p2 <- ggplot(bbc_umap,aes(x = V1,y = V2))+
    geom_point(aes(colour = label,shape = label))+
    ggtitle(" 数据的原始类别分布 ")+theme(legend.position = "top")
p1+p2
```

针对前面不同特征、不同算法下的数据聚类结果，可以总结为表 8-1。从结果中可以发现，使用 LDA 主题模型的聚类效果较好，TF 特征下的 K 均值聚类效果最差。

表8-1 不同特征、不同算法下的数据聚类结果

文本特征	聚类算法	V 测度得分
TF 特征	LDA 主题模型	0.7782
TF 特征	K 均值聚类	0.3266
TF-IDF 特征	K 均值聚类	0.7147

8.4   对文本进行分类

对有标签的文本数据，进行有监督的分类模型，最常用的算法是朴素贝叶斯分类。此外，针对预处理好并且提取特征后的文本数据，其它的有监督分类算法也经常被使用，例如支持向量机、神经网络等。本节将使用前面介绍的英文文本数据集，分别以 TF 特征和 TF-IDF 特征为例，介绍使用朴素贝叶斯与支持向量机分类器下的分类效果。针对该数据集的数据分类整体流程，如图 8-12 所示。

图 8-12   文本数据分类流程

8.4.1   基于 TF-IDF 特征建立分类模型

前面的小节已经详细地介绍了数据的预处理与特征提取等工作，下面直接获取数据中的 TF-IDF 特征，然后训练朴素贝叶斯分类模型，一共包含下面几个步骤。

① 导入数据后，计算文档 - 词项的 TF-IDF 矩阵，减轻矩阵的稀疏性后，将矩阵处理为数据表格，一共有 2225 行，1605 列；

② 将数据表格切分为训练数据集和测试数据集；

③ 使用 naiveBayes() 函数，使用训练数据集训练模型，并预测测试集上的标签后，评估模型在测试集上的预测效果。

使用的程序和相应的输出结果如下所示。

```
## 导入待处理的数据表格
load("data/chap08/bbcdf.RData")
## 1: 构建文档 - 词项的 TF-IDF 矩阵
bbcdf_cp <- VCorpus(VectorSource(bbcdf$text))
bbc_dtm <- DocumentTermMatrix(bbcdf_cp,
                              control = list(weighting = weightTfIdf))
## 剔除不重要的词减轻矩阵的稀疏性
bbc_dtm <- removeSparseTerms(bbc_dtm,0.98)
bbc_dtm  <- as_tibble(as.matrix(bbc_dtm))
bbc_dtm$Label <- as.factor(bbcdf$label)
dim(bbc_dtm)
## [1] 2225 1605
## 2: 数据切分为训练集和测试集
set.seed(222)
data_split <- initial_split(bbc_dtm, prop = 3/4)
train_data <- data_split%>%training()
test_data  <- data_split%>%testing()
## 3: 利用朴素贝叶斯算法对文本建立分类模型
bbc_nb <- naiveBayes(Label~.,data = train_data)
## 在测试集上的预测效果
test_pred<-predict(bbc_nb, test_data)
confmatrix<-confusionMatrix(test_pred, test_data$Label)
print(confmatrix)
## Confusion Matrix and Statistics
##               Reference
## Prediction    business entertainment politics sport tech
##   business        114             1        2     0    2
##   entertainment     1            91        4     1    5
##   politics          9             1       94     3    2
##   sport             0             1        2   124    0
##   tech              3             1        2     0   94
## Overall Statistics
##              Accuracy : 0.9282
##                95% CI : (0.9035, 0.9482)
```

从上面的程序输出结果中可知，使用朴素贝叶斯分类器，在 TF-IDF 特征下，测试集上的预测精度可以达到 0.9282，大部分的数据样本都能预测正确。

下面对切分好的数据集，使用 ksvm() 函数建立支持向量机分类器，并计算在测试集上的预测效果。从下面程序的输出中可知，在测试集上的预测精度可以达到 0.9677，模型的预测效果优于朴素贝叶斯分类器。

```
## 4: 使用训练集训练 svm 分类器
bbcsvm <- ksvm(Label~.,data = train_data,kernel ="rbfdot")
## 在测试集上的预测效果
test_pred<-predict(bbcsvm, test_data)
confmatrix<-confusionMatrix(test_pred, test_data$Label)
print(confmatrix)
## Confusion Matrix and Statistics
##                 Reference
## Prediction     business entertainment politics sport tech
##    business       125          2            5      0     3
##    entertainment    0         92            0      0     3
##    politics         1          0           97      0     0
##    sport            0          1            1    128     0
##    tech             1          0            1      0    97
## Overall Statistics
##              Accuracy : 0.9677
##                95% CI : (0.9494, 0.9807)
```

8.4.2 基于 TF 特征建立分类模型

下面基于 TF 矩阵特征，建立朴素贝叶斯分类与支持向量机分类模型。首先是从文本数据中获取特征，并将生成的数据表格切分为训练集和测试集，程序如下所示。

```
## 1: 构建文档 - 词项的 TF 矩阵
bbcdf_cp <- VCorpus(VectorSource(bbcdf$text))
bbc_dtm <- DocumentTermMatrix(bbcdf_cp)
## 剔除不重要的词减轻矩阵的稀疏性
bbc_dtm <- removeSparseTerms(bbc_dtm,0.98)
bbc_dtm <- as_tibble(as.matrix(bbc_dtm))
bbc_dtm$Label <- as.factor(bbcdf$label)
dim(bbc_dtm)
## [1] 2225 1605
## 2: 数据切分为训练集和测试集
set.seed(222)
```

```
data_split <- initial_split(bbc_dtm, prop = 3/4)
train_data <- data_split%>%training()
test_data  <- data_split%>%testing()
```

　　针对准备好的数据，使用下面的程序建立朴素贝叶斯分类器，并计算在测试集上的预测精度。从程序的输出中可知，此时的精度可以达到 0.8312，使用 TF 特征训练的模型精度，没有使用 TF-IDF 特征的高。

```
## 3：利用朴素贝叶斯算法对文本建立分类模型
bbc_nb <- naiveBayes(Label~.,data = train_data)
## 在测试集上的预测效果
test_pred<-predict(bbc_nb, test_data)
confmatrix<-confusionMatrix(test_pred, test_data$Label)
print(confmatrix)
## Confusion Matrix and Statistics
##                 Reference
## Prediction   business entertainment politics sport tech
##    business      109             2        3     0    1
##    entertainment   0            59        2     0    1
##    politics        2             0       85     0    4
##    sport          13            33       13   128   15
##    tech            3             1        1     0   82
## Overall Statistics
##              Accuracy : 0.8312
##              95% CI : (0.7975, 0.8614)
```

　　使用下面的程序可以建立支持向量机分类模型，并且从输出的结果中可知，在测试集上的预测精度达到了 0.9461，其分类结果优于朴素贝叶斯分类器。

```
## 4：使用训练集训练 svm 分类器
bbcsvm <- ksvm(Label~.,data = train_data,kernel ="rbfdot")
## 在测试集上的预测效果
test_pred<-predict(bbcsvm, test_data)
confmatrix<-confusionMatrix(test_pred, test_data$Label)
print(confmatrix)
## Confusion Matrix and Statistics
##                 Reference
## Prediction   business entertainment politics sport tech
##    business      122             3        2     0    2
##    entertainment   1            87        3     0    2
##    politics        2             0       94     0    2
##    sport           0             3        4   127    0
```

```
##   tech                    2          2        1       1     97
## Overall Statistics
##
##           Accuracy : 0.9461
##             95% CI : (0.924, 0.9634)
```

针对前面不同特征、不同算法下的预测精度，可以总结为表 8-2。从结果中可以发现，TF-IDF 特征下的预测精度普遍比 TF 特征好，而且支持向量机的分类精度高于朴素贝叶斯算法。

表8-2　不同特征、不同算法下的预测精度

文本特征	分类算法	测试集精度
TF 特征	朴素贝叶斯	0.8312
TF 特征	支持向量机	0.9461
TF-IDF 特征	朴素贝叶斯	0.9282
TF-IDF 特征	支持向量机	0.9677

8.5　中文文本数据分析

前面的内容都是基于英文文本数据的分析，本节将以《三国演义》文本数据为例，介绍中文文本数据常用的数据分析方法。其中使用的文本数据形式如图 8-13 所示。

图8-13　三国演义文本数据保存形式

8.5.1 《三国演义》文本数据预处理

由于中文文本没有像英文文本中空格一样的标示符，因此将其切分为相应的词语时，首先需要对中文文本进行分词操作。在 R 中，对中文进行分词的常用包为 jiebaR 包。下面使用《三国演义》文本数据，介绍如何对中文文本进行预处理操作，程序如下所示。

```
## 读取《三国演义》文本
ThreeK <- readLines("data/chap08/ 三国演义 / 三国演义 .txt",
                    encoding="UTF-8")
## 对读取的数据进行清洗
## 去除字符串长度小于 10 的行
charnum <- sapply(ThreeK, nchar, USE.NAMES = FALSE)
ThreeK <- ThreeK[charnum > 10]
## 找到每回的名称
nameindex <- str_detect(ThreeK,pattern = "^ 第 +.+ 回 ")
## 生成数据表
ThreeKdf <- data.frame(name = ThreeK[nameindex],chapter = 1:120)
## 处理每回的名称，根据空格切分字符串
names <- data.frame(str_split(ThreeKdf$name,pattern = "[[:blank:]]+",
                              simplify =TRUE))
## 连接字符串
ThreeKdf$Name <- apply(names[,2:3],1,str_c,collapse = ",")
ThreeKdf$name <- NULL    # 删除一列
## 每回的开始行数
chapbegin<- grep(ThreeK,pattern = "^ 第 +.+ 回 ")
## 每回的结束行数
chapend <- c((chapbegin-1)[-1],length(ThreeK))
## 获取每回所有的文本内容
for (ii in 1:nrow(ThreeKdf)){
    ## 将一回的所有段落连接起来
    chapstrs <- str_c(ThreeK[(chapbegin[ii]+1):chapend[ii]],
                  collapse = "")
    ## 剔除每个回中不必要的空格
    ThreeKdf$content[ii]<-str_replace_all(chapstrs,pattern = "[[:blank:]]",
                                  replacement = "")
}
head(ThreeKdf)
```

在上面的程序中，主要进行了下面几个操作。

① 通过 readLines() 函数读取整个文本，在读取的内容中将每段当作一个文本片段，由于文本中的空行会成为数据表 ThreeK 中的一行，因此将字符数量小

于 10 的行剔除。

② 通过字符串匹配 ""^ 第 +.+ 回 "" 找到每回的名称，并根据每回名称所在位置确定每回的文本开始位置和结束位置。

③ 根据每回的开始和结束位置，将每回的内容进行字符串拼接，获得每回的完整内容。

④ 将清洗后的数据都整理到数据框 ThreeKdf，方便后面的使用。

运行上面的程序后，可获得已经读取的文本数据框 ThreeKdf，数据框的内容情况如图 8-14 所示。

	chapter	Name	content
1	1	宴桃园豪杰三结义,斩黄巾英雄首立功	滚滚长江东逝水，浪花淘尽英雄。是非成败转头空。青山依旧在，几度…
2	2	张翼德怒鞭督邮,何国舅谋诛宦竖	且说董卓字仲颖，陇西临洮人也，官拜河东太守，自来骄傲。当日怠慢…
3	3	议温明董卓叱丁原,馈金珠李肃说吕布	且说曹操当日对何进曰："宦官之祸，古今皆有；但世主不当假之权宠，…
4	4	废汉帝陈留践位,谋董贼孟德献刀	且说董卓欲杀袁绍，李儒止之曰："事未可定，不可妄杀。"袁绍手提宝…
5	5	发矫诏诸镇应曹公,破关兵三英战吕布	却说陈宫欲下手杀曹操，忽转念曰："我为国家跟他到此，杀之不义。…
6	6	焚金阙董卓行凶,匿玉玺孙坚背约	却说张飞拍马赶到关下，关上矢石如雨，不得进击而回。八路诸侯，同请…
7	7	袁绍磐河战公孙,孙坚跨江击刘表	却说孙坚被刘表围住，亏得程普、黄盖、韩当三将死救得脱，折兵大半…
8	8	王司徒巧使连环计,董太师大闹凤仪亭	却说删良曰："今孙坚已丧，其子皆幼。乘此虚弱之时，火速进军，江东…
9	9	除暴凶吕布助司徒,犯长安李催听贾诩	却说那撞倒董卓的人，正是李儒。当下李儒扶起董卓，至书院中坐定，…
10	10	勤王室马腾举义,报父仇曹操兴师	却说李、郭二贼欲弑献帝。张济、樊稠谏曰："不可。今日若便杀之，恐…
11	11	刘皇叔北海救孔融,吕温侯濮阳破曹操	却说献计之人，乃东海朐县人，姓糜，名竺，字子仲。此人家世富豪，…
12	12	陶恭祖三让徐州,曹孟穗大战吕布	曹操正慌走间，正南上一彪军到，乃夏侯惇引军来救援，截住吕布大战…
13	13	李催郭汜大交兵,杨奉董承双救驾	却说曹操大破吕布于定陶，布乃收集败残军马于海滨，众将皆来会集，…
14	14	曹孟德移驾幸许都,吕奉先乘夜袭徐郡	却说李乐引军诈称李催、郭汜，来遍军驾，天子大惊。杨奉曰："此李…
15	15	太史慈酣斗小霸王,孙伯符大战严白虎	却说张飞拔剑要自刎，玄德向前抱住，夺剑掷地曰："古人云：'兄弟如手…

图 8-14 整理好的《三国演义》文本数据框

8.5.2 对文本数据探索与特征提取

在整理好每回的名称、内容数据表格后，想要获取可用于计算的特征，还需要对内容进行分词、去停用词等操作，对文本内容进行分词时可使用 jiebaR 包。下面的程序中，在分词时，为了更好地对词语进行切分，使用"三国演义词典 .txt"作为自定义的词库；使用"综合停用词表 .txt"来剔除不重要的停用词；并且使用定义分词器的函数 worker() 时，利用 type = "full" 参数，指定使用的分词算法；最好使用 apply_list() 函数，将分词器作用到每回的文本内容上，进行分词。

分词后使用 sapply() 函数，剔除分词结果中的单个字。程序和输出的结果如下所示。

```
## 对《三国演义》文本数据进行分词 ####
## 定义使用自定义词典的分词器，分词方式为 "full"
dictfile <- "data/chap08/ 三国演义 / 三国演义词典 .txt" # 使用的自定义词库
stopfile <- "data/chap08/ 三国演义 / 综合停用词表 .txt" # 停用词词表
TK_fen <- worker(type = "full", user= dictfile, stop_word=stopfile)
## 获取文本内容
content <- ThreeKdf$content
Fen_TK <- apply_list(as.list(content),TK_fen)
## 剔除单个字的词
Fen_TK <- sapply(Fen_TK, FUN = function(x) x[nchar(x) > 1],
                 simplify = TRUE, USE.NAMES = FALSE)
## 查看部分分词后的结果
lapply(Fen_TK[1:5],head,10)
## [[1]]
##  [1] "滚滚"     "长江"     "江东"     "逝水"     "浪花"     "英雄"
##  [7] "是非"     "是非成败" "成败"     "转头"
## [[2]]
##  [1] "董卓" "仲颖" "陇西" "西临" "临洮" "官拜" "河东" "太守" "自来" "骄傲"
## [[3]]
##  [1] "曹操" "当日" "何进" "宦官" "古今" "不当" "于此" "治罪" "元恶" "狱吏"
## [[4]]
##  [1] "董卓"   "董卓欲" "袁绍"   "李儒"   "袁绍"   "手提"   "宝剑"   "辞别"
##  [9] "百官"   "东门"
## [[5]]
##  [1] "却说" "陈宫" "下手" "曹操" "转念" "念曰" "国家" "不义" "上马" "不等"
```

针对分词的结果，可以使用 createWordFreq() 函数，计算每个词语的出现频率，并且可以使用词云图，对词频进行可视化分析。下面的程序中，可视化了出现频率高于 100 的词的词云图。运行程序可获得图 8-15。可以发现词频较高的词为玄德、孔明、将军、曹操等词。

```
## 使用词云图可视化《三国演义》中的关键词
word_fre <- createWordFreq(unlist(Fen_TK))
head(word_fre)
##         word freq
## 14810 玄德 1798
## 7747  孔明 1667
## 8509  将军  942
## 12576 曹操  921
```

```
## 5162    却说    649
## 5628    司马    566
## 可交互词云可视化，设置词云的形状，五角星形
word_fre%>%filter(freq > 100)%>%
    wordcloud2(size = 1, ## 字体大小
               fontFamily = "Segoe UI", fontWeight = "bold",## 设置字体
               ## 设置颜色，'random-dark' 或者 'random-light'
               color = "random-dark", backgroundColor = "white",
               ## 设置形状，默认圆形
               shape = "star")+WCtheme(2) # 背景主题
```

图8-15　词云图可视化

下面利用 tmcn 包中的 createDTM() 函数，生成中文文本数据的文档 - 词项频数 (TF) 矩阵，由于词语较多，继续通过 removeSparseTerms() 函数剔除不重要的词，减轻 TF 矩阵的稀疏性，最后只保留了 3000 多个比较重要的词语。程序和输出如下所示。

```
## 构建文档 - 词项频数 (TF) 矩阵
TK_dtm <- createDTM(Fen_TK, removeStopwords = TRUE)
TK_dtm
```

```
## <<DocumentTermMatrix (documents: 120, terms: 21620)>>
## Non-/sparse entries: 91053/2503347
## Sparsity             : 96%
## Maximal term length: 10
## Weighting            : term frequency (tf)
## 剔除不重要的词减轻 TF 矩阵的稀疏性
TK_dtm <- removeSparseTerms(TK_dtm,0.95)
TK_dtm
## <<DocumentTermMatrix (documents: 120, terms: 3176)>>
## Non-/sparse entries: 54952/326168
## Sparsity             : 86%
## Maximal term length: 6
## Weighting            : term frequency (tf)
```

8.5.3　建立 LDA 主题模型

针对提取的文本数据，下面使用与前面同样的方式，建立 LDA 主题模型，将《三国演义》这本书的内容，聚类为 5 个簇，并且将 LDA 主题模型的结果，进行可视化（图 8-16），程序如下所示。

```
## 将 tmcn 包中的 DTM 矩阵转化为 text2vec 包中可以使用的 dgcMatrix 形式
TK_dtm2 <- Matrix::sparseMatrix(i=TK_dtm$i, j=TK_dtm$j, x=TK_dtm$v,
                                dims=c(TK_dtm$nrow, TK_dtm$ncol),
                                dimnames = TK_dtm$dimnames)
## 建立主题模型
lda_model <- LDA$new(n_topics = 5, doc_topic_prior = 0.1,
                     topic_word_prior = 0.01)
TK_lda <- lda_model$fit_transform(x = TK_dtm2, n_iter = 1000,
                                  convergence_tol = 0.001,
                                  n_check_convergence = 25,
                                  progressbar = FALSE)
head(TK_lda)
##       [,1]       [,2]       [,3]      [,4]       [,5]
## 1 0.1667162 0.11575037 0.2484398 0.4057949 0.06329866
## 2 0.1931931 0.21051980 0.2750000 0.3019802 0.01930693
## 3 0.2015581 0.19050992 0.2703966 0.3062323 0.03130312
## 4 0.2057199 0.16213018 0.2067061 0.4094675 0.01597633
## 5 0.1348140 0.09018595 0.2743802 0.4297521 0.07086777
## 6 0.1664168 0.17016492 0.2664168 0.3133433 0.08365817
## 借助 LDAvis 包可可视化 LDA 主题模型的结果
lda_model$plot()
```

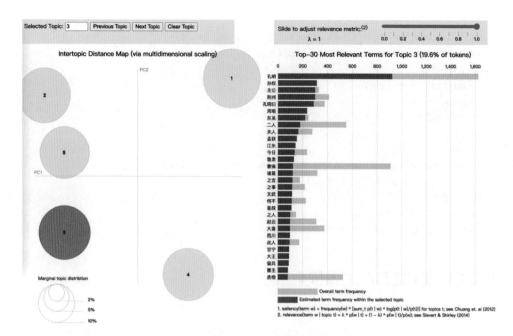

图8-16 《三国演义》LDA主题模型可视化的结果

我们知道《三国演义》的精彩，离不开书中每个人物的精彩刻画，下面针对LDA主题模型的结果，分析出每个主题中哪些历史人物更加重要。

下面的程序是使用分组条形图，可视化出每个主题中较重要的 25 个人物。程序中首先导入《三国演义》中所有的人物名称，然后获取 LDA 主题模型中每个主题中关键词的情况，然后通过数据筛选，每个主题中选出较重要的 25 个，最后通过 ggplot 可视化分组条形图，运行下面的程序可获得图 8-17。

```
## 读取三国人物名称
Tk_name <- readLines("data/chap08/ 三国演义 / 三国人物名称 .txt",
                     encoding='UTF-8')
## 计算每个主题下面关键词和权重
top_name <- as.data.frame(lda_model$topic_word_distribution)
## 获取高频词中是人名的词频矩阵
top_name <- top_name[,colnames(top_name) %in% Tk_name]
top_name$topic <- 1:nrow(top_name)
## 数据转换，每个主题只保留可能性权重较大的 25 人
top_name_long <- gather(top_name,key = "name",value = "pro",-topic)%>%
    ## 计算每个主题最可能的主题
    group_by(name)%>%top_n(1,wt =pro)%>%
    ## 计算每个主题权重较大的 25 人
```

```
    group_by(topic)%>%top_n(25,wt =pro)
## 条形图可视化属于相应主题的可能性
ggplot(top_name_long,aes(x = reorder(name, pro),y = pro))+
    geom_bar(aes(fill = factor(topic)),stat = "identity",
            show.legend = FALSE)+
    facet_wrap(~topic,scales = "free",ncol = 5)+coord_flip()+
    theme(axis.text.x = element_text(size = 6,angle = 45))+
    labs(x = "",y = "",title = "《三国演义》主题模型")
```

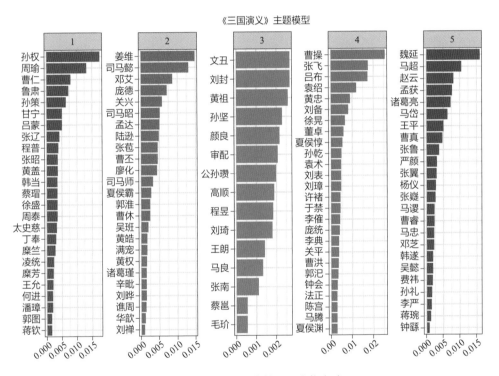

图8-17　每个主题中的重要人物名称

从图8-17中可以发现，第一个主题中较重要的人物是与孙权有关的人物；第二个主题中较重要的是一些曹魏与蜀汉中的人物；第三个主题中较重要的是三国早期的一些人物；第四个主题中则是与曹操相关的人物；第五个主题则是与蜀汉相关的人物。

需要注意的是在图8-17中并没有出现频率较大的玄德、孔明等词语。这是因为玄德、孔明属于人物的字，而我们是根据人物的名称进行数据提取的，因此没有词云图中的一些高频词的出现。

8.6　本章小结

　　本章以英文的新闻文本数据和中文的《三国演义》文本为例，主要介绍了文本分析中常用的特征提取、数据聚类与数据分类的相关方法应用。从最初的文本导入、文本数据清洗入手，介绍文本数据的词云可视化、TF 特征以及 TF-IDF 特征的提取。然后针对提取的特征，介绍了 LDA 主题模型与 K 均值聚类等模型，在文本无监督聚类学习中的应用。最后介绍了在 TF 特征以及 TF-IDF 特征下，朴素贝叶斯分类与支持向量机分类的应用与效果。

参考文献

[1] 薛震，孙玉林 . R 语言统计分析与机器学习 [M]. 北京：中国水利水电出版社，2020.

[2] 孙玉林，薛震 . R 语言数据可视化实战（微视频全解版）：大数据专业图表从入门到精通 [M]. 北京：电子工业出版社，2022.

[3] 孙玉林，余本国 . Python 机器学习算法与实战 [M]. 北京：电子工业出版社，2021.

[4] 孙玉林，余本国 . Pytorch 深度学习入门与实战 [M]. 北京：中国水利水电出版社，2020.

[5] 威克姆 . ggplot2：数据分析与图形艺术 [M]. 统计之都，译 . 西安：西安交通大学出版社，2013.

[6] 弗里曼，罗斯 . 数据科学之编程技术：使用 R 进行数据清理、分析与可视化 [M]. 张燕妮，译 . 北京：机械工业出版社，2019.

[7] Chang W. R 数据可视化手册 [M]. 肖楠，邓一硕，魏太云，译 . 北京：人民邮电出版社，2014.

[8] Steele J, Iliisky N. 数据可视化之美 [M]. 祝洪凯，李妹芳，译 . 北京：机械工业出版社，2011.

[9] Wickham H, Grolemund G. R for data science: import, tidy, transform, visualize, and model data[M]. Chalifornia: O'Reilly Media Inc, 2016.

[10] 吴喜之 . 复杂数据统计方法：基于 R 的应用 [M]. 3 版 . 北京：中国人民大学出版社，2015.

[11] 李舰，肖凯 . 数据科学中的 R 语言 [M]. 西安：西安交通大学出版社，2015.